# 全膜双垄沟播玉米田杂草发生危害规律及关键防控技术

胡冠芳　岳德成　柳建伟　牛树君　韩菊红　等　著

U0306129

中国农业科学技术出版社

**图书在版编目（CIP）数据**

全膜双垄沟播玉米田杂草发生危害规律及关键防控技术 / 胡冠芳等著 . -- 北京：中国农业科学技术出版社，2021.6

ISBN 978 - 7 - 5116 - 5370 - 3

Ⅰ . ①全…　Ⅱ . ①胡…　Ⅲ . ①玉米—田间管理—杂草—防治　Ⅳ . ① S451.1

中国版本图书馆 CIP 数据核字（2021）第 112965 号

| | |
|---|---|
| 责任编辑 | 崔改泵　马维玲 |
| 责任校对 | 李向荣 |
| 责任印制 | 姜义伟　王思文 |

| | |
|---|---|
| 出 版 者 | 中国农业科学技术出版社 |
| | 北京市中关村南大街 12 号　邮编：100081 |
| 电　　话 | （010）82109194（编辑室）　（010）82109702（发行部） |
| | （010）82109702（读者服务部） |
| 传　　真 | （010）82109194 |
| 网　　址 | http://www.castp.cn |
| 经 销 者 | 各地新华书店 |
| 印 刷 者 | 北京地大彩印有限公司 |
| 开　　本 | 185 mm×260 mm　1/16 |
| 印　　张 | 14.25 |
| 字　　数 | 356 千字 |
| 版　　次 | 2021 年 6 月第 1 版　2021 年 6 月第 1 次印刷 |
| 定　　价 | 98.00 元 |

# 《全膜双垄沟播玉米田杂草发生危害规律及关键防控技术》

# 著 者 名 单

主著　胡冠芳（甘肃省农业科学院植物保护研究所　研究员）

岳德成（平凉市农业科学院　研究员）

柳建伟（平凉市农业科学院　助理研究员）

牛树君（甘肃省农业科学院植物保护研究所　副研究员）

韩菊红（平凉市农业科学院　高级农艺师）

著者　史广亮（平凉市农业科学院　高级农艺师）

姜延军（平凉市农业科学院　副研究员）

李敏权（甘肃省农业科学院　研究员）

贾春虹（北京市农林科学院植物保护环境保护研究所　研究员）

李青梅（平凉市农业科学院　副研究员）

漆永红（甘肃省农业科学院植物保护研究所　副研究员）

杨发荣（甘肃省农业科学院畜草与绿色农业研究所　研究员）

王玉灵（甘肃省农业科学院植物保护研究所　助理研究员）

赵　峰（甘肃省农业科学院植物保护研究所　副研究员）

许维诚（榆中县农业技术推广中心　高级农艺师）

付克和（榆中县农村经济指导站　农艺师）

# 前　言

　　全膜双垄沟播技术是甘肃省乃至全国旱作农业区重点推广的一项关键抗旱新技术，该技术成功地将"膜面集雨""覆盖抑蒸""垄沟种植"三大技术有机融合，从根本上解决了自然降水的有效利用问题，实现了旱作农业技术的重大突破，为干旱半干旱地区的粮食稳产与高产提供了强有力的技术保障。一直以来，甘肃省各级政府对该技术的推广高度重视，每年都给予大量的财力、物力和人力支持，年推广面积均在1 000万亩以上，其中玉米面积占到80 %左右，其增产幅度超过30 %，社会、经济效益十分显著。

　　全膜双垄沟播技术使地面始终处于垄沟相间和全封闭状态，自然降水高度富集叠加，垄沟内土壤湿度大幅度增加，由此虽然显著提高了作物产量，但也为田间杂草的危害造成了有利环境条件。据陇东地区调查，全膜双垄沟播玉米田杂草已呈大面积严重发生态势，中度以上程度受害田块率已达60 %以上，杂草群体密集于垄沟内且长势迅猛，垄沟内的地膜被严重撑起或撑破，田间集水沟变浅甚至消失，造成播种、放苗、封口、集水等诸多困难，争水、争肥、争空间和跑墒现象十分突出，玉米产量损失率可达8 %～30 %，对全膜双垄沟播技术的高产与稳产性构成了严重威胁，成为生产上亟待解决的关键问题。国内对有关全膜双垄沟播田杂草的研究鲜有报道，诸多方面尚属空白，杂草的发生种类、分布特点、危害规律等尚未明确，杂草防控缺乏有效对策，生产上盲目应对现象较为突出。鉴于此，我们在甘肃省科技支撑计划项目"全膜双垄沟播种植中农田草害持续控制技术研究"（编号1011NKCA065）、公益性行业（农业）科研专项"农田杂草防控技术研究与示范"（编号201303022）之子项目"西北玉米田杂草防控技术研究与示范"、甘肃省农业科学院院地（场所）科技合作项目"玉米田除草剂精准减量施用关键技术研究"（编号2015GAAS07）及平凉市农业科学院科技计划项目"平凉市全膜双垄沟播玉米田杂草发生规律及关键防除技术研究"和"除草地膜在全膜双垄沟播玉米田应用研究"的共同资助下，于2008—2018年对全膜双垄沟播玉米田杂草发生危害规律及绿色防控技术开展了系统研究，通过全面普查和定点观察，基本摸清了杂草发生种类、发生规律、分布特点等，完成了全膜双垄沟播玉米田杂草发生危害图鉴；通过多年的防控研究，总结提出了全膜双垄沟播玉米田杂草关键防控技术，突破了全膜双垄沟播玉米田杂草难以防控的技术瓶颈，并进行了大面积示范推广，取得了良好的生态效益、社会效益和经济效益。

全书共分为三章，分别为全膜双垄沟播玉米田杂草发生危害图鉴（简称图鉴）、全膜双垄沟播玉米田杂草发生危害规律和全膜双垄沟播玉米田杂草绿色防控技术。图鉴共收集全膜双垄沟播玉米田杂草93种，隶属33科（另有2科6种偶发性杂草未列入其中），对每种杂草从形态特征、分布生境、发生危害等方面进行了简述，并配有相应的识别和危害原色图片。杂草图片共计334幅，多为岳德成研究员亲自拍摄，主要从不同侧面反映杂草在全膜双垄沟播玉米田中的危害特点等。本书是对10年来关于全膜双垄沟播玉米田杂草发生危害规律及关键防控技术研究的系统总结，全面反映了取得的技术成果和亮点，采用图文并茂的表述形式，通俗易懂，具有较强的科学性、先进性、实用性和可操作性，可供各级农业科研和教学单位、农业技术推广部门、农民专业合作社、新型职业农民、种植大户、农药营销人员等参考使用。

本书中，胡冠芳研究员主要承担杂草种类鉴定、形态特征描述、拉丁学名修订等，并与牛树君副研究员、韩菊红高级农艺师共同负责书稿的策划与统稿；岳德成研究员主要承担杂草形态特征、危害特点的图片采集及对杂草发生危害规律和关键防控技术的凝练总结，同时承担第一章的撰写；柳建伟助理研究员承担第二章和第三章的撰写；其他著者主要承担部分章节资料的收集、整理、分析和校对等。由于撰写时间仓促，加之作者能力和水平有限，书中错漏和不足之处在所难免，敬请同行专家及读者批评指正。

著　者

2020 年 12 月

# 目　录

## 第一章　全膜双垄沟播玉米田杂草发生危害图鉴

## 第二章 全膜双垄沟播玉米田杂草发生危害规律

## 第三章　全膜双垄沟播玉米田杂草绿色防控技术

# 第一章 全膜双垄沟播玉米田杂草发生危害图鉴

全膜双垄沟播栽培方式对农田生态环境特别是土壤环境具有十分明显的影响，从而显著影响到农田杂草的发生与危害，准确及时地掌握杂草的发生种类和危害特点，对于有效控制全膜双垄沟播玉米田杂草的发生危害具有重要意义。

　　对于膜下杂草：全膜双垄沟播栽培使得自然降水被有效汇集于垄沟膜面上并通过渗水孔或播种孔下渗到垄沟土壤内，鉴于杂草属于典型的"嗜水"性植物，因而全膜双垄沟播玉米田膜下杂草主要分布于垄沟内；田间膜面在垄沟处往往被"悬起"，膜面与垄沟底部土壤表面之间存有一定空间，这种空间十分有利于膜下杂草在垄沟内的大量发生。杂草生长到触及膜面后，开始对膜面产生支撑作用，随着杂草的不断生长，其支撑作用愈加明显；与此同时，膜面对膜下杂草的进一步生长也会产生越来越明显的阻碍作用，加上膜下的高温高湿环境，导致部分杂草种类自然消退死亡。当杂草的支撑力小于膜面的阻碍力时，田间膜面不断被撑高；当杂草的支撑力大于膜面的阻碍力时，田间膜面被撑破，具有此类支撑力的杂草种类对全膜双垄沟播玉米的危害性更大。

　　对于宽垄上"裸露带"杂草：全膜双垄沟播玉米田"裸露带"杂草的发生相较膜下杂草受限因素较少，主要来自玉米的空间胁迫，但其对杂草的出苗和幼苗生长影响不大，因而杂草的发生种类及其早期危害等与露地玉米田基本相同，随着玉米植株的快速生长对杂草的胁迫效应愈加明显，一些适应性较强的杂草仍可继续健康生长甚至会迅速生长，大量耗损土壤养分和水分，严重挤占玉米生存空间，造成严重危害；一些耐性较差的杂草则会逐渐消退死亡，对玉米生长无明显影响。

　　2008 年以来对平凉市全膜双垄沟播玉米田杂草发生危害情况开展了大量的调查研究，以图文并茂的表述方式系统比较分析了杂草发生种类、形态特征、繁殖方式、分布生境、危害特点等，旨在为有效防控全膜双垄沟播玉米田杂草提供技术支撑。

## 第一节 十字花科 Brassicaceae

**一、播娘蒿** *Descurainia sophia* (L.) Webb. ex Prantl

【别名】 大蒜芥、米米蒿、米蒿、麦蒿等。

【形态特征】 播娘蒿属，一年生草本，全体具分叉毛。

幼苗 幼苗全株被星状毛，叶被多毛；子叶2片，长椭圆形，先端略钝，基部渐狭，具叶柄；上下胚轴均不发达；初生叶2片，3～5裂，中间裂片较大，基部楔形；后生叶互生，二回羽状分裂。

茎 茎直立，高20～80 cm，圆柱形，上部多分枝。

叶 叶互生，下部叶有柄，上部叶无柄；叶片二至三回羽状深裂，最终裂片窄条形或条状长圆形。

花、果、种子 总状花序顶生，花多数，萼片4，直立；花瓣4，淡黄色。长角果窄条形，斜展，成熟后开裂。种子长圆状近卵形，黄褐色至红褐色，一面中间有一道凹线，种脐一端略微陷。

【繁殖方式】 种子繁殖。

【分布生境】 平凉市7县（市、区）农田普遍发生。

【发生危害】 主要危害期在4月上旬至6月上旬。膜下、膜面破损口、压膜土等处均有生长。膜下植株对高温高湿环境适应性较差，可引起腐烂和死亡，膜面有破损口时能正常生长，对田间膜面有一定支撑作用，并可伸出膜面生长；位于膜面破损口、播种孔和压膜土（图1.1，图1.2，图1.3）等处的植株多能正常生长并完成其生活史。该杂草出现频率较高，但发生密度低，为平凉市全膜双垄沟播玉米田次要杂草种类之一。

图 1.1 植株撑破膜面后生长状

图 1.2 植株在膜面破损口处生长状

图 1.3 植株随其他杂草撑破膜面生长状

## 二、离子芥 *Chorispora tenella* (Pall.) DC.

**【别名】** 荠儿菜、红花荠菜（陕西）等。

**【形态特征】** 离子芥属，一年生草本。

**幼苗** 幼苗子叶椭圆形，先端钝，基部狭，边缘疏生腺毛；上下胚轴均不发达；初生叶1，近卵形，全缘；后生叶椭圆形，羽状浅裂，两面有腺毛。

**茎** 茎直立，高5～30 cm，全株疏生头状短腺毛，茎斜上或铺散，从基部分枝。

**叶** 基生叶丛生，宽披针形，长3～8 cm，宽5～15 mm，边缘具疏齿或羽状分裂；茎生叶披针形，较基生叶小，长2～4 cm，宽3～10 mm，边缘具数对凹波状浅齿或近全缘。

**花、果、种子** 总状花序稀疏而短，顶生，果期伸长；花紫色，萼片淡蓝紫色，具白色边缘，长圆形，内侧萼片基部稍呈囊状，长4～5 mm；花瓣狭倒卵状长圆形或长圆状匙形，长9～11 mm，基部有长爪，瓣片狭倒卵形，长约4 mm；雄蕊分离，在短雄蕊的内侧基部两侧各有1个长圆形蜜腺；子房无柄。长角果细圆柱形，长1.5～3 cm，直或稍弯，有横节，不开裂，但逐节脱落，先端有长喙，喙长10～20 mm。种子长椭圆形，褐色或淡褐色，随节段脱落，每节段有2粒种子。

**【繁殖方式】** 种子繁殖。

**【分布生境】** 平凉市7县（市、区）全膜双垄沟播玉米栽培区均有分布。

**【发生危害】** 残膜再利用田和新覆膜田均有发生，主要危害期在4月上旬至5月中旬。膜下、膜面破损口、压膜土等处均有生长，膜下植株在苗期多呈铺散状生长，随苗龄增大顺垄面或紧贴膜面生长，膜下的高温高湿常造成植株大量腐烂和死亡，对田间膜面的支撑力和破坏性较小；位于膜面破损口（图1.4，图1.5）、播种孔、压膜土等处的植株多能正常生长并完成其生活史。该杂草在全膜双垄沟播玉米田出现频率较高，但发生密度低，为平凉市全膜双垄沟播玉米田次要杂草种类之一。

图1.4 植株在膜面破损口处生长状　　图1.5 植株从膜面破损口处伸出生长状

## 三、荠 *Capsella bursa-pastoris* (L.) Medic.

**【别名】** 荠菜、荠荠菜（陇东）、菱角菜（广州）等。

**【形态特征】** 荠属，一年生或越年生草本。

　　**幼苗**　幼苗子叶2片，椭圆形，对生；上下胚轴均不发达；初生叶2片，卵形，先端钝圆，基部宽楔形，叶片和叶柄均被星状毛；初生叶基生，呈丛生状，铺展于地面，羽状深裂，顶端叶片三角形，两侧裂片较长，裂片上还有细缺刻。

　　**茎**　高15～40 cm，直立，单一或从下部分枝。

　　**叶**　基生叶丛生呈莲座状，大头羽状分裂，长可达12 cm，宽可达2.5 cm；顶裂片卵形至长圆形，长5～30 mm，宽2～20 mm；侧裂片3～8对，长圆形至卵形，长5～15 mm，顶端渐尖，浅裂，或有不规则粗锯齿或近全缘，叶柄长5～40 mm。茎生叶窄披针形或披针形，长5～6.5 mm，宽2～15 mm，基部箭形，抱茎，边缘有缺刻或锯齿。

　　**花、果、种子**　总状花序顶生（图1.6），花小而有柄，萼片4，长椭圆形；花瓣4片，白色，倒卵形呈十字排列；雄蕊6，雌蕊1。果实为倒心形或倒三角形的扁平短角果，含多粒种子。种子长圆形，长1 mm，宽0.5 mm，金黄色或淡褐色。

　　【**繁殖方式**】　种子繁殖。

　　【**分布生境**】　平凉市7县（市、区）全膜双垄沟播玉米栽培区均有分布。

　　【**发生危害**】　残膜再利用田和新覆膜田均有发生，主要危害期在4月上旬至5月中旬。膜下、膜面破损口、压膜土等处均有其生长，膜下植株在幼苗期可正常生长，抽薹后多顺垄面或紧贴膜面生长，膜下的高温高湿可引发植株大量腐烂和死亡，对田间膜面的支撑力和破坏性较小；位于膜面破损口、播种孔（图1.7，图1.8）等处的植株多能伸出膜外生长并完成其生活史，生长于压膜土中的植株常因受旱而较早枯死。该杂草在全膜双垄沟播玉米田出现频率较高，但发生密度低，为平凉市全膜双垄沟播玉米田次要杂草种类之一。

图1.6　花序

图1.7　植株在膜面破损口处生长状

图1.8　植株随其他杂草撑破膜面生长状

## 四、小花糖芥 *Erysimum cheiranthoides* L.

　　【**别名**】　野菜子（陕西）等。

　　【**形态特征**】　糖芥属，一年生草本，全体具伏生2～4叉状毛。

　　**幼苗**　幼苗淡绿色，除子叶外全体伏生叉状毛；子叶椭圆形，基部渐狭至柄，柄、叶近等长或稍短；下胚轴不发达，上胚轴不发育；初生叶1片，互生，单叶，菱形；后生叶与成株相似。

**茎** 茎直立,高 15 ～ 50 cm,有条棱,多上部分枝。

**叶** 基生叶莲座状,无柄,平铺地面;叶互生,基生叶和近下部叶有柄,叶片披针形、狭椭圆形或条形,边缘疏生波状齿或羽状分裂;上部叶渐小,具波状齿或近全缘,无柄。

**花、果、种子** 总状花序顶生,花瓣 4,淡黄色。长角果近四棱形,略弯曲,先端具短喙。种子每室 1 行,多数,椭圆状卵形至长卵形或长圆形,黄色至红褐色,略粗糙。

**【繁殖方式】** 种子繁殖。

**【分布生境】** 平凉市 7 县(市、区)全膜双垄沟播玉米栽培区均有零星分布。

**【发生危害】** 残膜再利用田和新覆膜田均有发生,以残膜再利用田发生较多,主要危害期在 4 月上旬至 6 月下旬。绝大多数生长于膜下和膜面破损口处(图 1.9),压膜土中生长者较少,膜下植株在苗期多呈直立或半直立状生长,成株后贴近垄面和膜面生长,膜下的高温高湿可引起植株大量腐烂和死亡,对田间膜面的支撑力、穿透力和破坏性较小;位于膜面破损口(图 1.10)、播种孔等处的植株多能伸出膜外生长并完成其生活史,压膜土中生长的植株常因受旱而死亡。该杂草出现频率较高,但发生密度低,为平凉市全膜双垄沟播玉米田次要杂草种类之一。

图 1.9 植株在膜下和膜面
破损口处生长状

图 1.10 植株伸出膜面破损口生长状

## 五、小果亚麻荠 *Camelina microcarpa* Andrz.

**【形态特征】** 亚麻荠属,一年生草本,具长单毛与短分枝毛。

**幼苗** 基生叶长圆状卵形,顶端急尖,基部渐窄成宽柄,边缘有稀疏微齿或无齿(图 1.11)。

**茎** 茎直立,高 25 ～ 80 cm,多在中部以上分枝,下部密被长硬毛(图 1.12)。根系发达(图 1.13)。

**叶** 基生叶与下部茎生叶呈长圆状卵形,长 1.5 ～ 8 cm,宽 3 ～ 15 mm,顶端急尖,基部渐窄成宽柄,边缘有稀疏微齿或无齿;中、上部茎生叶披针形,顶端渐尖,基部具披针状叶耳,边缘外卷,中、下部叶被毛,以叶缘和叶脉上显著较多,向上毛渐少至无毛

（图 1.14 ）。

　　**花、果、种子**　总状花序顶生，较长；萼片 4，矩圆状披针形；花瓣 4，黄色，条形。短角果倒卵形至倒梨形，长 4～7 mm，宽 2.5～4 mm，略扁压，有窄边，光亮，先端具宿存花柱（图 1.15）。种子椭圆形，红褐色。

　　**【繁殖方式】**　种子繁殖。

　　**【分布生境】**　平凉市崆峒区草峰、泾川县高平等乡（镇）全膜双垄沟播玉米田均有分布。

　　**【发生危害】**　主要危害期在 4 月中旬至 6 月上旬，苗期生长于地膜下，抽薹后多从膜面破损口、播种孔等处伸出或撑破膜面生长，对田间膜面具较强的支撑力，危害性较大，但出现频率和发生密度很低，为平凉市全膜双垄沟播玉米田少见杂草种类之一。

图 1.11　幼苗

图 1.12　单株

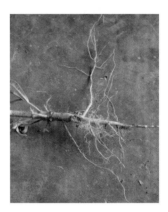
图 1.13　根

图 1.14　茎、叶

图 1.15　果

## 六、芸苔 *Brassica campestris* L.

　　**【别名】**　油菜（通称）、寒菜、胡菜、苔芥、青菜、胡菜、薹菜等。

　　**【形态特征】**　芸薹属，越年生草本，直根系。

　　**茎**　茎直立，粗壮，分枝较少，高 30～90 cm，无毛或近无毛，稍带粉霜。

　　**叶**　基生叶大头羽裂，顶裂片圆形或卵形，边缘有不整齐弯缺牙齿，侧裂片 1 至数对，卵形，叶柄宽，长 2～6 cm，基部抱茎；下部茎生叶羽状半裂，长 6～10 cm，基部扩展且抱茎，两面有硬毛及缘毛；上部茎生叶呈长圆状倒卵形、长圆形或长圆状披针形，基部心形，抱茎，两侧有垂耳，全缘或有波状细齿（图 1.16，图 1.17）。

花、果、种子　总状无限花序，着生于主茎或分枝顶端。花黄色，花瓣 4，为典型的十字型。雄蕊 6，为四强雄蕊（图 1.18）。长角果条形，先端有长 9～24 mm 的喙，果梗长 3～15 mm（图 1.19）。种子球形，紫褐色。

【繁殖方式】　种子繁殖。

【分布生境】　平凉市 7 县（市、区）全膜双垄沟播玉米栽培区有零星分布。

【发生危害】　前茬为油菜的全膜双垄沟播玉米田多有严重发生，主要危害期在 4 月中旬至 6 月上旬。前茬残留的茎，在膜下多能萌发新的芽体并快速生长，至蕾薹期后，膜面被其严重撑起或撑破，对膜面有很大的破坏性。位于膜面破损口处（图 1.20）的植株和撑破膜面生长的植株能够完成其生活史。该杂草出现频率较高，但发生密度低，为平凉市全膜双垄沟播玉米田次要杂草种类之一。

图 1.16　幼苗

图 1.17　茎、叶

图 1.18　花序

图 1.19　角果

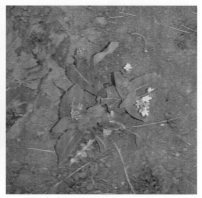
图 1.20　植株在膜面破损口处生长状

## 第二节　旋花科 Convolvulaceae

**一、打碗花** *Calystegia hederacea* Wall. ex Roxb.

【别名】　兔儿苗、扶秧、走丝牡丹（江苏），面根藤、喇叭花、狗耳丸、狗耳苗（四川），小旋花（江苏、陕西），狗儿秧（陕西），旋花苦蔓（山西），老母猪草（云南）等。

【形态特征】　打碗花属，多年生蔓性藤本，全体不被毛。

幼苗　幼苗（实生苗）粗壮，光滑无毛；子叶近方形，先端微凹，基部近截形，有长柄；下胚轴发达，上胚轴不发达；初生叶1片，宽卵形；后生叶变化较大，多为心形，并有3～7个裂片。

茎　茎蔓生，长0.5～2 m，匍匐或攀缘，有细棱，具细长白色根，常自基部分枝。

叶　叶互生，具长柄，基部叶全裂，近椭圆形，基部心形；茎上部叶三角状戟形或三角状卵形，侧裂片展开，常再2裂，中间裂片披针形或卵状三角形，基部心形（图1.21）。

花、果、种子　花单生于叶腋，花梗具棱角，花萼外有2片大苞片，卵圆形；花蕾幼时完全包藏于内。萼片5，宿存，矩圆形，稍短于苞片，具小尖凸。花冠漏斗形（喇叭状），粉红色或近白色，口近圆形微呈五角形。与同科其他常见种相比花较小，喉部近白色（图1.22）。子房上位，柱头线形2裂。蒴果卵圆形，光滑，长约1 cm，宿存萼片与之近等长或稍短。种子黑褐色，长4～5 mm，表面有小疣。

【分布生境】　平凉市7县（市、区）全膜双垄沟播玉米栽培区广泛分布。

【繁殖方式】　根状茎、种子繁殖。

【发生危害】　残膜再利用田和新覆膜田均有发生，主要危害期在4月下旬至8月上旬。膜下、膜面破损口处及压膜土中均有其生长。膜下植株多贴垄面生长，少数可缠绕其他杂草呈半直立状生长，对田间膜面有弱小的支撑力，随膜下温湿度升高地上茎叶常较早

图1.21　单株

图1.22　花

腐烂和死亡，但地下根状茎尚可存活，膜面有破损时可继续发芽生长；位于膜面破损口、播种孔、压膜土（图 1.23，图 1.24，图 1.25）等处的植株多能伸出膜外生长并完成其生活史。该杂草出现频率较高，但发生密度低，为平凉市全膜双垄沟播玉米田次要杂草种类之一。

图 1.23 植株随其他杂草撑破膜面生长状　　图 1.24 植株从播种孔处伸出生长状　　图 1.25 植株在压膜土中生长状

## 二、田旋花 *Convolvulus arvensis* L.

【别名】 扶秧苗（江苏）、面根藤（四川）、三齿草藤（甘肃）、小旋花（四川、甘肃）、燕子草（山东）、田福花（新疆）等。

【形态特征】 旋花属，多年生蔓性藤本。

幼苗 幼苗（实生苗）子叶近方形，先端微凹，基部截形，有柄；下胚轴发达；初生叶 1 片，近矩圆形，先端圆，基部两侧向外突出成矩；后生叶戟形，有 3 个裂片。

茎 根状茎横走，茎平卧或缠绕，有条纹及棱角，无毛或上部被疏柔毛（图 1.26）。

叶 戟形或剑形，全缘或 3 裂，先端圆或微尖，有小突尖头；中裂片呈卵状椭圆形、狭三角形，披针状椭圆形或线形；侧裂片开展或呈耳形；叶柄较叶片短，长 1 ～ 2 cm。

花、果、种子 花 1 ～ 2 朵，腋生，花梗细弱，较花萼长许多，苞片线形，萼片倒卵状圆形，无毛或披疏毛，缘膜质；花冠漏斗形，约 2 cm，具粉红色、白色、白色具粉红或红色的瓣中带，外边披柔毛，褶上无毛，有不明显的 5 浅裂；雄蕊 5，稍不等长，约为花冠的 1/2，花丝基部扩大，具小鳞毛；雌蕊较雄蕊稍长，子房有毛，2 室，每室 2 胚珠；柱头 2，线形（图 1.27）。蒴果呈卵状球形或圆锥形，无毛，长 5 ～ 8 mm。种子 4，卵圆形，无毛，长 3 ～ 4 mm，暗褐色或黑色。

【繁殖方式】 根状茎、种子繁殖。

【分布生境】 平凉市 7 县（市、区）全膜双垄沟播玉米栽培区广泛分布。

【发生危害】 残膜再利用田和新覆膜田均有发生，主要

图 1.26 根状茎

危害期在 4 月下旬至 7 月上旬。膜下、膜面破损口处及压膜土中均有其生长。膜下植株多贴垄面生长，少数可缠绕其他杂草呈半直立状生长，对田间膜面有弱小的支撑力，随膜下温湿度升高地上茎叶常较早腐烂和死亡，但地下根状茎尚可存活，膜面有破损时可继续发芽生长；位于膜面破损口、播种孔（图 1.28）、压膜土等处的植株多能伸出膜外生长并完成其生活史。该杂草出现频率较高，但发生密度低，为平凉市全膜双垄沟播玉米田次要杂草种类之一。

图 1.27　花

图 1.28　植株从播种孔处伸出生长状

### 三、圆叶牵牛 *Pharbitis purpurea* (L.) Voisgt

【别名】　牵牛花（各地通称）、喇叭花（各地通称）、连簪簪（四川）、打碗花（山西）、紫花牵牛等。

【形态特征】　牵牛属，一年生缠绕性草本。

幼苗　幼苗子叶 2 片，近方形，先端深陷凹，缺刻约达子叶的 1/3；下胚轴发达，上胚轴不发达；初生叶 1 片，卵圆状心形（图 1.29）。

茎　茎 2～3 m，被短柔毛和倒向的长硬毛。

叶　叶圆卵形或阔卵形，长 4～18 cm，宽 3.5～16.5 cm，被糙伏毛，基部心形，先端急尖或急渐尖，通常全缘，偶有 3 裂，两面疏或密被刚伏毛，叶柄长 2～12 cm。

花、果、种子　花腋生，花序具 1～5 朵花；花序轴长 4～12 cm；苞片线形，长 6～7 mm，被伸展的长硬毛；花梗至少在开花后下弯，长 1.2～1.5 cm。萼片近等大，长 1.1～1.6 cm，基部被开展的长硬毛，靠外的 3 枚长圆形，先端渐尖；靠内的 2 枚线状披针形；花冠紫色、淡红色或白色，漏斗状，长 4～6 cm，无毛；雄蕊内藏，不等大，花丝基部被短柔毛；雌蕊内藏，子房无毛，3 室，柱头 3 裂（图 1.30）。每朵花最多可以结 6 粒种子（抑或不结种）。蒴果近球形，直径 9～10 mm，三瓣裂。种子倒卵状三棱形，黑色或暗黑色或米黄色，表面粗糙，无毛或种脐处疏被柔毛。

【繁殖方式】　种子繁殖。

【分布生境】　平凉市泾川、崇信等县全膜双垄沟播玉米栽培区有零星分布。

【发生危害】　残膜再利用田和新覆膜田均有发生，主要危害期在 4 月下旬至 8 月上旬。膜下、膜面破损口处及压膜土中均有其生长。膜下植株多贴垄面生长，少数可缠绕其他杂草呈半直立状生长，对田间膜面有弱小的支撑力，随膜下温湿度升高茎叶常较早腐烂和死亡；位于膜面破损口、播种孔、压膜土（图1.31，图1.32，图1.33，图1.34）等处的植株多能伸出膜外生长并完成其生活史。该杂草出现频率极低，发生密度极小，为平凉市全膜双垄沟播玉米田少见杂草种类之一。

图 1.29　幼苗

图 1.30　成株

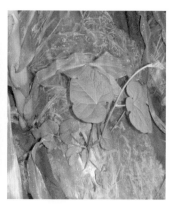

图 1.31　植株在膜面破损口处生长状

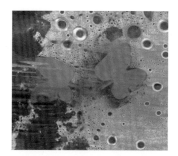

图 1.32　植株在膜下生长状

图 1.33　植株在播种沟压膜土中生长状

图 1.34　植株在播种孔处生长状

# 第三节　禾本科 Poaceae

## 一、马唐 *Digitaria sanguinalis* (L.) Scop.

【别名】　抓地草、大抓根草、鸡爪草等。

【形态特征】　马唐属，一年生草本。

幼苗　幼苗深绿色，密被柔毛；胚芽膜质，半透明；第1片真叶条形，主脉不明显，叶舌环形，顶端有齿裂，叶缘有长睫毛；第2片真叶主脉明显，叶缘和茎部有长毛（图1.35）。

茎　茎基部倾斜，呈倾斜匍匐状生长，着地后节易生根，高10～80 cm，光滑无毛（图1.36）。

叶　叶互生，条状披针形，两面疏生软毛或无毛；叶鞘大都短于节间，多疏生有疣基的软毛，稀无毛；叶舌膜质，黄棕色，先端钝圆。

花、果、种子　总状花序3～10枚，指状排列或下部的近于轮生；小穗通常孪生，对生，其一有柄，另一几乎无柄；第1颖微小，第2颖约为小穗的1/2或稍短于小穗，边缘有纤毛；第1外稃与小穗等长，具5～7脉，脉间距离不匀而无毛；第2外稃边缘膜质，覆盖内稃。颖果椭圆形，透明。

【繁殖方式】　种子繁殖。

【分布生境】　平凉市7县（市、区）全膜双垄沟播玉米栽培区广泛分布，六盘山以西的静宁、庄浪和以东的部分田块发生较重。

【发生危害】　残膜再利用田和新覆膜田均有发生，主要危害期在4月下旬至7月上旬。膜下、膜面破损口处及压膜土中均有其生长（图1.37，图1.38）。膜下植株在苗期呈直立或倾斜匍匐状生长，大苗期和成株期顺垄面或贴膜面生长，对膜下高温、高湿环境适

图1.35　幼苗

图1.36　成株

图1.37　植株从膜面破损口处伸出生长状

应性较好，多数植株可完成其生活史，田间膜面可被其撑起甚至撑破，直至玉米生长中后期部分植株腐烂和死亡；位于膜面破损口及其附近、播种孔（图1.39）、压膜土等处的植株多能营膜外生长并完成其生活史，对膜面有较大的破坏作用，也可消耗大量的土壤养分和水分。该杂草出现频率较高，部分地区发生密度较大，为平凉市全膜双垄沟播玉米田局部性优势杂草种类之一。

图1.38　植株在膜下生长状　　　　　图1.39　植株从播种孔处伸出生长状

## 二、狗尾草 *Setaria viridis* (L.) Beauv.

**【别名】** 谷莠子、莠等。

**【形态特征】** 狗尾草属，一年生草本。

**幼苗** 幼苗胚芽鞘阔披针形，常呈紫红色；第1片真叶短，较宽，倒披针状椭圆形，先端尖锐，无毛；第2片真叶较长，狭倒披针形，叶舌退化为一圈短纤毛，叶鞘裹茎松弛，边缘有长绒毛。

**茎** 茎秆疏丛生，直立或基部膝曲，高10～100 cm（图1.40）。

**叶** 叶鞘松弛、光滑，无毛或疏被柔毛或疣毛，边缘具较长的密绵毛状纤毛；叶舌极短，缘有长1～2 mm的纤毛；叶片互生，扁平，长三角状狭披针形或线状披针形，先端长渐尖或渐尖，基部钝圆形，几乎呈截状或渐窄，长4～30 cm，宽2～18 mm，通常无毛或疏被疣毛，边缘粗糙。

**花、果、种子** 圆锥花序紧密，呈圆柱状或基部稍疏离，直立或稍弯垂，主轴被较长柔毛，长2～15 cm，宽4～13 mm（除刚毛外），刚毛长4～12 mm，粗糙或微粗糙，直或稍扭曲，通常绿色或褐黄至紫红或紫色；小穗2～5个，簇生于主轴上或更多的小穗着生在短小枝上，椭圆形，先端钝，长2～2.5 mm，浅绿色；第1颖为卵形、宽卵形，长约为小穗的1/3，先端钝或稍尖，具3脉；第2颖几乎与小穗等长，椭圆形，具5～7脉；第1外稃与小穗等长，具5～7脉，先端钝，其内稃短小狭窄；第2外稃椭圆形，顶端钝，具细点状皱纹，边缘内卷，狭窄；鳞被楔形，顶端微凹。谷粒长椭圆形，先端钝，具细点状皱纹。

**【繁殖方式】** 种子繁殖。

**【分布生境】** 平凉市7县（市、区）全膜双垄沟播玉米栽培区广泛分布。

【发生危害】　残膜再利用田和新覆膜田均有发生，主要危害期在4月中旬至7月上旬。膜下、膜面破损口处及压膜土中均有其生长（图1.41，图1.42，图1.43，图1.44）。膜下植株在苗期呈直立或半直立状生长，大龄或成株期顺垄面或贴膜面生长，对膜下高温高湿环境适应性强，植株生长健壮，对田间膜面有很大的支撑力、穿透力和破坏性，膜面常被其严重撑起或撑破，7月上旬后膜下高温高湿可引起植株腐烂和死亡，之前被撑起的膜面有明显回落；位于膜面破损口附近的植株可持续存活，多能从膜面破损口伸出或撑破膜面在膜外生长；位于膜面破损口、播种孔、压膜土等处的植株均能在膜外生长并完成其生活史。该杂草出现频率高，发生密度大，为平凉市全膜双垄沟播玉米田优势杂草种类之一。

图1.40　群体　　　　　　　　　　图1.41　植株从播种孔处伸出生长状

图1.42　植株撑破膜面和破损口　　图1.43　植株在膜下腐烂死亡状　　图1.44　植株在膜下抽穗状
　　　　处生长状

### 三、稗 *Echinochloa crusgalli* (L.) Beauv.

【别名】　稗子、稗草、扁扁草（江苏）等。

【形态特征】　稗属，一年生草本。

幼苗　幼苗子叶留土，第1片真叶短，较宽，线状披针形，先端尖，有15条直出平行脉，叶片上部有少量稀薄柔毛，鞘口无毛，鞘基部有毛；第2片真叶与第1片相似。

茎　植株基部倾斜或膝曲，高50～130 cm，秆光滑无毛、丛生（图1.45）。

叶　叶鞘疏松裹秆，平滑无毛；叶舌缺；叶片扁平，线形，长10～40 cm，宽5～20 mm，无毛，边缘粗糙。

花、果、种子　圆锥花序直立，近尖塔形，长 6～20 cm（图 1.46）；主轴具棱，粗糙或具疣基长刺毛；分枝斜上举或贴向主轴，有时再分小枝；穗轴粗糙或生疣基长刺毛；小穗卵形，长 3～4 mm，脉上密被疣基刺毛，具短柄或近无柄，密集在穗轴一侧；第 1颖三角形，长为小穗的 1/3～1/2，具 3～5 脉，脉上具疣基毛，基部包卷小穗，先端尖；第 2 颖与小穗等长，先端渐尖或具小尖头，具 5 脉，脉上具疣基毛；第 1 小花通常中性，其外稃草质，上部具 7 脉，脉上具疣基刺毛，顶端延伸成 1 粗壮的芒，内稃薄膜质，狭窄，具 2 脊；第 2 外稃椭圆形，平滑，光亮，成熟后变硬，顶端具小尖头，尖头上有一圈细毛，边缘内卷，包着同质的内稃，但内稃顶端露出。颖果米黄色，卵形。

【繁殖方式】　种子繁殖。

【分布生境】　平凉市 7 县（市、区）全膜双垄沟播玉米栽培区均有分布，部分地区部分田块发生严重。

【发生危害】　残膜再利用田和新覆膜田均有发生，主要危害期在 4 月中旬至 9 月上旬。生长于膜下及膜面破损口处。膜下植株在苗期呈直立或半直立状生长，大龄或成株期顺垄面或贴膜面生长，对田间膜面有很大的支撑力、穿透力和破坏性，膜面被严重撑起或撑破，6 月中旬后膜下的高温高湿可引起部分植株腐烂和死亡，之前被撑起的膜面有所回落；位于膜面破损口附近的植株可持续存活，且长势迅猛，多能从膜面破损口伸出或撑破膜面在膜外生长（图 1.47）；位于膜面破损口、播种孔和压膜土（图 1.48）等处的植株均

图 1.45　单株

图 1.46　花序

图 1.47　植株撑破膜面生长状

图 1.48　植株在膜下、膜面破损口、播种孔等处生长状

能在膜外生长并完成其生活史。该杂草出现频率较高，局部地区发生密度大，为平凉市全膜双垄沟播玉米田局部性优势杂草种类之一。

## 四、大画眉草 *Eragrostis cilianensis* (All.) Link. ex Vignolo-Lutati

【别名】 星星草、西连画眉草等。

【形态特征】 画眉草属，一年生草本。

幼苗  幼苗子叶留土，第 1 片真叶线状，长 1 cm，先端钝尖，叶缘有细齿，直山平行脉 5 条，无叶舌和叶耳；第 2 片真叶线状披针形，直出平行脉 7 条，叶舌和叶耳均呈毛状。

茎  秆粗壮，高 30 ～ 90 cm，直立丛生，基部常膝曲，具 3 ～ 5 个节，节下有一圈明显的腺体。

叶  叶鞘疏松裹茎，脉上有腺体，鞘口具长柔毛；叶舌为一圈成束的短毛，长约 0.5 mm；叶片线形扁平，伸展，长 6 ～ 20 cm，宽 2 ～ 6 mm，无毛，叶脉上与叶缘均有腺体。

花、果、种子  圆锥花序呈长圆形或尖塔形，长 5 ～ 20 cm，分枝粗壮，单生，上举，腋间具柔毛，小枝和小穗柄上均有腺体；小穗长圆形或卵状长圆形，墨绿色带淡绿色或黄褐色，扁压并弯曲，长 5 ～ 20 mm，宽 2 ～ 3 mm，有 5 朵至多数小花，小穗除单生外，常密集簇生；颖近等长，长约 2 mm，颖具 1 脉或第 2 颖具 3 脉，脊上均有腺体；外稃呈广卵形，先端钝，第 1 外稃长约 2.5 mm，宽约 1 mm，侧脉明显，主脉有腺体，暗绿色而有光泽；内稃宿存，稍短于外稃，脊上具短纤毛。雄蕊 3，花药长 0.5 mm。颖果近圆形，直径 0.4 ～ 0.5 mm，红褐色，表面具皱褶状网纹。

【繁殖方式】 种子繁殖。

【分布生境】 平凉市 7 县（市、区）全膜双垄沟播玉米栽培区均有零星分布。

【发生危害】 主要危害期在 4 月中旬至 8 月上旬。膜下、膜面破损口、播种孔、压膜土等处均有其生长。膜下植株在苗期呈直立或半直立状生长，大龄和成株期顺垄面或贴膜面生长，6 月中旬后膜下的高温高湿可引发植株大量腐烂和死亡，对田间膜面的支撑力较弱，危害性较小；位于膜面破损口附近的植株可持续存活，多能从膜面破损口处伸出膜外生长；位于膜面破损口（图 1.49，图 1.50）、播种孔、压膜土等处的植株均能在膜外生长

图 1.49  植株在膜面破损处生长状　　图 1.50  植株在膜面破损口附近生长状

并完成其生活史。该杂草出现频率较小，发生密度较低，为平凉市全膜双垄沟播玉米田次要杂草种类之一。

### 五、芦苇 *Phragmites australis* (Cav.) Trin. ex Steud.

【别名】 苇、芦、芦笋、蒹葭等。

【形态特征】 芦苇属，多年生草本。

茎 地下有十分发达的匍匐根状茎，黄白色，须根生在根状茎节上。茎秆高大直立，高 1～3 m，直径 2～10 mm，节下通常有白粉（图 1.51）。

叶 叶互生，叶片大而扁平，长条形，长 15～45 cm，宽 1～5 cm；叶鞘圆筒形，无毛或有细毛；叶舌有毛。

花、果 圆锥花序分枝稠密，向斜伸展，花序长 10～40 cm，下部枝腋间具白毛；小穗有小花 4～7 朵；颖有 3 脉，第 1 颖短小，第 2 颖略长；第 1 小花多为雄性，余两性；外稃窄披针形，具 3 脉，长 8～16 mm，无毛，顶端长渐尖，基盘延长，具长 6～12 mm 丝状柔毛；内稃长约 4 mm，脊粗糙。颖果椭圆形，与内外稃分离。

【繁殖方式】 根状茎、种子繁殖，以根状茎繁殖为主，繁殖力极强。

【分布生境】 平凉市 7 县（市、区）全膜双垄沟播玉米栽培区均有零星分布，以部分山、台地发生较重。

【发生危害】 主要危害期在 4 月中旬至 9 月上旬。膜下、膜面破损口（图 1.52，图 1.53）等处均有其生长。膜下植株呈直立或半直立状生长，其茎秆坚硬、生长速度迅猛，对田间膜面有极强的支撑力和穿透力，膜面被严重撑起或撑破，破坏性和危害性极大，是全膜双垄沟播玉米田主要恶性杂草之一。该杂草出现频率较低，发生密度较小，为平凉市全膜双垄沟播玉米田次要杂草种类之一。

图 1.51　植株群体　　图 1.52　植株在垄沟穿透膜面生长状　　图 1.53　植株在垄面穿透膜面生长状

### 六、冰草 *Agropyron cristatum* (L.) Gaertn.

【别名】 野麦子、扁穗冰草、羽状小麦草等。

【形态特征】 冰草属，多年生草本。

幼苗 初生叶狭线形，宽约 1 mm，第 2 叶至第 4 叶线形。

根、茎　须根稠密，分蘖横走或下伸成长达 10 cm 的根状茎。秆成疏丛，直立或基部弯曲，高 15 ～ 75 cm，上部紧接花序部分被短柔毛或无毛。

叶　叶互生，长条形，叶片质地较硬而粗糙，边缘常内卷，长 5 ～ 20 cm，宽 2 ～ 5 mm，上面叶脉强烈隆起成纵沟，脉上密被微小短硬毛；叶舌膜质，顶端截平而微有细齿（图 1.54）。

花序、花　穗状花序较粗壮，矩圆形或两端微窄，长 2 ～ 6 cm，宽 8 ～ 15 mm；小穗紧密平行排列成两行，整齐呈篦齿状，含 3 ～ 7 小花，长 6 ～ 9 mm；颖舟形，脊上连同背部脉间被长柔毛，第 1 颖长 2 ～ 3 mm，第 2 颖长 3 ～ 4 mm，具略短于或稍长于颖体的芒；外稃舟形，被有稠密的长柔毛或显著地被稀疏柔毛，顶端具短芒，长 2 ～ 4 mm；内稃与外稃等长，先端尖，2 裂，脊上具短小刺毛（图 1.55）。

【繁殖方式】　根状茎、种子繁殖。

【分布生境】　平凉市 7 县（市、区）全膜双垄沟播玉米栽培区均有零星分布，以部分山、台地发生较重。

【发生危害】　主要危害期在 4 月中旬至 9 月上旬。膜下、膜面破损口、压膜土等处均有其生长。膜下植株顺垄面或贴膜面生长，对田间膜面有很强的支撑力和穿透性，破坏性较大，膜面通常被严重撑起、穿透和撑破（图 1.56），对膜下的高温高湿适应性较强，部分植株地上部虽可腐烂和死亡，但其地下根状茎仍然存活，可再次发芽和生长，对膜面造成二次危害；压膜土中的根状茎可萌发形成植株，其根部能够穿透膜面在土壤中正常生长。该杂草仅在个别田块形成较重危害，全市出现频率较低，发生密度较小，为平凉市全膜双垄沟播玉米田次要杂草种类之一。

图 1.54　茎、叶　　　　图 1.55　花、果穗　　　图 1.56　植株在全膜双垄沟播玉米田严重危害状

## 七、野燕麦 *Avena fatua* L.

【别名】　乌麦、铃铛麦、燕麦草等。

【形态特征】　燕麦属，一年生或越年生草本。

幼苗　土中茎明显，细长，嫩白；芽鞘短，一般不延伸至地表；分蘖节浅，靠近地表 1 ～ 2 cm；叶片初出时卷成筒状，叶片细长，扁平，叶尖钝圆，叶片绿带灰蓝色，呈左旋扭曲，正背面均疏生柔毛，叶缘有倒生短毛；叶舌大，乳白色，膜质透明，先端具不规则齿裂；无叶耳；叶鞘具短柔毛及疏长纤毛。

**茎** 直立，单生或丛生，光滑无毛，有 2～4 节，株高 40～120 cm。

**叶** 叶互生，叶片扁平，长条形，长 15～30 cm，宽 5～8 mm，叶片表面、边缘或中肋处疏生茸毛；叶鞘光滑松弛或基部被柔毛；叶舌膜质透明，较大；无叶耳（图 1.57）。

**花序、花、果** 圆锥花序呈塔形开展，分枝轮生，具棱角，粗糙；小穗疏生，具小花 2～3 朵，梗长向下弯；2 颖近等长或第 2 颖大于第 1 护颖，一般 9 脉；每朵花有内外稃各 1 个，比护颖小，内稃为两齿形，比外稃稍短；花内有雄蕊 3，雌蕊 1，花柱分 2 枝，柱头羽毛状，子房下部有鳞片 2 片。颖果呈纺锤形，底部有"蹄口"状关节，周围生绒毛；腹面有一纵沟，被浅棕色柔毛。种子被内外稃包被不分离，成熟时一同脱落（图 1.58）。

**【繁殖方式】** 种子繁殖。

**【分布生境】** 平凉市 7 县（市、区）全膜双垄沟播玉米栽培区均有零星分布。

**【发生危害】** 残膜再利用田和新覆膜田均有发生，主要危害期在 4 月下旬至 6 月上旬。膜下、膜面破损口、压膜土等处均有其生长，以膜下生长为主。膜下植株在苗期主要呈丛生状半直立生长，之后顺垄面生长或贴膜面生长，对田间膜面有一定的支撑力、穿透性和破坏性，膜面常被撑起或撑破，6 月中旬后膜下的高温高湿可引起部分植株腐烂和死亡；位于膜面破损口附近的膜下植株通常可持续存活，多能从膜面破损口伸出或撑破膜面在膜外生长；膜面破损口、播种孔、压膜土等处的植株均能营膜外生长并完成其生活史。该杂草出现频率低，发生密度小，为平凉市全膜双垄沟播玉米田次要杂草种类之一。

图 1.57 野燕麦与小麦叶片

图 1.58 抽穗杨花期

## 八、野稷 *Panicum miliaceum* L. var. *ruderale* Kitag.

**【别名】** 野糜子等。

**【形态特征】** 黍属，一年生草本。

**幼苗** 幼苗暗绿色，全株被长疣毛；叶片卵状线形，第 1 片真叶长 6～8 mm，第 2 片真叶长 13～15 mm，叶片裹茎松弛，叶舌具纤毛。

**茎** 株高 60～120 cm，茎秆疏丛生，直立或基部膝曲，较粗壮，扁圆形；叶鞘外面部分密生长疣毛，且常带紫色。

叶　叶互生，条状披针形，两面疏生长疣毛；叶鞘短于节间，密生疣毛；叶舌有小纤毛。

花序、花、果　圆锥花序宽而舒展，直立，长 10～30 cm，穗轴与分枝有角棱，棱上有毛；分枝上疏生小穗，小穗呈长卵圆形，含 2 朵花，仅 1 朵花结实；第 1 颖短小，先端尖，第 2 颖与小穗等长。颖果呈椭圆形，成熟后黑色，具光泽。

【繁殖方式】　种子繁殖。

【分布生境】　平凉市 7 县（市、区）全膜双垄沟播玉米栽培区均有零星分布。

【发生危害】　残膜再利用田和新覆膜田均有发生，主要危害期在 4 月下旬至 7 月下旬。膜下、膜面破损口、压膜土等处均有其生长，以膜下生长为主。膜下植株在幼苗期主要呈直立状或半直立状生长，之后多贴垄面和膜面生长，对田间膜面有较强的支撑力，膜面常被撑起甚至撑破，夏季膜下的高温高湿可引起植株大量腐烂和死亡，位于膜面破损口附近的膜下植株通常可持续存活，多能从膜面破损口伸出或撑破膜面在膜外生长，少数在膜下完成生活史；膜面破损口（图 1.59）、播种孔、压膜土等处的植株均能营膜外生长并完成其生活史。该杂草出现频率低，发生密度小，为平凉市全膜双垄沟播玉米田次要杂草种类之一。

图 1.59　植株从膜面破损口处伸出生长状

## 九、糜子 *Panicum miliaceum* L.

【别名】　黍、稷、禾祭、穄等。

【形态特征】　黍属，一年生草本。

茎　株高 30～150 cm。茎秆绿色或紫色，疏丛生，直立，较粗壮，有 7～16 节，表面着生茸毛，特别是中下部裸露部分茸毛最多，茎节处最密集。

叶　叶互生，无叶耳，第 1 真叶顶端稍钝呈椭圆形；其余叶片均呈条状披针形，边缘平直呈波浪形，中脉短于支脉，叶上下表皮及叶鞘表面都有浓密的茸毛；叶鞘边缘着生浓密的茸毛；叶舌茸毛状。

花序、花、果　花序圆锥形，穗轴直立或稍弯曲，成熟后下垂，分枝螺旋状排列或基部轮生，分枝上部形成小穗。小穗由护颖和数朵小花组成，有 2 片护颖，呈膜状，第 1 护颖有 5～7 脉，长度约为小穗的 1/3～1/2；第 2 护颖与小穗等长，有 11～13 脉。护颖包被小花 2 朵，1 朵能正常结实（图 1.60）。颖果球形、长圆形或卵圆形，有黄、红、白、褐、灰和复色等颜色，具光泽（图 1.61）。

【繁殖方式】　种子繁殖。

【分布生境】　平凉市 7 县（市、区）全膜双垄沟播玉米栽培区均有分布，发生在前茬为糜子的田块。

【发生危害】 主要危害期在 4 月中下旬至 7 月下旬。上茬糜子掉落的种子在膜下（图 1.62）、膜面破损口、压膜土等处发芽生长。膜下植株在幼苗期主要呈直立状或半直立状生长，之后多贴垄面和膜面生长，对田间膜面有较强支撑力，膜面常被严重撑起或撑破，夏季膜下的高温高湿可引发部分植株腐烂和死亡；膜面破损口附近的膜下植株可持续存活，部分从膜面破损口伸出或撑破膜面在膜外生长；膜面破损口、播种孔、压膜土（图 1.63）等处的植株均能营膜外生长并完成其生活史。糜子茬玉米田发生密度大，为平凉市全膜双垄沟播玉米田局部性优势杂草种类之一。

图 1.60　群体　　　　　　　　　图 1.61　种子

图 1.62　幼苗在膜下生长且撑破地膜　　图 1.63　植株从膜面破损口处伸出生长状

## 第四节　苋科 Amaranthaceae

### 一、反枝苋 *Amaranthus retroflexus* L.

【别名】　野苋菜、苋菜、西风谷等。

【形态特征】　苋属，一年生草本。

幼苗　幼苗子叶 1 对，梭形，淡绿色；下胚轴发达，紫红色；初生叶 1 片，卵形，全缘，叶顶微凹，羽状脉明显；后生叶与初生叶相同，但叶面有毛（图 1.64）。

根、茎　直根发达，粗壮。茎直立，略肉质，高 20 ～ 100 cm，有分枝，粗壮，淡绿色，有时具带紫色条纹，稍具钝棱，密生短柔毛。

叶　叶互生有长柄，叶片菱状卵形或椭圆状卵形，长 2 ～ 12 cm，宽 2 ～ 5 cm，先端锐尖或尖凹，有小凸尖，基部楔形，有柔毛（图 1.65）。

花序、花、果　圆锥花序顶生及腋生，直立，直径 2 ～ 4 cm，由多数穗状花序形成，顶生花穗较侧生者长（图 1.66）；苞片及小苞片钻形，长 4 ～ 6 mm，白色，先端具芒尖；花被片 5，白色，有 1 淡绿色细中脉，先端急尖或尖凹，具小突尖。胞果扁卵形，环状横裂，包裹在宿存花被片内。种子近球形，直径 1 mm，棕色或黑色（图 1.67）。

【繁殖方式】　种子繁殖。

【分布生境】　平凉市 7 县（市、区）全膜双垄沟播玉米栽培区广泛分布。

【发生危害】　主要危害期在 4 月中旬至 9 月上旬。植株多在膜下及膜面破损口处生长，压膜土中也有少量生长。膜下植株在苗期多呈直立或半直立状生长，之后随膜下温湿度升高大部分植株腐烂和死亡，对膜面支撑作用较弱，但当膜面被其他杂草撑起时可在膜下继续生长甚至完成其生活史；膜面破损口附近的膜下植株可持续存活，多能伸出膜面破损口或撑破膜面生长，少部分在膜下完成生活史；位于膜面破损口、播种孔及压膜土（图

图 1.64　幼苗

图 1.65　茎、枝、叶

图 1.66　花序

1.68，图 1.69，图 1.70）等处的植株均能营膜外生长并完成其生活史。该杂草出现频率高，发生密度较大，危害性较大，系平凉市全膜双垄沟播玉米田优势杂草种类之一。

图 1.67　种子

图 1.68　植株随其他杂草撑破膜面生长状

图 1.69　植株撑破膜面生长状

图 1.70　植株在膜面破损口处生长状

# 第五节 茄科 Solanaceae

## 一、曼陀罗 *Datura stramonium* L.

【别名】 枫茄花（上海）、狗核桃（云南）、万桃花（福建）、洋金花（山东）、醉心花（江苏）、闹羊花（广东）等。

【形态特征】 曼陀罗属，一年生草本或半灌木状。

幼苗 幼苗子叶披针形，先端渐尖，基部楔形，叶柄短；下胚轴发达；初生叶1片，全缘，长卵形或广披针形；后生叶具大锯齿。全株被毛。

茎 株高50～150 cm，茎粗壮直立，圆柱状，淡绿色或带紫色，下部木质化，光滑无毛或在幼嫩部分被短柔毛，植株上部常呈二叉状分枝（图1.71）。

叶 叶互生，叶片宽卵形，具长柄，顶端渐尖，基部不对称楔形，边缘具不规则的波状浅裂或疏齿，裂片顶端急尖，侧脉每边3～5条，直达裂片顶端，长8～17 cm，宽4～12 cm。

花、果、种子 花单生在叶腋或枝杈处；花萼5齿裂筒状，花冠漏斗状，白色至紫色，有5棱角；雄蕊5，子房卵形（图1.72）。蒴果直立，卵状，长3～4 cm，宽2～3.5 cm，表面生有坚硬的刺针，成熟后4瓣裂（图1.73，图1.74）。种子卵圆形，稍扁，长约4 mm，黑色。

【繁殖方式】 种子繁殖。

【分布生境】 平凉市7县（市、区）全膜双垄沟播玉米栽培区均有分布，以六盘山东部的泾川、崇信、华亭等县（市）发生较为普遍。

【发生危害】 主要危害期在5月上旬至9月上旬。植株多在膜下及膜面破损口处生长（图1.75），压膜土中也有少量生长。膜下植株在苗期多呈直立或半直立状生长，之后随膜下温湿度升高大部分植株腐烂和死亡，对膜面支撑作用较弱，但当膜面被其他杂草撑起时可在膜下继续生长甚至完成其生活史；膜面破损口附近的膜下植株部分可持续存活，多能伸出膜面破损口或撑破膜面生长（图1.76），完成其生活史；位于膜面破损口、播种孔（图1.77）及压膜土等处的植株均能营膜外生长并完成其生活史。该杂草出现频率较低，发生密度较小，系平凉市全膜双垄沟播玉米田次要杂草种类之一。

图1.71 成株

图 1.72 花

图 1.73 未成熟果实

图 1.74 成熟果实及种子

图 1.75 植株在膜面破损口处下生长状

图 1.76 植株从膜面破损处伸出生长状

图 1.77 植株从播种孔处伸出生长状

二、龙葵 *Solanum nigrum* L.

【别名】 野辣虎（江苏苏州）、野海椒（四川屏山、南川）、小苦菜（四川会东）、石海椒（四川南川）、野伞子（四川城口）、野海角（四川盐边）、灯龙草（湖北巴东）、山辣椒（河北内邱）、野茄秧（云南蒙自）、小果果（云南河口）、白花菜（广东乐昌、惠阳）、假灯龙草（海南儋县）、地泡子（湖南）、飞天龙（江西）、天茄菜（贵州）等。

【形态特征】 茄属，一年生草本。

幼苗 幼苗全体有毛，子叶宽卵形，先端钝尖，基部圆形，具长柄；下胚轴极发达，上胚轴短；初生叶 1 片，宽卵形，全缘，先端尖，基部圆。

茎 茎直立，高约 25 ～ 100 cm，有棱角或不明显，多分枝，无毛。

叶 叶互生，具长柄；叶片卵形，先端短尖，基部楔形或宽楔形并下延至叶柄，长 2.5 ～ 10 cm，宽 1.5 ～ 5.5 cm，全缘或具不规则波状粗锯齿，光滑或两面均被稀疏短柔毛。

花、果、种子 蝎尾状聚伞花序，腋外生，有花 4 ～ 10 朵；花梗长，下垂，5 深裂，裂片卵圆形；花萼杯状，裂片 5；花冠白色，辐射状，5 裂，裂片卵状三角形；雄蕊 5，着生花冠筒口，花丝分离，花药黄色，顶孔向内；雌蕊 1，球形，子房 2 室，花柱下半部密生白色柔毛，柱头圆形（图 1.78）。浆果球形，具光泽，直径约 8 mm，成熟时黑色（图 1.79）。种子多数扁圆形。

【繁殖方式】 种子繁殖。

【分布生境】　平凉市7县（市、区）全膜双垄沟播玉米田广泛分布。

【发生危害】　主要危害期在5月上旬至9月中旬。膜下、膜面破损口及压膜土中均有生长。膜下植株在苗期多呈直立或半直立状生长，之后随膜下温湿度升高大部分植株腐烂和死亡，对膜面支撑作用较弱，但当膜面被其他杂草撑起时尚可在膜下继续生长甚至完成其生活史；膜面破损口附近的膜下植株部分可持续存活，多能伸出膜面破损口或撑破膜面（图1.80）生长完成其生活史；位于膜面破损口（图1.81）、播种孔及压膜土等处的植株均能营膜外生长并完成其生活史。该杂草出现频率较低，发生密度较小，系平凉市全膜双垄沟播玉米田次要杂草种类之一。

图1.78　花

图1.79　果实

图1.80　植株撑破地膜伸出生长状

图1.81　植株从膜面破损口处伸出生长状

### 三、枸杞 *Lycium chinense* Mill.

【别名】　枸杞菜（广东、广西、江西）、红珠仔刺（福建）、牛吉力（浙江）、狗牙子（四川）、狗牙根（陕西）、狗奶子（江苏、安徽、山东）等。

【形态特征】　枸杞属，多年生有刺灌木。

幼苗　幼苗子叶卵形，全缘。上下胚轴均发达；初生叶长圆形或椭圆形，全缘，无毛；后生叶披针形，先端尖，基部渐窄楔形，延伸成柄。

**茎**　株高 50 ～ 150 cm 左右，茎直立，枝条细弱，弓状弯曲或俯垂，淡灰色，有纵条纹，棘刺长 0.5 ～ 2 cm；后生叶和花具较长棘刺，小枝顶端锐尖呈棘刺状。

　　**叶**　叶互生或簇生于短枝上，有柄；叶片呈狭卵形或卵状披针形，先端尖或钝圆，基部渐狭，全缘，两面无毛。

　　**花、果、种子**　花常 1 ～ 4 朵簇生于叶腋，在长枝上单生或双生于叶腋，有花柄；花萼钟状，3 ～ 5 裂；花冠漏斗状，淡紫色，5 深裂，裂片卵形，顶端圆钝，平展或稍向外反曲，边缘有缘毛，基部耳显著；雄蕊较花冠稍短，或因花冠裂片外展而伸出花冠，花丝在近基部处密生一圈绒毛并交织成椭圆状毛丛，与毛丛等高处的花冠筒内壁也密生一环绒毛；花柱稍伸出雄蕊，上端弓弯，柱头绿色（图 1.82）。浆果卵形或椭圆状卵形，成熟时红色。种子倒卵状肾形或椭圆形，略扁，表面淡黄棕色，有光泽。

　　**【繁殖方式】**　根芽、种子繁殖。

　　**【分布生境】**　枸杞喜光、耐寒、耐瘠薄、耐盐碱，多生长于路边、沟沿、荒地及农田中，平凉市静宁、庄浪、泾川、灵台等县（市、区）全膜双垄沟播玉米田均有分布，以部分山、台地危害较重。

　　**【发生危害】**　主要危害期在 5 月上旬至 9 月中旬。上年残留根或种子萌发芽体后在膜下、膜面破损口等处生长。膜下植株在苗期多呈直立或半直立状生长，之后多贴垄面和膜面生长，对田间膜面有较强的支撑力，膜面可被严重撑起或撑破（图 1.83），夏季膜下的高温高湿可引致部分植株腐烂和死亡，但地下根尚可存活，遇膜面破损时可重新发芽生长，甚至撑破膜面生长。该杂草出现频率较低，发生密度较小，系平凉市全膜双垄沟播玉米田次要杂草种类之一。

图 1.82　花

图 1.83　植株穿透膜面生长状

## 一、水棘针 *Amethystea caerulea* L.

【别名】　土荆芥（云南昭通）、细叶山紫苏（吉林抚松）、山油子等。

【形态特征】　水棘针属，一年生草本。

幼苗　子叶阔卵形，先端钝圆，基部圆形，有短柄；上下胚轴均发达，有短柔毛；初生叶 2 片，对生，卵形，先端锐尖，基部阔楔形，叶缘有粗刺，具短柄；后生叶为 3 全裂，其他与初生叶相似（图 1.84）。

茎　直立，高 30 ～ 100 cm，基部有时木质化，金字塔形分枝；茎四棱形，紫色、灰紫黑色或紫绿色，被疏柔毛或微柔毛，以节上较多。

叶　叶纸质或近膜质，三角形或近卵形，3 深裂，罕不裂或 5 裂；裂片披针形，边缘具粗锯齿或重锯齿，中间的裂片长 2.5 ～ 4.7 cm，宽 0.8 ～ 1.5 cm，无柄，两侧裂片长 1 ～ 3.5 cm，宽 0.7 ～ 1.2 cm，基部不对称，下延，无柄或近无柄；叶面绿色或紫绿色，被疏微柔毛或无毛，背面无毛；叶柄长 0.7 ～ 2 cm，紫色或紫绿色，有沟，具狭翅，被疏长硬毛。

花序、花、果　松散的二歧腋生聚伞花序，复组成总状圆锥花序，被疏腺毛；萼钟状，长约 2 mm，具 10 脉，其中 5 脉高起，外面被乳头状突起及腺毛，里面无毛；齿三角形，渐尖，长约 1 mm 或略短；花冠蓝色或紫蓝色，花冠管内藏或略长于花萼，无毛；檐部二唇形，外面被腺毛，上唇 2 裂，裂片与下唇侧裂片同形，为长圆状卵形或卵形，下唇 3 裂，中裂片扇形；能育雄蕊 2，着生于下唇中裂片近基部，向后伸长，自上唇裂片间伸出；退化雄蕊 2，着生于上唇基部，线形或无；子房无毛；花丝略长于雄蕊，无毛（图 1.85）。小坚果呈倒卵状三棱形，背部具网状皱纹，腹面具棱，两侧平滑，合生面占腹面的 1/2 ～ 2/3（图 1.86）。

【繁殖方式】　种子繁殖。

【分布生境】　平凉市 7 县（市、区）全膜双垄沟播玉米田广泛分布。

【发生危害】　主要危害期在 4 月上旬至 9 月上旬。植株多在膜下及膜面破损口处生长，压膜土中也有少量生长。膜下植株在苗期多呈直立或半直立状生长，之后随膜下温湿度升高大部分植株腐烂死亡，对膜面支撑作用较弱，但当膜面被其他杂草撑起时尚可在膜下继续生长甚至完成其生活史；膜面破损口附近的膜下植株部分可持续存活，都能伸出膜面破损口或撑破膜面生长完成其生活史；位于膜面破损口、播种孔及压膜土（图 1.87，图 1.88）等处的植株均能营膜外生长并完成其生活史。该杂草出现频率高，发生密度较大，系平凉市全膜双垄沟播玉米田优势杂草种类之一。

图 1.84　大龄苗

图 1.85　花

图 1.86　未成熟果实

图 1.87　植株从播种孔处伸出生长状

图 1.88　植株随其他杂草撑破膜面生长状

## 二、紫苏 *Perilla frutescens* (L.) Britton

【别名】 荏子（甘肃、河北）、赤苏（山西、福建）、红勾苏（广东）、红（紫）苏（河北、江苏、广东、广西）、黑苏（江苏）、白紫苏（西藏）、青苏（浙江）、鸡苏（湖南、江西、福建）、香苏（东北、河北）、臭苏（广东）、苏（野）麻（湖北、四川）、大紫苏（湖北）等。

【形态特征】 紫苏属，一年生草本，有特异芳香。

幼苗　幼苗子叶倒卵形，先端微凹，基部截形，有长柄；上下胚轴发达，紫红色，被柔毛；初生叶阔卵形，先端急尖，叶基圆形，边缘有粗齿，叶片绿色或紫色，具叶柄；后生叶与初生叶相似（图 1.89）。

茎　株高 30～200 cm，茎直立，四棱形，具四槽，紫色、绿紫色或绿色，有长柔毛，节部柔毛较密，基部木质化。

叶　叶对生，具长柄，叶片宽卵形或圆卵形，长 7～21 cm，宽 4.5～16 cm，基部圆形或广楔形，先端渐尖或尾状尖，边缘具粗锯齿，两面紫色，或面青背紫，或两面绿色，两面密被疏柔毛，下面脉上被贴生柔毛。

花序、花、果　轮伞花序，各轮密接，组成顶生或腋生偏向一侧的假总状花序；每花有1苞片，苞片卵圆形，先端渐尖；花萼钟状，二唇形，具5裂，下部被长柔毛，有黄色腺点，果实增大时，基部一边膨大，上唇宽大，3齿，下唇2齿，披针形，内面喉部具疏柔毛；花冠紫红色、粉红色至白色，二唇形，上唇微凹，下唇3裂；子房4裂，柱头2裂（图1.90）。小坚果近球形，棕褐色或灰白色，具网纹。

【繁殖方式】　种子繁殖。

【分布生境】　平凉市西部2县（静宁、庄浪）少见，东部5县（市、区）广有分布，以紫苏茬全膜双垄沟播玉米田发生较多。

【发生危害】　主要危害期在4月上旬至9月上旬。上茬紫苏收获时掉落的种子在膜下、膜面破损口及压膜土中均可发芽生长。膜下植株在苗期多呈直立或半直立状生长，之后随膜下温湿度升高大部分植株腐烂和死亡，对膜面支撑作用较弱，但当膜面被其他杂草撑起时尚可在膜下继续生长甚至完成其生活史；膜面破损口附近的膜下植株部分可持续存活，能伸出膜面破损口或撑破膜面生长完成其生活史；位于膜面破损口、播种孔等处的植株多能营膜外生长并完成其生活史，压膜土中生长的植株在高温干旱季节多较早枯萎死亡。该杂草在种植紫苏的地区出现频率高，发生密度大，系平凉市全膜双垄沟播玉米田局部性优势杂草种类之一。

图 1.89　幼苗　　　　　　　　　　　　　　　图 1.90　群体生长状

### 三、香薷 *Elsholtzia ciliate* (Thunb.) Hyland

【别名】　山苏子（黑龙江、吉林、河北、山西）、小叶苏子（辽宁）、荆芥（甘肃成县）、野紫苏（四川灌县）、鱼香草（四川南川）、香草（福建福州）等。

【形态特征】　香薷属，一年生草本。

幼苗　子叶1对，近圆形，先端凹缺，基部心形具耳，主脉明显，有长柄；上下胚轴均发达；初生叶2片，卵形，叶缘具钝齿。

根、茎　具密集须根。茎直立，被毛，高30～60 cm，基部分枝较长，向上分枝渐短；茎四棱形，基部近圆形，中上部茎具细浅纵槽数条，棱上疏生长柔毛（图1.91）。

叶　叶对生，具细长柄，被小纤毛；叶片长卵形，长4～7 cm，宽1～2.5 cm，先端渐尖，基部楔形，边缘有钝锯齿，表面暗绿色，叶脉细而凹，背面淡绿色，叶脉凸出，两面被柔毛（图 1.92）。

花序、花、果　总状花序密集成穗状，多数小花密集着生于穗轴一侧；花萼钟状，萼齿 5；花冠筒状，膜质，淡紫色，先端略呈唇形，上唇直立，先端微凹，下唇 3 裂，花冠外被绿色苞片，苞片被密毛，先端 5 裂，针芒状（图 1.93）。小坚果倒卵形、长圆形，左右扁，顶端钝圆，长 1.25 ~ 1.5 mm，浅褐色，无光泽，具褐色条形排列的小斑点。

【繁殖方式】　种子繁殖。

【分布生境】　平凉市主要分布于阴湿地区，以庄浪县关山沿线通化、永宁、郑河、韩店等乡，崇信县铜城、黄花、新窑等乡（镇），灵台县西南部诸乡（镇）及华亭市全境分布最为广泛。

【发生危害】　主要危害期在 4 月下旬至 8 月上旬。膜下、膜面破损口及压膜土中均有生长（图 1.94，图 1.95）。膜下植株在苗期多呈直立或半直立状生长，之后受膜面压迫贴垄面生长或半直立状生长，膜面常被撑起，但夏季膜下的高温高湿可引起膜下植株腐烂和死亡；膜面破损口附近的膜下植株可持续存活，能伸出膜面破损口或撑破膜面生长，完成其生活史；位于膜面破损口、播种孔等处的植株多能营膜外生长并完成其生活史，压膜土中存活的植株数量较少。该杂草在平凉市阴湿山、台、川地出现频率较高，但发生密度较小，系平凉市全膜双垄沟播玉米田次要杂草种类之一。

图 1.91　单株

图 1.92　叶

图 1.93　花

图 1.94　植株在膜下生长状

图 1.95　植株从播种孔处伸出生长状

## 四、荔枝草 *Salvia plebeian* R. Br.

【别名】　蛤蟆草（陕西）、癞蛤蟆草（江苏、江西）、青蛙草（四川）、泽泻（湖北）、野薄荷（湖南）、鱼味草（广东）、土荆芥（云南）等。

【形态特征】　鼠尾草属，一年生或越年生草本。

幼苗　子叶阔卵形，有柄；下胚轴发达，上胚轴不发育；初生叶1对，阔卵形，叶缘微波状，有1条明显中脉，有叶柄；后生叶椭圆形，叶缘波状，表面皱，凹凸不平，有明显羽状叶脉。

根、茎　主根肥厚向下直伸，有多数须根。株高15～90 cm，茎直立，四棱形，有分枝，被疏短毛（图1.96）。

叶　叶对生，椭圆状卵圆形或椭圆状披针形，长2～6 cm，宽0.8～2.5 cm，先端钝或急尖，基部圆形或楔形，边缘具圆齿、牙齿或尖锯齿，草质，上面被稀疏的微硬毛，下面被短疏柔毛，余部散布黄褐色腺点；叶柄长4～15 mm，腹凹背凸，密被疏柔毛。

花序、花、果　轮伞花序在茎和枝端密集成总状或总状圆锥花序；苞片披针形；花萼钟形，二唇形，上唇全缘，先端有3个小尖头，下唇深裂成二唇；唇形花冠紫色或蓝色（图1.97）。坚果倒卵形，直径0.4 mm，光滑，深褐色或黑色。

【繁殖方式】　种子繁殖。

【分布生境】　平凉市仅在崇信县新窑镇全膜双垄沟播玉米田有发现。

【发生危害】　主要危害期在4月下旬至7月上旬。膜下、膜面破损口（图1.98）及压膜土中均有生长。膜下植株在苗期多呈直立或半直立状生长，之后受膜面压迫贴垄面生长或半直立状生长，膜面常被撑起，但夏季膜下的高温高湿可引起膜下植株较早腐烂和死亡；膜面破损口附近的膜下植株部分可持续存活，能伸出膜面破损口或撑破膜面生长，完成其生活史；位于膜面破损口、播种孔等处的植株多能营膜外生长并完成其生活史，压膜土中存活的植株数量较少。该杂草出现频率很低，发生密度小，系平凉市全膜双垄沟播玉米田次要杂草种类之一。

图1.96　茎、叶

图1.97　花

图1.98　植株从膜面破损口处伸出生长状

## 五、夏至草 *Lagopsis supina* (Steph.) IK.-Gal. ex Knorr

【别名】　白花夏枯、白花益母、小益母草等。

**【形态特征】** 夏至草属，越年生或多年生草本。

幼苗 幼苗子叶圆形，长 0.6 cm 左右，叶柄比叶片长，下胚轴较发达；初生叶 2 片，近圆形，叶缘有疏齿，叶脉明显，具长柄；幼苗深绿色，除子叶外均被稀疏短毛（图 1.99）。

根、茎 主根圆锥形。茎四棱，具沟槽，直立、斜伸或披散，有毛，高 15～30 cm，带紫红色，自基部分枝。

叶 叶对生，具柄；基生叶近圆形，基部心形，不裂或 3 裂，茎生叶掌状 3 深裂，边缘均有钝齿或小裂片，两面均密生细毛，下面叶脉凸起；叶柄被有细毛。

花序、花、果 轮伞花序有花 6～10 朵，花轮间隔较长（图 1.100）；苞片与萼筒等长，刺状，被有细毛；花萼钟形，长 5.2 mm，外面被有细毛，喉部有短柔毛，具 5 脉和 5 齿，齿端有尖刺，上唇 3 齿较下唇 2 齿长；花冠白色，二唇形，上唇全缘，较下唇长，直立，长圆形，下唇平展，有 3 裂片；雄蕊 4 枚，2 强，不伸出，花药 2 室，花柱顶端 2 裂，裂片相等，圆形。小坚果褐色，长圆状三棱形。

**【繁殖方式】** 种子繁殖。

**【分布生境】** 平凉市 7 县（市、区）全膜双垄沟播玉米田均有零星分布，以山地、台地居多。

**【发生危害】** 主要危害期在 3 月下旬至 6 月上旬，以个别山地、台地危害较重，残膜再利用田重于新覆膜田。膜下、膜面破损口（图 1.101）及压膜土中均有生长，以膜下和膜面破损口处发生密度最大。膜下植株呈半直立状生长或贴垄面和膜面生长，植株常扭曲变形，膜面被撑起甚至撑破，夏季膜下的高温高湿常造成膜下部分植株腐烂和死亡，之前被撑起的膜面逐渐回落；膜面破损口附近的膜下植株部分可持续存活，能伸出膜面破损口或撑破膜面生长，完成其生活史；位于膜面破损口、播种孔等处的植株多能营膜外生长并完成其生活史，压膜土中存活的植株数量较少。该杂草出现频率较低，发生密度较小，系平凉市全膜双垄沟播玉米田次要杂草种类之一。

图 1.99 幼苗　　　　图 1.100 花序及叶　　　图 1.101 植株从膜面破损口处生长状

## 第七节　豆科 Fabaceae

### 一、小苜蓿 *Medicago minima* (L.) Grufb.

【形态特征】　苜蓿属，一年生或越年生草本。

**幼苗**　幼苗子叶椭圆形，先端圆，基部阔圆形，近无柄；下胚轴发达，上胚轴不明显；初生叶 1 片，单叶，肾形，先端有突尖，叶基圆形，有长柄；后生叶为三出羽状复叶，小叶倒卵形，其他特征同初生叶。

**根、茎**　主根粗壮，深入土中。茎自基部分枝，枝多而铺散或近直立，高 5 ～ 30 cm，疏被白色柔毛。

**叶**　三出复叶，托叶卵形，先端锐尖，基部圆形，全缘或不明显浅齿；叶柄细柔，长 5 ～ 20 mm；小叶倒卵形，几乎等大，长 5 ～ 12 mm，宽 3 ～ 7 mm，纸质，先端圆或凹缺，具细尖，基部楔形，边缘 1/3 以上具锯齿，两面均被毛。

**花序、花、果**　花序头状，具花 3 ～ 8 朵，疏松；总花梗细，挺直，腋生，通常比叶长，有时甚短；苞片细小，刺毛状；花长 3 ～ 4 mm；花梗甚短或无梗；萼钟形，密被柔毛，萼齿披针形，不等长，与萼筒等长或稍长；花冠淡黄色，旗瓣阔卵形，显著比翼瓣和龙骨瓣长（图 1.102）。荚果球形，旋转 3 ～ 5 圈，直径 2.5 ～ 4.5 mm，边缝具 3 条棱，被长棘刺，通常长等于半径，水平伸展，尖端钩状；种子每圈有 1 ～ 2 粒。种子长肾形，长 1.5 ～ 2 mm，棕色或淡黄色，平滑。

【繁殖方式】　种子繁殖。

【分布生境】　平凉市 7 县（市、区）全膜双垄沟播玉米田均有分布。

【发生危害】　主要危害期在 3 月下旬至 7 月下旬。膜下、膜面破损口及压膜土中均有生长。膜下植株多贴垄面和膜面生长，对膜面支撑力弱，常有轻微撑起，夏季膜下的高温高湿可引起膜下植株腐烂和死亡，之前被撑起的膜面较早回落；膜面破损口附近的膜下植株部分可持续存活，能伸出膜面破损口生长完成其生活史；位于膜面破损口、播种孔等处的植株多能营膜外生长并完成其生活史，压膜土中存活的植株数量较少。该杂草出现频率较低，发生密度较小，系平凉市全膜双垄沟播玉米田次要杂草种类之一。

图 1.102　花序

## 二、天蓝苜蓿 *Medicago lupulina* L.

【别名】 杂花苜蓿、天蓝等。

【形态特征】 苜蓿属，一、二年生或多年生草本。

幼苗 子叶椭圆形，先端圆，无柄；下胚轴发达，上胚轴不发达；初生叶 1 片，单叶，近菱形，叶缘有不规则锯齿；后生叶为三出掌状复叶，小叶形状同初生叶。

根、茎 主根浅，须根发达。茎细弱，自基部分枝，枝多而铺散或近直立，高 15 ～ 60 cm，有疏毛（图 1.103）。

叶 叶茂盛，羽状复叶，具 3 片小叶，小叶倒卵形、阔倒卵形或倒心形，长 5 ～ 20 mm，宽 4 ～ 16 mm，纸质，先端多少截平或微凹，具细尖，基部楔形，边缘在上半部具不明显尖齿，两面均被毛，侧脉近 10 对，平行达叶边，几乎不分叉，上下均平坦，顶生小叶较大，小叶柄长 2 ～ 6 mm，侧生小叶柄甚短。托叶卵状披针形至狭披针形，下部与叶柄合生，先端长渐尖，基部边缘常有牙齿，有柔毛。

花序、花、果 花序小头状，具花 10 ～ 20 朵；总花梗细，挺直，比叶长，密被贴伏柔毛；苞片刺毛状，甚小；花长 2 ～ 2.2 mm；花梗短，长不到 1 mm；萼钟形，长约 2 mm，密被毛，萼齿线状披针形，稍不等长，比萼筒略长或等长；花冠黄色，旗瓣近圆形，顶端微凹，翼瓣和龙骨瓣近等长，均比旗瓣短（图 1.104）：子房阔卵形，被毛，花柱弯曲，胚珠 1 粒。荚果肾形，长 3 mm，宽 2 mm，表面具同心弧形脉纹，被稀疏毛，熟时变黑；有种子 1 粒。种子卵形，褐色，平滑。

图 1.103 单株  图 1.104 花序

【繁殖方式】 种子繁殖。

【分布生境】 平凉市 7 县（市、区）全膜双垄沟播玉米田均有分布。

【发生危害】 主要危害期在 3 月下旬至 7 月下旬。膜下、膜面破损口及压膜土中（图 1.105）均有生长。膜下植株多贴垄面和膜面生长，对膜面支撑力弱，常有轻微撑起，夏季膜下的高温高湿可引起膜下植株腐烂和死亡，之前被撑起的膜面较早回落；膜面破损口附近的膜下植株部分可持续存活，能伸出膜面破损口生长完成其生活史；位于膜面破损口、播种孔（图 1.106）等处的植株多能营膜外生长并完成其生活史，压膜土中存活的植株数量较少。该杂草出现频率较低，发生密度较小，系平凉市全膜双垄沟播玉米田次要杂草种类之一。

图 1.105　植株在压膜土壤中生长状　　　图 1.106　植株从播种孔处伸出生长状

### 三、大花野豌豆 *Vicia bungei* Ohwi

【别名】　山黧豆、三齿萼野豌豆、山豌豆（河北）、三齿草藤（甘肃）、野豌豆（陕西、山西、四川）等。

【形态特征】　野豌豆属，一年生或越年生蔓性草本。

茎　茎四棱形，伏地或攀缘，多分枝，高 20 ～ 40 cm（图 1.107）。

图 1.107　单株

叶　偶数羽状复叶，顶端卷须有分枝；小叶 3 ～ 5 对，长圆形或狭倒卵长圆形，长 1 ～ 2.5 cm，宽 0.2 ～ 0.8 cm，先端平截微凹，稀齿状，上面叶脉不甚清晰，下面叶脉明显被疏柔毛；托叶半箭头形，长 0.3 ～ 0.7 cm，有锯齿（图 1.108）。

花序、花、果　总状花序腋生，具花 2 ～ 4 朵，疏生，着生于花序轴顶端；序轴及花梗有疏柔毛，萼斜钟状，萼齿 5，宽三角形，上面 2 齿较短，疏生柔毛；花冠蓝紫色或红蓝色；子房有疏短柔毛，具长柄，花柱顶端周围有柔毛。荚果长圆形，略膨胀，黄褐色，长约 3.5 cm，具柄（图 1.109）。种子近球形，深褐色，无光泽。

图 1.108　叶　　　　　　　　　　图 1.109　角果

【繁殖方式】 根芽、种子繁殖。

【分布生境】 平凉市 7 县（市、区）全膜双垄沟播玉米种植区有零星分布，以山地、台地及常年耕作粗放地块分布较多。

【发生危害】 主要危害期在 3 月下旬至 7 月下旬。膜下、膜面破损口等处均有生长（图 1.110）。膜下植株多贴垄面生长和膜面生长，膜面可被撑起，但支撑力弱，撑起幅度较小，夏季膜下的高温高湿可引起膜下植株大量腐烂和死亡；膜面破损口附近的膜下植株部分可持续存活，能伸出膜面破损口生长完成其生活史；位于膜面破损口、播种孔等处的植株多能营膜外生长并完成其生活史。该杂草出现频率较低，发生密度较小，系平凉市全膜双垄沟播玉米田次要杂草种类之一。

图 1.110　植株从膜面破损口处伸出及在膜下生长状

## 四、甘草 *Glycyrrhiza uralensis* Fisch.

【别名】 甜草根、红甘草、粉甘草、乌拉尔甘草等。

【形态特征】 甘草属，多年生草本。

根、茎　根和根状茎粗壮，直径 1 ～ 3 cm，外皮褐色，里面淡黄色，具甜味。茎直立，多分枝，高 30 ～ 120 cm，密被鳞片状腺点、刺毛状腺体及白色或褐色的绒毛（图 1.111）。

叶　羽状复叶互生，具长柄。托叶三角状披针形，长约 5 mm，宽约 2 mm，两面密被白色短柔毛；叶柄密被褐色腺点和短柔毛；小叶 5 ～ 17 片，卵形、长卵形或近圆形，长 1.5 ～ 5 cm，宽 0.8 ～ 3 cm，上面暗绿色，下面绿色，两面均密被黄褐色腺点及短柔毛，顶端钝，具短尖，基部圆，边缘全缘或微呈波状，多少反卷（图 1.112）。

花序、花、果　总状花序腋生（图 1.113）；花密集，花萼钟状，外面有短毛和刺毛状腺体；蝶形花冠紫色、白色或黄色。荚果条形，呈镰刀状或环状弯曲，密生瘤状突起和刺毛状腺体（图 1.114）。每荚果有种子 3 ～ 11 粒，扁圆形或肾形，黑色光亮。

【繁殖方式】 根芽、种子繁殖。

【分布生境】 平凉市全膜双垄沟播玉米种植区有零星分布，山台地及常年耕作粗放地块分布较多。

【发生危害】 主要危害期在 3 月下旬至 9 月中旬。膜下、膜面破损口等处均有其生长。膜下植株呈半直立状或贴垄面、膜面生长，对膜面有较强的支撑力，常被较大幅度撑起，但夏季膜下的高温高湿可引起膜下植株茎叶腐烂，但其根部尚可存活，发芽后能造成二次危害；膜面破损口附近的膜下植株部分可持续存活，能伸出膜面破损口生长完成其生活史；位于膜面破损口（图 1.115）、播种孔等处的植株多能营膜外生长并完成其生活史。该杂草出现频率低，发生密度小，系平凉市全膜双垄沟播玉米田次要杂草种类之一。

图 1.111　根状茎

图 1.112　叶

图 1.113　花序

图 1.114　荚果

图 1.115　植株从膜面破损口处伸出生长状

### 五、长萼鸡眼草 Kummerowia stipulacea (Maxim.) Makino

【别名】　短萼鸡眼草、掐不齐、野苜蓿草、圆叶鸡眼草等。

【形态特征】　鸡眼草属，一年生草本。

幼苗　幼苗子叶 2 片，长卵形；初生叶 2 片，倒卵形；后生叶为三出复叶。

茎　茎平伏、上升或直立，多分枝，茎和枝上被疏生向上的白毛，有时仅节处有毛（图 1.116）。

叶　三出复叶互生；小叶倒卵形或椭圆形，先端微凹或近截形，基部楔形，全缘，下面中脉及边缘有毛，侧脉多而密，呈平行状；托叶卵形，膜质（图 1.117）。

花、果　花 1～2 朵腋生，花梗有毛；花萼膜质，阔钟形，5 裂，裂片宽卵形，有缘毛；花冠上部暗紫色（图 1.118）。荚果椭圆形或卵形，稍侧偏，长约为宿存萼的 2 倍。

【繁殖方式】　种子繁殖。

【分布生境】　平凉市 7 县（市、区）全膜双垄沟播玉米种植区均有零星分布。

【发生危害】　主要危害期在 3 月下旬至 9 月中旬。膜下、膜面破损口等处均有其生长，压膜土中偶有生长。膜下植株贴垄面和膜面生长，对膜面支撑力小，常被轻微撑起，夏季膜下的高温高湿引发膜下植株腐烂和死亡，膜面破损口附近的膜下植株部分可持续存活，能伸出膜面破损口生长完成其生活史；位于膜面破损口、播种孔等处的植株多能营膜外生长并完成其生活史。该杂草出现频率低，发生密度小，系平凉市全膜双垄沟播玉米田次要杂草种类之一。

 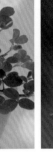 

图 1.116　单株（披散状）　　　　图 1.117　叶　　　　　　图 1.118　花

## 六、刺槐 *Robinia pseudoacacia* L.

**【别名】** 洋槐、刺儿槐等。

**【形态特征】** 刺槐属，落叶乔木。

茎　高 10 ～ 25 m；树皮灰褐色至黑褐色，浅裂至深纵裂，稀光滑。小枝灰褐色，幼时有棱脊，微被毛，后无毛；具托叶刺；冬芽小，被毛。

叶　羽状复叶；叶轴上面具沟槽；小叶 2 ～ 12 对，常对生，椭圆形、长椭圆形或卵形，先端圆，微凹，具小尖头，基部圆至阔楔形，全缘，上面绿色，下面灰绿色，幼时被短柔毛，后变无毛；小托叶针芒状（图 1.119，图 1.120）。

图 1.119　幼苗　　　　　　　　　图 1.120　成年树

花序、花、果　总状花序腋生，下垂，花多数，芳香；苞片早落；花萼斜钟状，萼齿 5，三角形至卵状三角形，密被柔毛；花冠白色，各瓣均具瓣柄；雄蕊二体，对旗瓣的 1 枚分离；子房线形，无毛，柄长 2 ～ 3 mm，花柱钻形，上弯，顶端具毛，柱头顶生

（图 1.121）。荚果褐色（图 1.122），或具红褐色斑纹，线状长圆形，扁平，先端上弯，具尖头，果颈短，沿腹缝线具狭翅；花萼宿存，有种子 2 ～ 15 粒。种子褐色至黑褐色，微具光泽，有时具斑纹，近肾形，长 5 ～ 6 mm，宽约 3 mm，种脐圆形，偏于一端（图 1.123）。

【繁殖方式】　种子、根繁殖。

【分布生境】　平凉市 7 县（市、区）全膜双垄沟播玉米栽培区均有零星分布。

【发生危害】　在自然条件下，刺槐种子主要借风力传播，距离种源树越近的田块，落入的种子量越大，田间覆膜后当土壤温湿度适宜时陆续发芽生长。主要危害期在 4 月下旬至 9 月中旬。膜下、膜面破损口、压膜土等处均有其生长。膜下植株直立或半直立状生长，对膜面有一定支撑力，常被轻度至中度撑起，膜下的高温高湿可引起膜下植株较早腐烂和死亡；位于膜面破损口、播种孔（图 1.124）、压膜土等处的植株多能在膜外生长，由于连年耕种均不能完成其生活史。刺槐出现频率低，发生密度小，系平凉市全膜双垄沟播玉米田次要植物种类之一。

图 1.121　花序

图 1.122　荚果

图 1.123　种子

图 1.124　植株从播种孔处伸出生长状

## 第八节 桑科 Moraceae

### 一、大麻 *Cannabis sativa* L.

【别名】 山丝苗、线麻、胡麻、野麻、火麻等。

【形态特征】 大麻属，一年生直立草本。

茎 茎高 1～3 m，灰绿色，有纵沟，密生短柔毛。

叶 叶互生或下部为对生，叶掌状全裂，裂片 3～9 片，裂片披针形或线状披针形，边缘有锯齿，上面深绿色，下面浅绿色，被长毛（图 1.125，图 1.126）。

花序、花、果 花单性，雌雄异株；雄花序圆锥形，黄绿色，花被片和雄蕊各 5；雌花序短，腋生，球形或穗状，绿色，每朵花外有一卵形苞片，花

图 1.125 幼苗

被退化，膜质，紧抱子房（图 1.127）。瘦果为宿存黄褐色苞片所包，扁卵形，长约 4 mm，两面凸，质硬，灰色，表面具细网纹（图 1.128）。

【繁殖方式】 种子繁殖。

【分布生境】 平凉市 7 县（市、区）全膜双垄沟播玉米种植区有零星分布。

【发生危害】 主要危害期在 4 月中旬至 7 月中旬。膜下、膜面破损口及压膜土中均有生长。膜下植株在苗期多呈直立或半直立状生长，之后贴垄面和膜面生长，对膜面有一定支撑力，常被撑起，但夏季膜下的高温高湿较早可引起膜下植株腐烂和死亡，之前被撑起的膜面较早回落；位于膜面破损口、播种孔等处的植株多能营膜外生长并完成其生活史，压膜土中存活的植株数量较少。该杂草出现频率很低，发生密度很小，系平凉市全膜双垄沟播玉米田次要杂草种类之一。

图 1.126 植株

图 1.127 花序

图 1.128 果实

# 第九节　锦葵科 Malvaceae

## 一、野西瓜苗 *Hibiscus trionum* L.

【别名】　香铃草、灯笼花、小秋葵、黑芝麻、火炮草、秃汉头、野芝麻、和尚头、山西瓜秧、打瓜花、尖炮草、天泡草等。

【形态特征】　木槿属，一年生草本。

幼苗　幼苗子叶 2 片，1 片为卵圆形，1 片为近圆形，叶柄长，有毛；下胚轴发达，被短毛；初生叶 1 片，近方形，叶柄长，有毛，叶缘有钝齿；后生叶形状变化较大，多为椭圆形，3 浅裂至深裂，中间裂片较大。

茎　茎柔软平卧或斜升，高 25～70 cm，多分枝，基部分枝常铺散，具白色星状粗毛。

叶　叶互生，具长柄；下部叶圆形，不分裂，上部叶片掌状 3～5 全裂或深裂；裂片倒卵形，通常羽状分裂，上面疏被粗硬毛或无毛，下面疏被星状粗刺毛；叶柄被星状粗硬毛和星状柔毛（图 1.129）。

花、果　花单生于叶腋；小苞片 12，条形，被粗长硬毛，基部合生；花萼钟状，裂片 5，膜质，有绿色条棱，棱上有紫色疣状突起；花瓣 5，白色或淡黄色，内面基部紫色。蒴果长圆状球形，直径约 1 cm，有粗毛，果瓣 5 个。种子肾形，有瘤状突起，灰褐色。

图 1.129　单株

【繁殖方式】　种子繁殖。

【分布生境】　平凉市 7 县（市、区）全膜双垄沟播玉米种植区有零星分布。

【发生危害】　主要危害期在 4 月上旬至 9 月上旬。膜下、膜面破损口及压膜土中均有其生长。膜下植株在苗期多呈直立或半直立状生长，之后贴垄面和膜面生长，对膜面支撑力微弱，随膜下温湿度升高可引起膜下植株较早腐烂和死亡；位于膜面破损口、播种孔等处的植株多能营膜外生长并完成其生活史，压膜土中存活的植株数量较少。该杂草出现频率很低，发生密度很小，系平凉市全膜双垄沟播玉米田次要杂草种类之一。

## 二、锦葵 *Malva sinensis* Gavan

【别名】　荆葵、钱葵、小钱花（江苏）、金钱紫花葵、小白淑气花、淑气花（云南）、棋盘花（四川）等。

【形态特征】　锦葵属，二年生或多年生草本。

茎　茎直立，高 60 ～ 100 cm，有分枝，具粗毛。

叶　叶互生，叶片心状圆形或肾形（图 1.130），直径 7 ～ 13 cm，通常 5 ～ 7 钝圆浅裂，边缘有钝齿，两面均无毛或仅脉上疏被短糙状毛；叶柄长 8 ～ 18 cm，近无毛，但上面槽内被长硬毛；托叶偏斜，卵形，具锯齿，先端渐尖。

花、果　花紫红色或白色，直径 2.5 ～ 4 cm，3 ～ 11 朵簇生于叶腋，花梗长短不等，长 1 ～ 3 cm，小苞片 3，卵形；萼杯状，萼裂片 5，宽卵形；花瓣 5，匙形，长 2 cm，长过花萼 3 倍，顶端略凹（图 1.131）。果实扁圆形，径约 8 mm，心皮有明显皱纹和细毛。种子黑褐色，肾形，长 2 mm。

图 1.130　叶片　　　　　　　　　　图 1.131　花

【繁殖方式】　种子繁殖。

【分布生境】　平凉市庄浪、崇信、华亭等县（市）部分全膜双垄沟播玉米田有零星分布。

【发生危害】　主要危害期在 4 月上旬至 9 月上旬。主要生长于膜下及膜面破损口处，压膜土中也有少量生长。膜下植株在苗期多呈铺散状或半直立状生长，之后贴垄面和膜面生长，对膜面支撑力较强，膜面常被撑起或撑破，但夏季膜下的高温高湿较早可引起膜下植株腐烂和死亡，之前被撑起的膜面较早回落；位于膜面破损口（图 1.132）、播种孔（图 1.133）等处的植株多能营膜外生长并完成其生活史，压膜土中存活的植株数量较少。该杂草出现频率很低，发生密度很小，系平凉市全膜双垄沟播玉米田次要杂草种类之一。

图 1.132　植株从膜面破损口处伸出生长状　　　图 1.133　植株从播种孔处伸出生长状

### 三、苘麻 *Abutilon theophrasti* Medicus

【别名】 椿麻（湖北）、塘麻（安徽）、孔麻（上海）、青麻（东北）、白麻（四川）、桐麻（陕西）、磨盘草、车轮草等。

【形态特征】 苘麻属，一年生亚灌木状草本。

茎　茎直立，高100～200 cm，有柔毛（图1.134）。

叶　叶互生，有长柄，柄上被星状细柔毛，叶片长心形，先端尖，基部心形，边缘有粗细不等的锯齿，两面均密被星状柔毛（图1.135，图1.136）。

花、果　花单生于叶腋，花柄被柔毛，近顶端具节；花萼杯状，绿色，密被短绒毛，裂片5，卵形，先端尖锐；花冠黄色，比花萼长，花瓣上具有明显脉纹；雄蕊筒状甚短；心皮13～20片，椭圆形，顶端平截，轮状排列，密被软毛（图1.137）。蒴果半球形，分果片5～20枚，有粗毛，先端有2长芒。种子三角形、肾形或元宝形，不规则，长约3～3.5 mm，宽约2.5～3 mm，种脐下陷，种皮黑色，被星状柔毛。

図1.134　单株　　　　図1.135　幼苗　　　　図1.136　叶

【繁殖方式】 种子繁殖。

【分布生境】 平凉市7县（市、区）均有零星分布。

【发生危害】 主要危害期在4月上旬至9月上旬。膜下植株对膜面有一定支撑力，但随膜下温湿度升高，植株较快腐烂和死亡；膜面破损口（图1.138）、播种孔等裸露处生长的植株多伸出膜外生长完成其生活史。该杂草出现频率较低，发生密度很小，系平凉市全膜双垄沟播玉米田次要杂草种类之一。

図1.137　花　　　　　図1.138　植株在膜面破损口处生长状

## 四、冬葵 *Malva crispa* L.

【别名】 葵菜（湖南、贵州、四川）、薪菜（江西）、皱叶锦葵等。

【形态特征】 锦葵属，一年生或越年生草本。

幼苗 下胚轴发达，粉红色，上胚轴不发育；子叶心形，先端钝，基部圆形，有长柄；初生叶互生，肾形，掌状叶脉，先端钝圆，叶基心形，叶缘有不规则粗齿；后生叶与初生叶相似。

茎 茎直立，被星状长毛，株高 50 ～ 90 cm（图 1.139）。

叶 叶圆肾形或近圆形，具 5 ～ 7 浅裂，裂片钝尖，裂片三角状圆形，基部心形，叶缘有浅齿，并皱缩扭曲，两面被粗毛或几乎无毛，叶柄瘦弱，疏被柔毛（图 1.140）。

图 1.139 植株生长状          图 1.140 叶

花、果 花小，淡红色或白色，单生或几个簇生于叶腋，近无花梗至具极短梗；苞片 3，披针形，有细毛；萼杯状，5 齿裂，裂片三角形，疏被星状柔毛；花瓣 5 片，倒卵形，顶部凹陷（图 1.141）。果实扁球形，由 10 ～ 11 心皮轮状排列组成，成熟时心皮彼此分离并与中轴脱离（图 1.142）。

图 1.141 花          图 1.142 未成熟果实

【繁殖方式】 种子繁殖。

【分布生境】 常生长于农田内外、路旁、村舍、沟边、荒地等处，平凉市 7 县（市、区）全膜双垄沟播玉米田有零星分布。

【发生危害】 主要危害期在 5 月上旬至 9 月中旬。主要生长于膜下及膜面破损口等处，后期压膜土中有生长。膜下植株在苗期多平铺地面，之后可半直立状生长，对膜面有一定支撑力，膜面被轻至中度撑起，但夏季膜下的高温高湿较早引起膜下植株腐烂和死亡，之前被撑起的膜面较早回落；位于膜面破损口（图 1.143）、播种孔等处的植株多能营膜外生长并完成其生活史，压膜土中生长的植株对当年玉米影响小。该杂草出现频率很低，发生密度很小，系平凉市全膜双垄沟播玉米田次要杂草种类之一。

图 1.143 植株在膜面破损口处生长状

## 第十节　马齿苋科 Portulacaceae

**一、马齿苋** *Portulaca oleracea* L.

【别名】马苋、五行草、长命菜、瓜子菜、麻绳菜（北京）、马齿草（内蒙古）、马齿菜（陕西）、蚂蚁菜（东北）、五行菜（福建）、猪肥菜（海南）等。

【形态特征】马齿苋属，一年生肉质草本，全株肉质肥厚，光滑无毛，绿色带紫色。

　　幼苗　幼苗子叶 2 片，长圆形；初生叶 2 片，倒卵形，全缘，具短柄。

　　茎　茎自基部分枝，平卧或先端斜上，圆柱形，淡绿色或带暗红色（图 1.144）。

　　叶　叶互生，有时近对生，柄极短或近无柄；叶片倒卵形或近楔状长圆形，扁平，肥厚，光滑，全缘，顶端圆钝或平截，有时微凹，基部楔形，上面暗绿色，下面淡绿色或带暗红色，中脉微隆起（图 1.145）。

　　花、果　花无柄，通常 3 ~ 5 朵簇生枝顶；苞片 2 ~ 6，叶状，膜质，近轮生；萼片 2，对生，绿色，盔形，顶端急尖，背部具龙骨状凸起，基部合生；花瓣 5，稀 4，黄色，倒卵形，顶端微凹，基部合生（图 1.146）。蒴果圆锥形，盖裂，内有种子 20 ~ 50 粒。种子细小，偏斜球形，黑褐色，有光泽，具小疣状突起。

图 1.144　植株生长状

图 1.145　叶

【繁殖方式】种子繁殖。

【分布生境】平凉市 7 县（市、区）全膜双垄沟播玉米种植区广泛分布。

【发生危害】主要危害期在 4 月上旬至 9 月上旬。该杂草生命力极强，植株断节可再生形成新株，为恶性杂草，可在膜下、膜面破损口及压膜土中生长。膜下植株在幼苗期呈直立或半直立状生长，之后多贴垄面和膜面生长，对膜面有一定支撑力，能撑起膜面，田间密度较大且苗龄较大时可撑破地膜，随膜下温湿度升高，部分植株逐渐腐烂和死亡，部分植株可完成其生活史；膜面破损口（图 1.147）、播种孔、压膜土等裸露处生长的植株多伸出膜外生长完成其生活史。该杂草出现频率较高，局部地区发生密度较大，系平凉市全膜双垄沟播玉米田局部优势杂草种类之一。

图 1.146　花

图 1.147　植株从膜面破损口处伸出生长状

# 第十一节 蒺藜科 Zygophyllaceae

**一、蒺藜** *Tribulus terrester* L.

【别名】 白蒺藜、名茨、旁通、屈人、止行、休羽、升推等。

【形态特征】 蒺藜属，一年生草本，全体被绢丝状柔毛。

幼苗 幼苗全体被柔毛；子叶 2 片，长卵形，先端平截或微凹，基部楔形，叶面绿色，叶背灰绿色，叶柄短；初生叶 1 片，羽状复叶，小叶长卵形，具短柄。

茎 茎自基部分枝，平卧地面，长可达 1 m 左右，灰绿色（图 1.148）。

叶 偶数羽状复叶互生；小叶长卵形，先端锐尖或钝，基部稍偏斜，近圆形，全缘，被柔毛；托叶披针形，小而尖。

花、果 花单生于叶腋；萼片 5，宿存；花瓣 5，黄色；雄蕊 10，生于花盘基部，基部有鳞片状腺体，子房 5 棱，柱头 5 裂，每室 3～4 胚珠（图 1.149）。果实由 5 个果瓣组成，成熟后分离，每个果瓣有长短刺各 1 对，并有硬毛及瘤状突起，内含 2～3 粒种子（图 1.150）。

图 1.148 植株匍匐生长状

图 1.149 花

图 1.150 未成熟果实

【繁殖方式】 种子繁殖。

【分布生境】 平凉市 7 县（市、区）全膜双垄沟播玉米种植区均有零星分布。

【发生危害】 主要危害期在 4 月中旬至 9 月上旬。可在膜下、膜面破损口及压膜土中生长。膜下植株多贴垄面和膜面生长，对膜面有一定支撑力，随膜下温湿度升高，膜下植株较早腐烂和死亡；膜面破损口、播种孔、压膜土等裸露处生长的植株多伸出膜外生长完成其生活史。该杂草出现频率低，发生密度小，系平凉市全膜双垄沟播玉米田次要杂草种类之一。

# 第十二节　藜科 Chenopodiaceae

## 一、菊叶香藜 *Chenopodium foetidum* Schrad.

【别名】 臭菜（东北）、总状花藜、菊叶刺藜等。

【形态特征】 藜属，一年生草本；全体疏生腺体或腺毛，有特殊香味。

幼苗　幼苗子叶2片，椭圆形，较肥厚；初生叶1片，长卵形，中脉多凹陷。

茎　茎直立，高20～60 cm，具绿色或紫红色条纹，有毛，通常有分枝，分枝斜生。

叶　叶互生，具长柄；中下部叶片呈长卵形，羽状浅裂至深裂，先端钝或渐尖，有时具短尖头，基部渐狭，裂片边缘有时具微小的缺刻或牙齿，叶面无毛或幼时有毛，深绿色，叶背浅绿色，疏生黄色粒状腺体和有节的短柔毛，叶脉上有毛；茎上部的叶片渐小，浅裂至不裂（图1.151）。

图 1.151　植株

花序、花、果　复二歧聚伞花序，腋生或单生于枝端，多再集成塔形圆锥状花序；花小，无柄或具短柄；花被片5，卵状披针形，背面有刺突状的隆脊和腺点；雄蕊5，花丝扁平，花药近球形。胞果散生，果皮薄，与种子紧贴。种子扁球形，红褐色至黑色，有光泽，具网纹。

【繁殖方式】 种子繁殖。

【分布生境】 平凉市7县（市、区）全面双垄沟播玉米田均有广泛分布。

【发生危害】 主要危害期在4月中旬至8月中旬。主要生长于膜下（图1.152）及膜面破损口处（图1.153），压膜土中数量较少。膜下植株在苗期多呈直立或半直立状生长，

图 1.152　植株在膜下生长状

图 1.153　植株从地膜破损口处伸出生长状

之后贴垄面和膜面生长，对膜面支撑力较强，膜面被撑起或撑破，但夏季膜下的高温高湿可引起膜下部分植株腐烂和死亡，之前被撑起的膜面较早回落；位于膜面破损口、播种孔等处的植株多能营膜外生长并完成其生活史。该杂草出现频率较高，局部地区发生密度较大，系平凉市全膜双垄沟播玉米田局部优势杂草种类之一。

## 二、藜 *Chenopodium album* L.

【别名】 灰藋、灰菜、灰条菜、灰灰菜等。

【形态特征】 藜属，一年生草本。

幼苗 幼苗子叶 1 对，长条形，肉质，具短柄；上下胚轴发达，紫红色；初生叶 1 对，叶片长卵形，前端钝圆，基部阔，背面紫红色，有白粉；后生叶互生，卵形，全缘或有钝齿。

茎 高 30～150 cm，粗壮，基部木质化，多分枝，有棱角和绿色条纹，通常带紫色（图 1.154）。

叶 叶片背面均有粉粒，下部叶呈三角形或菱形，先端圆形，叶多数 3 裂，也有不规则浅裂，叶柄较长；上部叶片线状披针形，全缘或有浅齿（图 1.155）。

花序、花、果 花小，两性，花簇于枝上部排列成或大或小的穗状圆锥状或圆锥状花序（图 1.156）；花被片 5，卵形，绿色，背面具纵隆脊，有粉，先端或微凹，边缘膜质；雄蕊 5，与花被对生，伸出花被，花药黄色，柱头 2 枚，在花被内。胞果生于花被内，果皮薄，上有小泡状突起，后期小泡脱落变成皱纹，和种子紧贴；每果有种子 1 粒。种子扁球形，边缘钝，横生，黑色，有光泽，表面具浅沟纹。

图 1.154 单株　　　　　图 1.155 叶　　　　　图 1.156 花序

【繁殖方式】 种子繁殖。

【分布生境】 平凉市 7 县（市、区）全膜双垄沟播玉米栽培区均有广泛分布。

【发生危害】 主要危害期在 3 月下旬至 8 月下旬。多生长于膜下（图 1.157）、膜面破损口及相邻膜面间对接不严形成的"裸露带"等处，压膜土中也有少量生长。膜下植株在苗期多呈直立或半直立状生长，之后贴垄面和膜面生长，对膜面支撑力强，膜面可被严重撑起或撑破（图 1.158），对膜下高温高湿环境适应性强，但部分植株可腐烂和死亡，之前被撑起的膜面逐渐回落；位于膜面破损口、播种孔及"裸露带"（图 1.159）等处的植株均能营膜外生长并完成其生活史，造成持续性危害。该杂草出现频率高，发生密度大，系平凉市全膜双垄沟播玉米田最主要的杂草种类之一。

图 1.157 植株在膜下生长状　　　　图 1.158 植株撑破地膜生长状

图 1.159 地膜在宽垄接茬处留有缝隙致藜严重发生

## 三、猪毛菜 *Salsola collina* Pall.

【别名】 扎蓬棵、刺蓬、三叉明棵、猪毛缨、叉明棵、猴子毛、蓬子菜、乍蓬棵子等。

【形态特征】 猪毛菜属，一年生草本。

幼苗　幼苗暗绿色，子叶线状圆柱形，肉质，先端渐尖，基部抱茎，无柄；下胚轴细长，较发达，淡红色，无光泽，上胚轴极短；初生叶 2 片，条形，肉质，无明显叶脉，先端具小刺尖，叶上有小硬毛；后生叶互生，与成株相似。

茎　茎直立，高 30 ～ 100 cm，自基部分枝，枝互生，伸展，茎、枝绿色，有白色或紫红色条纹，生短硬毛或近于无毛（图 1.160）。

叶　叶互生，丝状圆柱形，肉质，伸展或微弯曲，生短硬毛，顶端有刺状尖，基部边缘膜质，稍扩展而下延（图 1.161）。

花序、花、果　花序穗状，细弱，生枝条上部；苞片宽卵形，先端有硬针刺，小苞片 2，狭披针形，顶端有刺状尖，苞片及小苞片与花序轴紧贴；花被片 5，披针形，结果后背部生短翅，或革质突起。胞果倒卵形，果皮膜质。种子横生或斜生，扁圆形，直径约 1.5 mm，胚螺旋状。

图 1.160　茎、枝、叶

图 1.161　植株生长状

【繁殖方式】　种子繁殖。

【分布生境】　平凉市 7 县（市、区）全膜双垄沟播玉米栽培区均有零星分布。

【发生危害】　主要危害期在 4 月中旬至 6 月中旬。多生长于膜下、膜面破损口等处，压膜土中也有少量生长。膜下植株在苗期多呈直立或半直立状生长，之后贴垄面和膜面生长，对膜面有一定支撑作用，膜面常被撑起，但膜下的高温高湿导致膜下植株较早腐烂和死亡；位于膜面破损口、播种孔（图 1.162）等处的植株均能营膜外生长并完成其生活史，造成持续性危害。该杂草出现频率低，发生密度小，系平凉市全膜双垄沟播玉米田次要杂草种类之一。

图 1.162　植株从播种孔处伸出生长状

## 四、地肤 *Kochia scoparia* (L.) Schrad.

【别名】　地麦、落帚、扫帚苗、扫帚菜、孔雀松、绿帚、观音菜等。

【形态特征】　地肤属，一年生草本。

幼苗　幼苗灰绿色，除子叶外全被长柔毛；子叶 1 对，条状，半肉质，无毛，无叶柄，子叶基部对生联合，叶背部略带紫色；上胚轴较发达，被毛，下胚轴光滑无毛，带紫色；初生叶 1 片，椭圆形，全缘，两头尖，被毛。

茎　茎直立，高 50～100 cm，圆柱状，有多数条棱，多分枝，淡绿色，晚秋时常变为红色，稍有短柔毛或下部几乎无毛；分枝稀疏，斜上。

叶　平面叶，互生，近无柄，披针形至条状披针形，全缘，无毛或稍有毛，先端短渐尖，基部渐狭入短柄，通常有 3 条明显的主脉，边缘有疏生的锈色绢状缘毛；茎上部叶较小，无柄，1 脉（图 1.163）。

花序、花、果　花两性或雌性，通常 1～3 朵花生于上部叶腋中，集成稀疏的穗状花序；花被片 5 裂，果期自背部生三角状横突起或翅；花丝丝状，花药淡黄色；柱头 2，丝状，紫褐色，花柱极短（图 1.164）。胞果扁球形，包于花被内，果皮膜质，与种子离生。种子卵形，黑褐色，稍有光泽。

图 1.163　茎、枝、叶

图 1.164　花

【繁殖方式】　种子繁殖。

【分布生境】　平凉市 7 县（市、区）全膜双垄沟播玉米栽培区均有分布。

【发生危害】　主要危害期在 4 月中旬至 8 月中旬。多生长于膜下、膜面破损口、压膜土等处。膜下植株在苗期多呈直立生长状，之后贴垄面和膜面生长，对膜面有一定支撑作用，膜面可被撑起，但膜下的高温高湿可引发膜下植株较早腐烂和死亡；位于膜面破损口（图 1.165）、播种孔等处的植株均能营膜外生长并完成其生活史，造成持续性危害。该杂草出现频率较低，发生密度较小，系平凉市全膜双垄沟播玉米田次要杂草种类之一。

图 1.165　植株从膜面破损口处伸出生长状

五、刺藜 Chenopodium aristatum L.

【别名】　刺穗藜、针尖藜、红小扫帚苗、铁扫帚苗、鸡冠冠草等。

【形态特征】　藜属，一年生草本。

幼苗　子叶 2 片，长椭圆形，先端急尖或钝圆，基部楔形，叶背常带紫红色，具柄；上下胚轴均发达，下胚轴被短毛；初生叶 1 片，狭披针形，主脉明显，叶面疏生短毛，具短柄；后期全株呈紫红色。

茎　直立，圆柱形或有棱，具色条，无毛或稍有毛，多分枝，高 15～40 cm（图

1.166）。

**叶** 叶互生，叶柄不明显；叶片披针形或条形，全缘，两面均为绿色，秋季多淡红色，先端渐尖，基部收缩成短柄，中脉为黄白色（图 1.167）。

**花序、花、果** 复二歧聚伞花序生于枝顶或叶腋，分枝末端有针刺状的不育枝；花两性，几乎无柄，花被片 5，绿色，狭椭圆形，先端钝或骤尖，背面稍肥厚，边缘膜质，果时开展。胞果圆形，顶基扁，果皮透明，与种子贴生（图 1.168）。种子圆形，边缘有棱，黑褐色，有光泽。

图 1.166　植株生长状（秋季）　　图 1.167　叶片　　图 1.168　果实着生状

【**繁殖方式**】　种子繁殖。

【**分布生境**】　平凉市 7 县（市、区）全膜双垄沟播玉米田均有零星分布。

【**发生危害**】　主要危害期在 5 月上旬至 7 月下旬。多生长于膜下、膜面破损口、压膜土等处。膜下植株在幼苗期多呈直立或半直立状生长，之后贴垄面和膜面生长，对膜面有一定支撑作用，但膜下的高温高湿较早引起膜下植株腐烂和死亡，膜面被撑起时间短暂；位于膜面破损口（图 1.169）、播种孔、压膜土等处的植株均能营膜外生长并完成其生活史，造成持续性危害。该杂草出现频率低，发生密度小，系平凉市全膜双垄沟播玉米田次要杂草种类之一。

图 1.169　植株从膜面破损口处伸出生长状

# 第十三节　菊科 Asteraceae

## 一、刺儿菜 *Cirsium setosum* (Willd.) MB.

【别名】　小蓟、青青草、蓟蓟草、刺狗牙、刺蓟、枪刀菜、小恶鸡婆等。

【形态特征】　蓟属，多年生宿根草本。

幼苗　幼苗子叶出土，叶片阔椭圆形，长约 6 mm，宽约 5 mm，稍歪斜，基部楔形，全缘；下胚轴发达；初生叶 1 片，椭圆形，叶缘有齿状刺毛（图 1.170）。

茎　具长匍匐根状茎。茎直立，高 20～50 cm，无毛或有蛛丝状毛，上部有分枝。

叶　叶互生。基生叶和中部茎叶椭圆形、长椭圆形或椭圆状倒披针形，顶端钝或圆形，基部楔形，有时有极短的叶柄，通常无叶柄，上部茎叶渐小，椭圆形或披针形或线状披针形，或全部茎叶不分裂，叶缘有细密的针刺，针刺紧贴叶缘，或叶缘有刺齿，齿顶针刺大小不等，针刺长达 3.5 mm，或大部茎叶羽状浅裂或半裂或边缘粗大圆锯齿，裂片或锯齿斜三角形，顶端钝，齿顶及裂片顶端有较长的针刺，齿缘及裂片边缘的针刺较短且贴伏。全部茎叶两面同色，绿色或下面色淡，两面无毛，极少两面异色，上面绿色，无毛，下面被稀疏或稠密的绒毛而呈现灰色，极少两面同色，灰绿色，两面被薄绒毛。

花序、花、果　头状花序单生于茎顶（图 1.171），雌雄异株，雄株花序较小，总苞长约 18 mm；雌株花序较大，总苞长约 23 mm；总苞片多层，先端均有刺；雄花花冠长 17～20 mm，雌花花冠长约 26 mm，淡红色或紫红色，全为筒状花。瘦果长椭圆形或长卵形，冠毛羽状。

图 1.170　幼苗　　　　　　　　图 1.171　花序

【繁殖方式】　根状茎、种子繁殖。

【分布生境】　平凉市 7 县（市、区）全膜双垄沟播玉米种植区均有广泛分布。

【发生危害】 主要危害期在 4 月中旬至 8 月中旬。生长于膜下、膜面破损口（图 1.172）、压膜土等处。膜下植株在苗期多呈直立或半直立状生长，之后贴垄面和膜面生长，对膜面具一定支撑力，膜面可被撑起，但膜下的高温高湿易引起膜下植株地上部分较早腐烂和死亡，地下根状茎通常可存活，当膜面有破损时又重新发芽生长，且多可从破损口处伸出生长，造成持续性危害；位于膜面破损口、播种孔（图 1.173）等处的植株均能营膜外生长并完成其生活史。该杂草出现频率较高，局部地区发生密度较大，系平凉市全膜双垄沟播玉米田局部性优势杂草种类之一。

图 1.172　植株从膜面破损口处伸出生长状　　　图 1.173　植株从播种孔处伸出生长状

## 二、苣荬菜 *Sonchus arvensis* L.

【别名】 荬菜、野苦菜、野苦荬、苦葛麻、苦荬菜、取麻菜、苣菜、曲麻菜、苦苦菜、苦菜等。

【形态特征】 苦苣菜属，多年生草本。

幼苗　幼苗子叶阔卵形，先端微凹，基部圆形，全缘，具短柄；下胚轴很发达，上胚轴较发达，带紫红色；初生叶 1 片，阔卵形，边缘有细疏齿，具长柄；第 1 后生叶与初生叶相似，第 2、第 3 后生叶为倒卵形，边缘有刺状齿，两面密生串珠毛（图 1.174）。

茎　具长匍匐根状茎，外表皮黄褐色，可分泌白色乳汁。地上茎直立绿色，粗壮，中稍空，表面有纵棱，被腺毛，高可达 100 cm，上部分枝或不分枝，茎内含白色乳汁（图 1.175）。

叶　基生叶丛生，茎生叶互生（图 1.176）。基生叶和中下部茎生叶倒披针形或长椭圆形，羽状或倒向羽状深裂、半裂或浅裂，侧裂片 2～5 对，全部叶裂片边缘有小锯齿或无锯齿而有小尖头，叶基部渐窄成长或短翼柄；上部茎叶及接花序分枝下部的叶披针形或线钻形，小或极小，中部以上茎叶无柄，基部圆耳状扩大半抱茎，顶端急尖、短渐尖或钝；叶两面光滑无毛。

花序、花、果　头状花序直径约 1.5～3 cm，在茎枝顶端排成伞房状花序。总苞钟状，长 1～1.5 cm，宽 0.8～1 cm，基部有稀疏或稍稠密的长或短绒毛；总苞片 3 层，外层披针形，长 4～6 mm，宽 1～1.5 mm，中内层披针形，长达 1.5 cm，宽 3 mm，全部总苞片顶端长渐尖，外面沿中脉有 1 行头状具柄的腺毛。舌状小花多数，黄色，聚药雄蕊 5，雌蕊柱头 2 深裂。瘦果长椭圆形，一头渐尖狭长，一头宽，横截面四棱形，具 4 条明显凸起纵棱，此外每个面有 2 条纵棱，表面粗糙，无光泽，棕黄色，柱头周围明显隆起，上面密生白色冠毛（图 1.177）。

| 图 1.174　幼苗 | 图 1.175　植株 | 图 1.176　叶 |

【繁殖方式】　根状茎、种子繁殖。

【分布生境】　平凉市 7 县（市、区）全膜双垄沟播玉米种植区均有广泛分布。

【发生危害】　主要危害期在 4 月中旬至 7 月中旬。生长于膜下、膜面破损口、压膜土等处（图 1.178，图 1.179，图 1.180）。膜下植株在苗期多呈平铺状生长，之后贴垄面和膜面生长，对膜面具一定支撑力，膜面可被撑起，但膜下的高温高湿易引起膜下植株地上部分较早腐烂，膜面较早回落，地下根状茎通常可存活，当膜面有破损时又重新发芽生长，且多可从破损口处伸出生长，造成持续性危害；位于膜面破损口、播种孔等处的植株均能营膜外生长并完成其生活史。该杂草出现频率高，但发生密度较小，系平凉市全膜双垄沟播玉米田次要杂草种类之一。

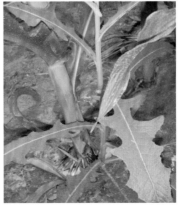

| 图 1.177　果实着生状 | 图 1.178　植株在播种孔处生长状 |

图 1.179　植株在播种孔和压膜土中生长状　　图 1.180　植株从膜面破损口处伸出生长状

## 三、蒲公英 *Taraxacum mongolicum* Hand. -Mazz.

【别名】　蒙古蒲公英、黄花地丁、婆婆丁、灯笼草（湖北）、姑姑英（内蒙古）、地丁、华花郎、蒲公草、尿床草、西洋蒲公英等。

【形态特征】　蒲公英属，多年生草本。

幼苗　幼苗子叶对生，倒卵形，叶柄短；下胚轴不发达，上胚轴不发育；初生叶 1 片，宽椭圆形，顶端钝圆，基部阔楔形，边缘有微细齿。

根　主根圆柱状，黑褐色，粗壮。

叶　叶莲座状开展，倒卵状披针形、倒披针形或长圆状披针形，先端钝或急尖，边缘有时具波状齿或羽状深裂，有时倒向羽状深裂或大头羽状深裂；顶端裂片较大，每侧裂片 3～5 片，裂片三角形或三角状披针形，通常具齿，平展或倒向，裂片间常夹生小齿，基部渐狭成叶柄；叶柄及主脉常带红紫色，疏被蛛丝状白色柔毛或无毛（图 1.181）。

花序、花、果　花葶 1 至数个，直立，中空，上端有毛；头状花序单生于花葶顶端（图 1.182）；总苞钟状，淡绿色，总苞片 2～3 层，内层长于外层；花全为舌状花，黄色。瘦果长圆形至倒卵形，红褐色，上半部有尖小瘤，先端具长喙；冠毛白色（图 1.183）。早春开花，花后不久即结实，花葶陆续发生，直至晚秋尚见有花。

图 1.181　植株　　　　　　　图 1.182　头状花序

【繁殖方式】 种子、根芽繁殖。

【分布生境】 平凉市7县（市、区）均有分布。

【发生危害】 主要危害期在4月中旬至7月中旬。生长于膜下、膜面破损口、压膜土等处。膜下植株贴垄面和膜面生长，花葶对膜面有微弱的支撑作用，膜下的高温高湿可引起膜下植株地上部分较早腐烂和死亡，地下部

图 1.183 瘦果外形及种子着生状

可继续存活，当膜面有破损时可重新发芽生长，造成持续性危害；位于膜面破损口（图1.184）、播种孔（图1.185）和压膜土等处的植株均能营膜外生长并完成其生活史。该杂草出现频率较高，但发生密度小，系平凉市全膜双垄沟播玉米田次要杂草种类之一。

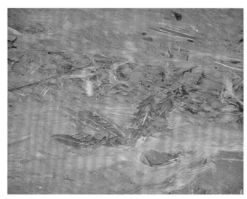

图 1.184 植株在膜面破损口处生长状　　　　图 1.185 植株播种孔生长状

## 四、苍耳 *Xanthium sibiricum* Patrin.

【别名】 卷耳、菔、苓耳、地葵、枲耳、葈耳、白胡荽、常枲、爵耳等。

【形态特征】 苍耳属，一年生草本。

幼苗　幼苗粗壮，子叶椭圆状披针形，肉质肥厚，光滑无毛，中脉明显；下胚轴发达，紫红色；初生叶2片，卵形，先端钝尖，基部圆形，叶缘有钝齿，叶片及叶柄密生绒毛，基出三脉明显。

根、茎　根纺锤状，分枝或不分枝。茎直立，粗壮，多分枝，高30～100 cm，下部圆柱形，上部有纵沟，被灰白色糙伏毛（图1.186）。

叶　叶互生，具长柄。叶三角状呈卵形或心形，近全缘，或有3～5不明显浅裂，顶端尖或钝，基部稍心形或截形，与叶柄连接处成相等的楔形，边缘有不规则的粗锯齿，有三基出脉，侧脉弧形，直达叶缘，脉上密被糙伏毛，叶两面均被贴生的毛，粗糙，上面绿色，下面苍白色（图1.187）。

图 1.186　植株群体生长状

图 1.187　叶片特征及果实着生状

花序、花、果　花单性，雌雄同株。雄花头状花序球形，淡黄绿色，密集枝顶，有或无花序梗；雌花头状花序椭圆形，生于雄花序的下方，外层总苞片小，披针形，被短柔毛，内层总苞片结合成囊状，宽卵形或椭圆形，绿色，淡黄绿色或有时带红褐色，在瘦果成熟时变坚硬，外面有疏生的具钩状的刺，喙坚硬，锥形，上端略呈镰刀状，总苞内含 2 花。瘦果 2，倒卵形，包于坚硬而有沟刺的囊状总苞中。

【繁殖方式】　种子繁殖。

【分布生境】　平凉市 7 县（市、区）全膜双垄沟播玉米种植区均有零星分布。

【发生危害】　主要危害期在 4 月中旬至 8 月下旬。生长于膜下、膜面破损口、压膜土等处。膜下植株在苗期呈直立或半直立状生长，之后贴垄面和膜面生长，对膜面有一定支撑力，膜面可被撑起，但膜下的高温高湿较早引起膜下植株腐烂和死亡；位于膜面破损口、播种孔（图 1.188）和压膜土等处的植株均能营膜外生长并完成其生活史。该杂草出现频率较低，发生密度较小，系平凉市全膜双垄沟播玉米田次要杂草种类之一。

图 1.188　植株在播种孔处生长状

## 五、小蓬草 *Conyza canadensis* (L.) Cronq.

【别名】　小白酒草、加拿大蓬飞草、小飞蓬、飞蓬等。

【形态特征】　白酒草属，一年生草本。

幼苗　幼苗主根发达，子叶对生，阔椭圆形或卵圆形，基部渐狭成叶柄；下胚轴不发达；初生叶 1 片，椭圆形，先端有小尖头，两面密生伏毛，边缘有纤毛，基部有细柄；后生叶与初生叶相似，但毛更密，边缘有小刺（图 1.189）。

根、茎　根纺锤状，具纤维状根。茎直立，高 50～100 cm，圆柱状，多少具棱，有条纹，被疏长硬毛，上部多分枝（图 1.190）。

叶　叶互生，叶柄不明显。叶密集，基部叶花期常枯萎，下部叶倒披针形，长 6～10 cm，宽 1～1.5 cm，顶端尖或渐尖，基部渐狭成柄，边缘具疏锯齿或全缘，中部和上部叶较小，线状披针形或线形，近无柄或无柄，全缘或具齿 1 ～ 2 个，两面或仅上面被疏短毛，边缘常被上弯的硬缘毛（图 1.191）。

图 1.189　幼苗

图 1.190　植株生长状

花序、花、果　头状花序顶生，小，具短梗，多数密集成圆锥状或伞房状圆锥状；总苞半球形或近圆柱状，总苞片 2 ～ 3 层，淡绿色，条状披针形，边缘膜质，几乎无毛；雌花多数，舌状，白色，舌片小，稍超出花盘，线形，顶端具 2 个钝小齿；两性花淡黄色，花冠管状，上端具 4 或 5 个齿裂，管部上部被疏微毛（图 1.192）。瘦果长圆形，扁，被贴微毛；冠毛污白色，糙毛状。

图 1.191　叶片形态

图 1.192　花序

【繁殖方式】　种子繁殖。

【分布生境】　平凉市 7 县（市、区）全膜双垄沟播玉米种植区均有零星分布。

【发生危害】　主要危害期在 5 月中旬至 7 月下旬。生长于膜下、膜面破损口（图 1.193）、压膜土等处。膜下植株在苗期呈直立或半直立状生长，之后贴垄面和膜面生长，对膜面有一定支撑作用，膜面可被撑起，但膜下的高温高湿较早引起膜下植株腐烂和死亡；位于膜面破损口、播种孔（图 1.194）和压膜土等处的植株均能营膜外生长并完成其生活史。该杂草出现频率较低，发生密度较小，系平凉市全膜双垄沟播玉米田次要杂草种类之一。

图 1.193　植株在膜面破损口处生长状　　　图 1.194　植株在播种孔处生长状

## 六、小花鬼针草 *Bidens parviflora* Willd.

【别名】　细叶刺针草、小刺叉、小鬼叉、锅叉草、一包针等。

【形态特征】　鬼针草属，一年生草本。

幼苗　上胚轴较发达，紫红色，子叶 2 片，长圆状条形，具长柄；初生叶 2 片，羽状全裂，裂片 5（图 1.195）。

茎　茎直立，多分枝，高 20～70 cm，常带暗紫色。下部圆柱形，有纵条纹，中上部常为钝四方形，无毛或被稀疏短柔毛。

叶　叶对生，具长柄；叶片二至三回羽状分裂，第 1 次分裂深达中肋，最后 1 个裂片条形或条状披针形，全缘或有齿，先端锐尖，边缘稍向上反卷，上面被短柔毛，下面无毛或沿叶脉被稀疏柔毛。

花序、花、果　头状花序单生茎端及枝端，具长梗（图 1.196）；总苞片 2～3 层，外层短小，绿色，内层较长，膜质，黄褐色；花黄色，全为筒状，先端 4 裂。瘦果条形，有4 棱，先端具 2 枚刺状冠毛。

图 1.195　幼苗　　　　　　　　　　图 1.196　花序

【繁殖方式】　种子繁殖。

【分布生境】　平凉市 7 县（市、区）全膜双垄沟播玉米种植区均有零星分布，六盘山以东的泾川、崇信等县（区）分布较多。

【发生危害】　主要危害期在 4 月中旬至 7 月上旬。多生长于膜下、膜面破损口、压膜土等处。膜下植株在苗期呈直立或半直立状生长，之后贴垄面和膜面生长，对膜面支撑力较大，膜面明显被撑起，但膜下的高温高湿较早引起膜下植株腐烂和死亡，被撑起的膜面可重新回落；位于膜面破损口（图 1.197）、播种孔（图 1.198）和压膜土等处的植株均能营膜外生长并完成其生活史。该杂草出现频率低，发生密度小，系平凉市全膜双垄沟播玉米田次要杂草种类之一。

图 1.197　植株从膜面破损口处伸出生长状　　　　图 1.198　植株从播种孔处伸出生长状

## 七、鬼针草 *Bidens pilosa* L.

【别名】　鬼钗草、虾钳草、对叉草、粘人草、粘连等。

【形态特征】　鬼针草属，一年生草本。

幼苗　幼苗子叶线状披针形，上胚轴发达，被短毛，下胚轴较发达，微带紫红色；初生叶 2 ～ 3 片深裂或羽状深裂，叶缘有短睫毛，具叶柄。

茎　茎直立，有分枝，高 30 ～ 100 cm。

叶　中部叶对生，3 深裂或羽状分裂，裂片卵形或卵状椭圆形，边缘有锯齿或分裂；上部叶对生或互生，3 裂或不裂（图 1.199）。

花序、花、果　头状花序直径约 8 mm，总苞基部有细软毛，外层总苞 7 ～ 8 片；舌状花黄色或白色，筒状花黄色，5 裂。瘦果长条形，有 4 棱，先端有 3 ～ 4 条芒状冠毛。

【繁殖方式】　种子繁殖。

【分布生境】　平凉市庄浪县关山沿线、华亭市全境、

图 1.199　成株

崆峒区南部阴湿山区及泾川、崇信、灵台县中南部山区全膜双垄沟播玉米田分布较多。

【发生危害】 主要危害期在 4 月中旬至 9 月上旬。生长于膜下、膜面破损口、压膜土等处。膜下植株在苗期呈直立或半直立状生长，之后半直立状或贴垄面和膜面生长，对膜面支撑力较大，膜面明显被撑起，但膜下的高温高湿较早引起植株腐烂和死亡，被撑起的膜面重新回落；位于膜面破损口（图 1.200）、播种孔（图 1.201）和压膜土等处的植株均能营膜外生长并完成其生活史。该杂草出现频率低，发生密度小，系平凉市全膜双垄沟播玉米田次要杂草种类之一。

图 1.200 植株从膜面破损口处伸出生长状　图 1.201 植株从玉米播种孔处伸出生长状

## 八、中华苦荬菜 *Ixeridium chinense* (Thunb.) Tzvel.

【别名】 小苦苣、黄鼠草、山苦荬等。

【形态特征】 小苦荬属，多年生草本。

幼苗 幼苗子叶椭圆形，具短柄，下胚轴不发达；初生叶 1 片，卵圆形，先端锐尖，基部楔形，叶缘有小齿，有长柄。幼苗灰绿色，叶柄及叶缘略带红色。

根、茎 根垂直直伸，通常不分枝。全体含乳汁，无毛，根状茎极短缩，茎自基部分枝，下部平铺或斜出，逐渐向上直立。

叶 基生叶丛生，条状披针形或倒披针形，先端钝或急尖，基部下延成窄叶柄，全缘或具短小齿或不规则羽裂，两面均呈灰绿色，柔软；茎生叶互生，向上渐小，细而尖，无柄，稍抱茎（图 1.202）。

图 1.202 单株

花、花序、果 头状花序排列成稀疏的聚伞状，总苞在花未开时呈圆筒状，花全为舌状花，黄色或白色，花药黑绿色。瘦果长椭圆形或纺锤形，稍扁，有条棱，棕褐色，具长喙，冠毛白色。

【繁殖方式】　根状茎、种子繁殖。

【分布生境】　平凉市 7 县（市、区）全膜双垄沟播玉米种植区均有分布。

【发生危害】　主要危害期在 4 月中旬至 8 月中旬。植株生长于膜下（图 1.203）、膜面破损口（图 1.204）、压膜土等处。膜下植株贴垄面和膜面生长，对膜面支撑力微弱，膜面被轻度撑起，膜下的高温高湿较早引起植株地上部腐烂和死亡，当膜面有破损时地下根状茎还可萌发新芽体并伸出膜外生长；位于膜面破损口、播种孔和压膜土等处的植株均能营膜外生长并完成其生活史，遇干旱压膜土中生长的植株多枯死。该杂草出现频率较高，但发生密度小，系平凉市全膜双垄沟播玉米田次要杂草种类之一。

图 1.203　植株在膜下生长状

图 1.204　植株在膜面破损口处生长状

## 九、北方还阳参 *Crepis crocea* (Lam.) Babcock

【形态特征】　还阳参属，多年生草本。

根、茎　株高 8 ～ 30 cm。根垂直直伸或偏斜，根颈粗厚。茎单生或 2 ～ 4 簇生，基部被褐色或黑褐色的残存的叶柄，不分枝或上部有 1 ～ 3 条长分枝，裸露，无叶或有少数（1 ～ 3）片茎叶；全茎无蛛丝状毛或全长，或上部茎枝被黄绿色的头状具柄的腺毛及短刚毛，或被黄绿色的短刺毛。

叶　基生叶多数，全形倒披针形或倒披针状长椭圆形，包括叶柄长 2.5 ～ 10 cm，宽 1 ～ 2.5 cm，基部收窄成短翼柄，羽状浅裂或半裂，顶裂片三角形、长三角形或三角状披针形，顶端急尖，侧裂片多对，不等大或几乎等大，三角形、宽三角形或狭线状披针形，边缘全缘，无锯齿或一侧边缘有 1 个单锯齿；无茎生叶或茎生叶 1 ～ 3 枚，与基生叶同形或线状披针形或线钻形，并同等分裂或不分裂，边缘全缘，无锯齿，无叶柄；全部叶两面被薄蛛丝状毛或无毛，下面沿中脉被黄绿色软刺毛或无刺毛。

花、花序、果　头状花序直立，单生茎端或茎生 2 ～ 4 枚头状花序，而花序梗长或极长。总苞钟状，长 10 ～ 15 mm；总苞片 4 层，外层及最外层短，线状披针形，长 5 mm，宽不足 1 mm，内层及最内层长，长椭圆状披针形，长 10 ～ 15 mm，宽 3 mm，顶端急尖，内面无毛；全部总苞片果期绿色，外面被薄蛛丝状柔毛，沿中脉被黄绿色刚毛及头状具柄的多细胞短腺毛。舌状小花黄色，花冠管被稀疏微柔毛。瘦果纺锤状，黑色或暗紫色，长

5 ～ 6 mm，直立或稍弯曲，顶端无喙，有 10 ～ 12 条等粗的纵肋，沿肋有小刺毛；冠毛白色，长约 8 mm。

**【繁殖方式】** 种子、根状茎繁殖。

**【分布生境】** 平凉市 7 县（市、区）全膜双垄沟播玉米种植区均有零星分布，残膜再利用田发生较多。

**【发生危害】** 主要危害期在 4 月中旬至 7 月中旬。植株生长于膜下、膜面破损口、压膜土等处。膜下植株贴垄面和膜面生长，对膜面有一定支撑力，膜面被轻度撑起，膜下的高温高湿较早引起植株地上部腐烂和死亡，当膜面有破损时地下根状茎又可萌发新芽体并伸出膜外生长；位于膜面破损口、播种孔和压膜土（图 1.205，图 1.206，图 1.207）等处的植株均能营膜外生长并完成其生活史，遇干旱时压膜土中生长的植株多枯死。该杂草出现频率低，发生密度小，系平凉市全膜双垄沟播玉米田次要杂草种类之一。

图 1.205 植株在残膜破损口处生长状　　图 1.206 植株从膜面破损口处伸出生长状　　图 1.207 植株从全膜双垄沟播玉米残茬处伸出生长状

## 十、黄花蒿 *Artemisia annua* L.

**【别名】** 香蒿。

**【形态特征】** 蒿属，一年生或越年生草本。

幼苗　幼苗浅绿色，子叶近圆形，先端钝圆，无柄；下胚轴发达，紫红色，上胚轴不发达；初生叶 2 片，卵圆形，先端有小凸尖，基部楔形；后生叶互生，3 ～ 5 深裂，每裂片又有浅裂，叶片揉后有臭味。

茎　全株臭味，茎直立，高 50 ～ 150 cm，粗壮，上部多分枝，无毛。

叶　互生，基部及下部叶在花期枯萎；中部叶卵形，羽状 3 深裂，裂片及小裂片长圆形或倒卵形，开展，基部裂片常抱茎，两面被短微毛；上部叶小，常一回羽状分裂（图 1.208）。

花、花序、果　头状花序极多数，球形，有短梗，排列成复总状或总状花序，常有条形的苞叶；总苞无毛，总苞片 2 ～ 3 层；花黄色，筒状（图 1.209）。瘦果倒卵形，或长椭圆形，有细纵棱。

**【繁殖方式】** 种子繁殖。

**【分布生境】** 平凉市 7 县（市、区）全膜双垄沟播玉米种植区均有零星分布。

【发生危害】　主要危害期在 4 月中旬至 9 月中旬。植株生长于膜下、膜面破损口、压膜土等处。膜下植株呈半直立状生长或贴垄面和膜面生长，对膜面有较强支撑力，膜面被轻度至重度撑起甚至撑破，膜下的高温高湿可引起膜下植株大部分腐烂和死亡，撑起的膜面随之有回落，膜面破损口周围的膜下植和膜面破损口、播种孔（图 1.210）、压膜土等处的植株均可持续存活，多数能伸出膜面或撑破膜面生长，完成其生活史；遇干旱时压膜土中生长的植株多枯死。该杂草出现频率低，发生密度小，系平凉市全膜双垄沟播玉米田次要杂草种类之一。

图 1-208　叶　　　　　　　图 1.209　花序　　　　图 1.210　植株从播种孔处伸出生长状

## 十一、野艾蒿 *Artemisia lavandulaefolia* DC.

【别名】　水蒿（陇东）、野艾（俗称）、狭叶艾（河北）、艾叶（江苏）等。

【形态特征】　蒿属，多年生草本，有时为半灌木状，植株有香气。

根　主根稍明显，侧根多；根状茎稍粗，直径 4 ～ 6 mm，常匍匐地面，有细而短的营养枝（图 1.211）。

茎　茎少数，成小丛，稀少单生，高 50 ～ 120 cm，具纵棱，分枝多，长 5 ～ 10 cm，斜向上伸展，茎、枝被灰白色蛛丝状短柔毛。

叶　叶纸质，上面绿色，具密集白色腺点及小凹点，初时疏被灰白色蛛丝状柔毛，后毛稀疏或近无毛，背面除中脉外密被灰白色密绵毛；基生叶与茎下部叶宽卵形或近圆形，长 8 ～ 13 cm，宽 7 ～ 8 cm，二回羽状全裂或第一回全裂，第二回深裂，具长柄，花期叶萎谢；中部叶卵形、长圆形或近圆形，长 6 ～ 8 cm，宽 5 ～ 7 cm，（一至）二回羽状全裂或第二回为深裂，每侧有裂片 2 ～ 3 枚，裂片椭圆形或长卵形，长 3 ～ 5（～ 7）cm，宽 5 ～ 7（～ 9）mm，每裂片具 2 ～ 3 枚线状披针形或披针形的小裂片或深裂齿，长 3 ～ 7 mm，宽 2 ～ 3（～ 5）mm，先端尖，边缘反卷，叶柄长 1 ～ 2（～ 3）cm，基部有小型羽状分裂的假托叶；上部叶羽状全裂，具短柄或近无柄；苞片叶 3 全裂或不分裂，裂片或不分裂的苞片叶为线状披针形或披针形，先端尖，边缘反卷（图 1.212）。

花序、花、果　头状花序极多数，椭圆形或长圆形，直径 2 ～ 2.5 mm，有短梗或近无梗，具小苞叶，在分枝的上半部排成密穗状或复穗状花序，并在茎上组成狭长或中等开展稀为开展的圆锥花序，花后头状花序多下倾（图1.213）；总苞片3～4层，外层总苞片略小，卵形或狭卵形，背面密被灰白色或灰黄色蛛丝状柔毛，边缘狭膜质，中层总苞片长卵形，背面疏被蛛丝状柔毛，边缘宽膜质，内层总苞片长圆形或椭圆形，半膜质，背面近无毛，花序托小，凸起；雌花4～9朵，花冠狭管状，檐部具2裂齿，紫红色，花柱线形，伸出花冠外，先端2叉，叉端尖；两性花10～20朵，花冠管状，檐部紫红色；花药线形，先端附属物尖，长三角形，基部具短尖头，花柱与花冠等长或略长于花冠，先端2叉，叉端扁，扇形。瘦果长卵形或倒卵形。

图1.211　根及根状茎　　　　　　　图1.212　叶　　　　　　　　图1.213　花序

【繁殖方式】　主要以根状茎繁殖。

【分布生境】　平凉市7县（市、区）全膜双垄沟播玉米种植区均有分布，东部5县（市、区）部分农田发生较多。

【发生危害】　主要危害期在5月上中旬至9月中旬。野艾蒿生命力和繁殖力极强，根状茎在土壤中盘根错节，其断节极易萌发并形成新植株，植株主要生长于膜下、膜面破损口、播种孔等处。膜下植株呈半直立状生长或贴垄面生长，对膜面有极强的支撑力，膜面往往被重度撑起或撑破。膜下的高温高湿常引起膜下植株顶部腐烂甚至全株死亡，但位于膜面破损口、播种孔（图1.214，图1.215）等处的植株多能营膜外生长并完成其生活史；

图1.214　植株在膜面破损口处生长状　　　　图1.215　植株撑破膜面后生长状

压膜土中生长的植株，其根部可穿透膜面生长，遇干旱生长受限甚至枯死。该杂草出现频率低，部分地区、部分田块发生密度较大，系平凉市全膜双垄沟播玉米田局部性优势杂草种类之一。

## 十二、猪毛蒿 *Artemisia scoparia* Waldst. et Kit.

【别名】　迎春蒿、黄毛蒿、黄蒿等。

【形态特征】　蒿属，越年生或一年生草本。

幼苗　子叶近圆形，无柄；上胚轴不发达；初生叶2片，椭圆形，先端尖锐，全缘，有柄；后生叶互生，卵圆形，边缘有稀齿（图1.216）。

根、茎、叶　主根单一，狭纺锤形、垂直，半木质或木质化；根状茎粗短，直立，半木质或木质，常有细的营养枝。整株有浓烈香气，茎直立，高40～90 cm，有多数开展或斜生的分枝，有时具有多叶的不育枝。叶密集，基部叶具长柄，叶片二至三回羽状全裂，裂片狭长或细条形，密被绢毛或叶面无毛；中部叶一至二回羽状全裂，裂片极细，无毛；上部叶3裂或不裂（图1.217）。

花序、花、果　头状花序极多数，有梗或无梗，在茎及侧枝上排列成复总状花序；总苞仅球形，总苞片2～3层，卵形，近无毛；花小，筒状。瘦果长卵状倒卵形至长卵形，褐色，无毛。

图1.216　幼苗　　　　　　　　图1.217　枝、叶

【繁殖方式】　种子繁殖。

【分布生境】　平凉市7县（市、区）全膜双垄沟播玉米田均有零星发生。

【发生危害】　主要危害期在4月中旬至9月中旬。植株生长于膜下、膜面破损口等处。膜下植株呈半直立状生长或贴垄面和膜面生长，对膜面有较强支撑力，膜面被轻度至重度撑起甚至撑破，膜下的高温高湿引致幼嫩茎和叶甚至全株腐烂和死亡，撑起的膜面随之逐渐回落，膜面破损口周围的膜下植株可持续存活，且多数能伸出膜面或撑破膜面生长完成其生活史；位于膜面破损口（图1.218）、播种孔（图1.219）等处的植株多能营膜外生长并完成其生活史。该杂草出现频率低，发生密度小，系平凉市全膜双垄沟播玉米田次要杂草种类之一。

图 1.218　植株从膜面破损口处伸出生长状　　图 1.219　植株从播种孔处伸出生长状

## 十三、牛膝菊 *Galinsoga parviflora* Cav.

【别名】　铜锤草、珍珠草、向阳花、辣子草等。

【形态特征】　牛膝菊属，一年生草本。

幼苗　子叶早落，初生叶 2 片，卵圆形，边缘有锯齿。

茎　直立，高 15 ~ 50 cm，多分枝，基部细或较粗，直径 1 ~ 4 mm，被柔毛，茎基部和中部花期脱毛或稀毛。

叶　对生，具柄；叶片卵圆形至披针形，先端渐尖，基部圆形至宽楔形，边缘有齿或近全缘，有缘毛，基部三出脉明显。

花序、花、果　头状花序较小，有细长梗（图 1.220）；总苞半球形，总苞片 2 层，宽卵形，有毛；舌状花 4 ~ 5 片，白色，先端 3 ~ 4 齿裂，雄性；筒状花黄色，两性，先端 5 齿裂；花托有披针形托片（图 1.220，图 1.221）。瘦果圆锥形，有棱和向上的刺毛，冠毛鳞片状。

图 1.220　花序　　　　　　　　　图 1.221　花

【繁殖方式】　种子繁殖。

【分布生境】　平凉市南部阴湿冷凉地区如华亭市上关、庄浪县韩店等乡（镇）全膜双垄沟播玉米田有发生。

【发生危害】　主要危害期在 5 月下旬至 9 月中旬。植株生长于膜下、膜面破损口压膜土等处。膜下植株呈半直立状生长或贴垄面和膜面生长，对膜面有一定的支撑力，膜面被轻度至中度撑起，膜下的高温高湿较早引起膜下植株腐烂和死亡，撑起的膜面随之回落；位于膜面破损口（图 1.222）、播种孔（图 1.223）和压膜上等处的植株多能伸出膜外生长并完成其生活史。该杂草出现频率低，发生密度小，分布区域少，系平凉市全膜双垄沟播玉米田次要杂草种类之一。

图 1.222　植株从膜面破损口处伸出生长状　　　图 1.223　植株从玉米播种孔处伸出生长状

## 十四、腺梗豨莶 *Siegesbeckia pubescens* Makino

【别名】　毛豨莶、棉苍狼（江苏）、珠草等。

【形态特征】　豨莶属，一年生草本。

幼苗　子叶近圆形，全缘，有短柄；上下胚轴均发达；初生叶 2 片，呈三角状卵形，先端尖锐，基部楔形，叶缘浅波状；后生叶卵状三角形，边缘有疏浅锯齿。除子叶外全株被褐色毛（图 1.224）。

茎　直立，粗壮，有纵沟棱，高 50～120 cm，上部有分枝，被白色柔毛。

叶　对生，具柄或近无柄；基部叶卵状披针形，花期枯萎；中部叶宽卵形、卵状三角形，先端渐尖，基部楔形下延成翅状柄，边缘具锯齿，表面深绿色，被细硬毛，背面淡绿色，密被短柔毛，沿脉有长柔毛，基脉三出；上部叶渐小，披针形或卵状披针形（图 1.225）。

花序、花、果　头状花序多数，排列成圆锥状；花序梗及总苞均有头状有柄的腺毛，分泌黏液；花黄色，边花舌状，心花筒状。瘦果楔形，黑色，褐色斑较多（图 1.226）。

【繁殖方式】　种子繁殖。

【分布生境】　平凉市庄浪县关山沿线、华亭市全境、崇信县南部及泾川、灵台县中南部全膜双垄沟播玉米田多有发生。

【发生危害】 主要危害期在5月中旬至9月中旬。植株生长于膜下、膜面破损口、压膜土等处。膜下植株呈半直立状生长，对膜面有一定的支撑力，膜面被轻度至中度撑起，由于膜下的高温高湿较早引起植株腐烂和死亡，植株不能撑破膜面在膜外生长；只有位于膜面破损口（图1.227）、播种孔（图1.228）和压膜土（图1.229）等处的植株能伸出膜外生长并完成其生活史。该杂草出现频率低，局部地区发生密度较大，系平凉市全膜双垄沟播玉米田局部性优势杂草种类之一。

图1.224 幼苗　　　　　　　　图1.225 叶　　　　　　　　图1.226 花序

图1.227 植株从膜面破损口　　图1.228 植株伸出播种孔生长状　图1.229 植株在压膜土中生长状
　　　　处伸出生长状

## 第十四节　牻牛儿苗科 Geraniaceae

### 一、牻牛儿苗 *Erodium stephanianum* Willd.

【别名】　太阳花等。

【形态特征】　牻牛儿苗属，一年生或越年生草本。

幼苗　幼苗子叶出土；子叶 2 片，阔卵形，先端微凹，边缘及腹面密布乳头状腺毛，中脉 1 条，有长柄；初生叶 1 片，卵圆形，羽状深裂，裂片有不规则粗齿，具长柄；下胚轴发达，粗壮，淡橘红色，上胚轴不发育；后生叶与初生叶相似。

根、茎　根为直根、粗壮，细圆柱状，少分枝。茎自基部分枝，平铺地面或斜升，高 15 ~ 45 cm，茎、叶柄及花梗被白色柔毛（图 1.230）。

叶　叶对生，具长柄；叶片二回羽状深裂，小羽片条形，全缘或有 1 ~ 3 粗齿。

花序、花、果　伞形花序腋生，总梗细长，通常有花 2 ~ 5 朵；萼片长圆形，先端有长芒；花瓣 5，淡紫蓝色，有深紫色条纹。蒴果先端有长喙，成熟时 5 个果瓣与主轴分离，喙部呈螺旋状卷曲。种子条状长圆形，具斑点，褐色。

图 1.230　单株生长状

【繁殖方式】　种子繁殖。

【分布生境】　平凉市 7 县（市、区）全膜双垄沟播玉米田均有零星生长。

【发生危害】　主要危害期在 4 月上旬至 7 月中旬。植株生长于膜下、膜面破损口、压膜土等处。膜下植株多贴垄面和膜面生长，对膜面支撑力弱，膜面有轻度撑起，膜下的高温高湿引起膜下植株大部分腐烂和死亡，膜面破损口周围的膜下植株可持续存活，部分能伸出膜外生长；位于膜面破损口（图 1.231）、播种孔（图 1.232）和压膜土等处的植株多能营膜外生长并完成其生活史，遇干旱时压膜土中生长的植株多枯死。该杂草出现频率较高，但发生密度小，系平凉市全膜双垄沟播玉米田次要杂草种类之一。

图 1.231　植株从膜面破损口处伸出生长状　　　　图 1.232　植株从播种孔处伸出生长状

## 二、鼠掌老鹳草 *Geranium sibiricum* L.

【别名】　鼠掌草、西伯利亚老鹳草等。

【形态特征】　老鹳草属，多年生草本。

幼苗　子叶肾形，先端微凹，基部心形，叶背紫红色，具长柄；下胚轴较发达；初生叶 1 片，心形，掌状深裂，各裂片先端呈 3 浅裂。

根、茎　根为直根，有时具不多的分枝。茎纤细，具棱槽，自基部分枝，平卧或斜升，有倒生疏柔毛（图 1.233 ）。

图 1.233　单株

叶　叶对生，掌状 3 ～ 5 深裂，裂片羽状分裂或成齿状深缺刻，两面均有毛。

花序、花、果　总花梗丝状，单生于叶腋，长于叶，被倒向柔毛或伏毛，具 1 花或偶具 2 花；苞片对生，棕褐色、钻伏、膜质，生于花梗中部或基部；萼片卵状椭圆形或卵状披针形，长约 5 mm，先端急尖，具短尖头，背面沿脉被疏柔毛；花瓣倒卵形，淡紫色或白色，等于或稍长于萼片，先端微凹或缺刻状，基部具短爪；花丝扩大成披针形，具缘毛；花柱不明显，分枝长约 1 mm（图 1.234 ）。蒴果有喙，被微柔毛，果梗下垂（图 1.235 ）。种子长圆形，黑色（图 1.236 ）。

【繁殖方式】　种子繁殖。

【分布生境】　平凉市 7 县（市、区）均有分布，以关山沿线高湿冷凉地区发生量较大。庄浪县永宁、南平和泾川县高平等乡（镇）全膜双垄沟播玉米田见有零星分布。

【发生危害】　主要危害期在 5 月上旬至 9 月上旬。植株生长于膜下、膜面破损口（图 1.237 ）、播种孔等处。膜下植株多贴垄面和膜面生长，对膜面支撑力弱，膜面被轻度撑起，膜下的高温高湿较早引起膜下植株大部分腐烂和死亡；位于膜面破损口、播种孔等处的植株多能营膜外生长并可完成其生活史。该杂草出现频率很低，发生密度很小，系平凉市全膜双垄沟播玉米田次要杂草种类之一。

  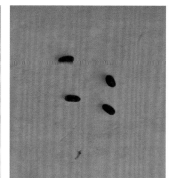

图 1.234　花　　　　　　　图 1.235　果实　　　　　　　图 1.236　种子

图 1.237　植株从膜面破损口处伸出生长状

# 第十五节　紫草科 Boraginaceae

一、鹤虱 *Lappula myosotis* Monch

【别名】　刺种等。

【形态特征】　鹤虱属，一年生或越年生草本。

幼苗　幼苗子叶出土，子叶阔卵形，叶缘有短睫毛，背面密生白色短茸毛，有短柄；下胚轴发达，上胚轴不发育；初生叶 2 片，对生，椭圆形，叶缘有长睫毛，背面着生长柔毛；后生叶椭圆形，其他与初生叶相似（图 1.238）。

茎　茎直立，高 20～40 cm，中部以上多分枝，有细糙毛。

叶　基生叶长圆状匙形，全缘，先端钝，基部渐狭成长柄，两面密被有白色基盘的长糙毛；茎生叶较短而狭，披针形或线形，扁平或沿中肋纵折，先端尖，基部渐狭，无叶柄。

花序、花、果　花序顶生，苞片披针状条形；花生于苞腋外侧，有短梗；花萼 5 深裂，宿存；花冠淡蓝色，较萼稍长，裂片 5，几乎与筒部等长，喉部附属物 5，内藏（图 1.239）；子房 4 裂，柱头扁球状。小坚果 4，卵形，褐色，有小疣状突起，边缘有 2～3 行不等长的锚状刺（图 1.240）。

图 1.238　幼苗　　　　　图 1.239　花　　　　　图 1.240　果实

【繁殖方式】　种子繁殖。

【分布生境】　平凉市 7 县（市、区）全膜双垄沟播玉米种植区均有零星分布，多发生在残膜再利用田。

【发生危害】　主要危害期在 3 月上旬至 6 月上旬。主要生长于膜下、膜面破损口、压膜土等处。膜下植株呈半直立状生长或贴垄面和膜面生长，对膜面具有一定的支撑力，膜面常被轻度撑起，膜下高温高湿可引起植株大量腐烂和死亡；位于膜面破损口、播种孔等处的植株多能营膜外生长并完成其生活史；压膜土中生长的植株，其根部多可穿透膜面生长，高温干旱季节生长受限甚至枯死。该杂草出现频率低，发生密度小，系平凉市全膜双垄沟播玉米田次要杂草种类之一。

## 二、田紫草 *Lithospermum arvense* L.

【别名】 麦家公等。

【形态特征】 紫草属，一年生草本。

幼苗　幼苗子叶阔卵形，先端微凹，基部圆形，有柄；下胚轴很发达，上胚轴极短；初生叶 2 片，对生，椭圆形，先端钝尖或微凹，基部楔形（图 1.241）。

根、茎　根稍含紫色物质。茎直立或斜升，高 20 ～ 30 cm，有粗伏毛。

叶　叶互生，无柄或近无柄；叶片倒披针形、条状倒披针形或条状披针形，全缘，两面均有短粗伏毛，叶正面中脉十分明显且凹陷。

花序、花、果　聚伞花序生枝上部，苞片条状披针形；花生于苞腋或外侧，有短梗；花萼 5 深裂，裂片披针状条形，有毛；花冠白色，筒状，裂片 5；雄蕊 5，生于花冠筒中部之下；子房 4 裂，柱头近球状，先端不明显，2 裂。小坚果 4，灰白色，略成三棱状卵形，顶端狭，近中部宽，基部略为圆形，近平截或稍呈拱凸状，密生瘤状突起。

【繁殖方式】 种子繁殖。

【分布生境】 平凉市 7 县（市、区）全膜双垄沟播玉米种植区均有零星分布，多发生在残膜再利用田。

【发生危害】 主要危害期在 3 月上旬至 6 月上旬。主要生长于膜下、膜面破损口（图 1.242）、压膜土等处。膜下植株呈半直立状生长或贴垄面和膜面生长，对膜面具有一定的支撑力，膜面常被轻度撑起，膜下高温高湿引致膜下植株大量腐烂和死亡；位于膜面破损口、播种孔等处的植株多能营膜外生长并完成其生活史；压膜土中生长的植株，其根部多可穿透膜面生长，高温干旱季节生长受限甚至枯死。该杂草出现频率低，发生密度小，系平凉市全膜双垄沟播玉米田次要杂草种类之一。

图 1.241　幼苗

图 1.242　残膜田中植株从膜面破损口处
伸出生长状

### 三、狼紫草 *Lycopsis orientalis* L.

【形态特征】 狼紫草属，一年生草本。

**幼苗** 幼苗子叶全体有毛；叶 2 片，长圆状椭圆形，有缘毛；初生叶 1 片，长椭圆形，有长柄；后生叶渐长，叶脉明显。

**茎** 茎自基部分枝，直立或斜升，高 20 ～ 40 cm，有开展的长硬毛。

**叶** 叶互生，基生叶和茎下部叶有柄，其余无柄，倒披针形至线状长圆形，两面疏生硬毛，边缘有微波状小牙齿（图 1.243）。

**花序、花、果** 花序常呈尾卷状，苞片狭卵形或条状披针形；花生于苞腋或腋外；花萼裂片 5，条状披针形，有毛；花冠蓝色，筒状，裂片 5，喉部有 5 个附属物。小坚果 4，近卵形，有皱棱和瘤状突起。

【繁殖方式】 种子繁殖。

【分布生境】 平凉市 7 县（市、区）全膜双垄沟播玉米种植区均有分布，多发生在残膜再利用田。

【发生危害】 主要危害期在 3 月中旬至 7 月上旬。主要生长于膜下、膜面破损口及压膜土等处。膜下植株呈半直立状生长或贴垄面和膜面生长，对膜面具有一定的支撑力，膜面常被轻度至中度撑起，膜下高温高湿造成膜下植株大量腐烂和死亡；位于膜面破损口、播种孔等处的植株多能营膜外生长并完成其生活史；压膜土中生长的植株（图 1.244），其根部多可穿透膜面生长，高温干旱季节生长受限甚至枯死。该杂草出现频率低，发生密度小，系平凉市全膜双垄沟播玉米田次要杂草种类之一。

图 1.243　单株

图 1.244　植株在压膜土壤中生长状

### 四、附地菜 *Trigonotis peduncularis* (Trev.) Benth. ex Baker et Moore

【别名】 地胡椒等。

【形态特征】 附地菜属，越年生或一年生草本。

**幼苗** 幼苗子叶近圆形，全缘，叶柄短；上下胚轴均不发达；初生叶 1 片，近圆形，主脉微凹，柄长；后生叶匙形、椭圆形或披针形；幼苗全被糙伏毛。

**茎** 茎自基部分枝、匍匐、斜升或近直立，长 10 ～ 38 cm，有短糙伏毛。

叶 叶互生，具短柄或近无柄；叶片椭圆状卵形、椭圆形或匙形，全缘，先端圆钝或尖锐，两面均具短糙伏毛。

花序、花、果 花序顶生于枝端，细长，先端常呈尾卷状；花通常生于花序的一侧，有细梗，花萼5深裂，裂片矩圆形，或披针形，先端尖；花冠淡蓝色，直径1.5～2 mm，喉部黄色，5裂，裂片卵圆形，顶端圆钝，喉部附属物5个，雄蕊5，内藏，子房4裂。小坚果三角状锥形，棱尖锐，黑色，疏生短毛或无毛，有短柄，向一侧弯曲。

【繁殖方式】 种子繁殖。

【分布生境】 平凉市7县（市、区）全膜双垄沟播玉米种植区均有分布，多发生在残膜再利用田。

【发生危害】 主要危害期在3月中旬至6月中旬。植株生长于膜下、膜面破损口（图1.245）及压膜土等处。膜下植株贴垄面生长或呈半直立状生长，对膜面有微弱的支撑力，膜面常被轻微撑起，膜下高温高湿可引起膜下大量植株较早腐烂和死亡；位于膜面破损口、播种孔等处的植株多能营膜外生长并完成其生活史；压膜土中生长的植株，数量较少，其根部多可穿透膜面生长，高温干旱季节生长受限甚至枯死。该杂草出现频率低，发生密度小，系平凉市全膜双垄沟播玉米田次要杂草种类之一。

图1.245 植株在膜下和伸出膜面破损孔生长状

# 第十六节　石竹科 Caryophyllaceae

## 一、麦瓶草 *Silene conoidea* L.

【别名】 米瓦罐、净瓶、面条棵等。

【形态特征】 蝇子草属，一年生草本。

　　幼苗　幼苗子叶卵状披针形，叶柄极短，略抱茎；上胚轴不发达；初生叶匙形，有长睫毛，有叶柄；后生叶与初生叶相似，但较大（图1.246）。

　　根、茎　根为主根系，稍木质。全株被短腺毛，上部常分泌黏液。茎直立，高25～60 cm，单生，叉状分枝，节部略膨大。

　　叶　叶对生，基生叶匙形，茎生叶长圆形或披针形，基部楔形，顶端渐尖，两面被短柔毛，边缘具缘毛，中脉明显。

　　花序、花、果　二歧聚伞花序顶生；花萼筒结果时呈圆锥状，有30条显著的脉棱；花瓣5，粉红色；花柱3（图1.247）。蒴果卵形，有光泽。种子肾形，扁，红褐色，有成行的瘤状突起。

图1.246　幼苗　　　　　　　图1.247　花序

【繁殖方式】 种子繁殖。

【分布生境】 平凉市7县（市、区）全膜双垄沟播玉米种植区均有零星分布，多发生在残膜再利用田。

【发生危害】 主要危害期在3月中旬至6月中旬。植株生长于膜下、膜面破损口及压膜土等处。膜下植株呈半直立状生长或贴垄面生长，对膜面有一定的支撑力，膜面常被轻度至中度撑起，膜下高温高湿可引起膜下大量植株较早腐烂和死亡；位于膜面破损口、播种孔等处的植株多能营膜外生长并完成其生活史；压膜土中也生长一定数量的植株，其根部多可穿透膜面生长，高温干旱季节生长受限甚至枯死。该杂草出现频率低，发生密度小，系平凉市全膜双垄沟播玉米田次要杂草种类之一。

### 二、无心菜 *Arenaria serpyllifolia* L.

【别名】 蚤缀、小无心菜、鹅不食草、卵叶蚤缀等。

【形态特征】 无心菜属，越年生或一年生草本。

幼苗 幼苗子叶 2 片，椭圆形，有短柄；下胚轴较短，有柔毛；初生叶 2 片，阔卵形，先端尖，叶基圆形，有长柄；后生叶形状与成株相似。

根、茎 主根细长，支根较多而纤细。全体密生短柔毛，茎簇生，细弱，直立或铺散，高 10 ～ 30 cm，密生白色短柔毛。

叶 叶对生；叶片卵形，全缘，基部狭，无柄，边缘具缘毛，顶端急尖，两面近无毛或疏生柔毛，下面具 3 脉，茎下部叶较大，茎上部叶较小（图 1.248）。

花序、花、果 聚伞花序疏生于枝顶，花梗细长，密生柔毛或腺毛；萼片 5，披针形，有 3 脉；花瓣 5，白色，倒卵形，全缘；花柱 3。蒴果卵形，与萼片近等长，先端 6 裂。种子肾形，淡褐色，有棒状小瘤。

【繁殖方式】 种子繁殖。

【分布生境】 平凉市 7 县（市、区）全膜双垄沟播玉米田均有生长，以残膜再利用玉米田发生较严重。

【发生危害】 残膜再利用玉米田和新覆膜玉米田均有发生，前者重于后者；主要危害期在 3 月中旬至 6 月上旬。植株生长于膜下、膜面破损口及压膜土（图 1.249，图 1.250，图 1.251）等处。膜下植株呈簇生披散状生长或贴垄面生长，对膜面有一定的支撑力，膜面常被轻度至重度撑起，膜面有破损口且发生密度大时可严重撑破膜面，膜下的高温高湿可引起植株腐烂和死亡；膜面破损口周围的膜下植株多可持续存活且常伸出膜外生长；位于膜面破损口、播种孔等处的植株均能营膜外生长并完成其生活史；压膜土中也生长一定数量的植株，其根部多可穿透膜面生长，高温干旱季节生长受限甚至枯死。该杂草出现频率较高，局部地区或田块发生密度较大，系平凉市全膜双垄沟播玉米田局部性优势杂草种类之一。

图 1.248 单株

图 1.249 植株从膜下及从膜面破损口处伸出生长状

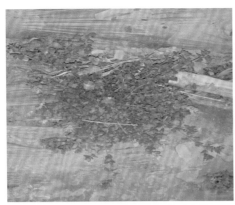

图 1.250　植株在膜面破损口处生长状　　　图 1.251　植株撑破膜面生长状

## 三、鹅肠菜 *Myosoton aquaticum* (L.) Moench

【别名】　牛繁缕、鹅肠草、石灰菜、大鹅儿肠等。

【形态特征】　鹅肠菜属，一年生或越年生草本。

幼苗　幼苗子叶 1 对，梭形或菱形；上下胚轴均发达，常带紫色；初生叶卵状心脏形。

根、茎　具须根。植株高 40～80 cm，自基部分枝，先端渐向上，下部伏地生根，上部被腺毛（图 1.252）。

叶　叶对生，下部叶有柄，上部叶近无柄；叶片卵形或宽卵形，先端锐尖，基部近心形，全缘（图 1.253）。

花序、花、果　顶生二歧聚伞花序；花顶生于枝端或单生于叶腋；萼片 5，基部稍连合；花瓣 5，白色，长于萼片，先端 2 深裂达基部；花柱 5，与萼片互生（图 1.254）。蒴果卵形或长圆形，5 瓣裂，裂片先端 2 齿裂。种子近圆形，略扁，深褐色，有显著的散星状突起。

图 1.252　根　　　　　　　图 1.253　叶　　　　　　　图 1.254　花

【繁殖方式】　种子、匍匐枝繁殖。

【分布生境】　平凉市 7 县（市、区）全膜双垄沟播玉米种植区均有零星分布，以西兰公路以南区域发生较多。

【发生危害】　残膜再利用玉米田和新覆膜玉米田均有发生，主要危害期在 3 月中旬至 7 月上旬。植株生长于膜下、膜面破损口（图 1.255）及压膜土等处。膜下植株靠贴垄面和膜面生长，对膜面有一定的支撑力，膜面常被轻度至中度撑起，密度大时可撑破膜面（图 1.256），对膜下的高温高湿忍耐性较强，仅可引起部分植株茎叶腐烂；膜面破损口周围的膜下植株多可持续存活且常伸出膜外生长；位于膜面破损口（图 1.257）、播种孔（图 1.258）等处的植株均能营膜外生长并完成其生活史；压膜土中也

图 1.255　新覆膜田中植株从膜面破损口伸出生长状

生长有少量植株，其根部多可穿透膜面生长，高温干旱季节生长受限甚至枯死。该杂草出现频率较低，发生密度较小，系平凉市全膜双垄沟播玉米田次要杂草种类之一。

图 1.256　新覆膜玉米田中植株撑破膜面生长状

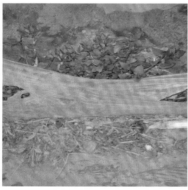

图 1.257　残膜再利用田中植株在膜面破损口处生长状

图 1.258　植株从玉米播种孔处伸出生长状

## 第十七节　大戟科 Euphorbiaceae

**一、铁苋菜** *Acalypha australis* L.

【别名】　蛤蜊花、海蚌含珠等。

【形态特征】　铁苋菜属，一年生草本。

幼苗　幼苗子叶 2 片，近圆形，先端截形，全缘；上胚轴不发达，下胚轴发达；初生叶 2 片，卵形，先端圆，叶缘钝齿状（图 1.259）。

茎　茎直立，高 30～50 cm，有分枝，小枝细长，被贴柔毛，柔毛逐渐稀疏（图 1.260）。

叶　叶互生，叶片椭圆形，膜质，椭圆状披针形或卵状菱形，基部有 3 脉，边缘有钝齿，具长叶柄，叶两面无毛或被疏柔毛。

花序、花、果　花单性，雌雄同序，花序腋生，稀顶生，花无瓣；雄花生于花序的上部，穗状；雌花在下，生于叶状苞片内。蒴果钝三角状，3 室，每室有种子 1 粒，有毛。种子倒卵球形，黑色或灰褐色，常有白膜质状蜡层。

图 1.259　幼苗　　　　　图 1.260　单株

【繁殖方式】　种子繁殖。

【分布生境】　平凉市 7 县（市、区）全膜双垄沟播玉米栽培区广泛分布。

【发生危害】　主要危害期在 4 月中旬至 7 月下旬。植株生长于膜下、压膜土（图 1.261）及播种孔（图 1.262）等处。膜下植株呈半直立状生长或贴垄面和膜面生长，对膜面有一定的支撑力，膜面常被轻度至中度撑起，膜下的高温高湿可引发膜下大量植株较早腐烂和死亡；膜面破损口周围的膜下植株可较长时间存活，但多不能结实，部分可伸出膜外生长并完成其生活史；位于膜面破损口、播种孔等处的植株多能营膜外生长并完成其生活史；压膜土中也生长有少量的植株，其根部多可穿透膜面生长，高温干旱季节生长受限甚至枯死。该杂草出现频率高，发生密度较大，系平凉市全膜双垄沟播玉米田主要杂草种类之一。

图1.261　植株在压膜土中生长状　　图1.262　植株从播种孔处伸出生长状

## 二、地锦 *Euphorbia humifusa* Willd. ex Schlecht.

【别名】　红丝草、地锦草、铺地锦、田代氏大戟等。

【形态特征】　大戟属，一年生草本。

幼苗　幼苗子叶1对，对生，长圆形，中脉红色，茎和子叶紫绿色；下胚轴发达，光滑，暗紫红色，上胚轴不发达；初生叶2片，与子叶交互对生，倒卵形；后生叶对生，矩圆形，叶缘有细锯齿。

根、茎　根纤细，长10～18 cm，直径2～3 mm，常不分枝。茎纤细，匍匐，长10～30 cm，叉状分枝，基部常红色或淡红色，被柔毛或疏柔毛（图1.263）。

叶　叶对生，近无柄；叶片长圆形、矩圆形、椭圆形，先端钝圆，基部偏斜，边缘有细锯齿或近全缘，两面无毛或疏生柔毛；叶面绿色，叶背淡绿色，有时淡红色。

花序、花、果　花序单生于叶腋；花单性，雌雄同序，无花被；总苞倒圆锥形，淡红色，先端4裂。蒴果三棱状，球形。种子略呈四棱状，倒卵形，黑褐色，具蜡粉。

【繁殖方式】　种子繁殖。

【分布生境】　平凉市7县（市、区）全膜双垄沟播玉米栽培区均有广泛分布。

【发生危害】　残膜再利用玉米田和新覆膜玉米田均有发生，主要危害期在4月中旬至9月上旬。植株生长于膜下（图1.264）、膜面破

图1.263　植株群体

损口及压膜土等处。膜下植株贴垄面生长，对膜面支撑力弱小，膜面常被轻微撑起，膜下的高温高湿可引起膜下植株腐烂和死亡；膜下空间较大或膜面有破损口时，膜下植株多可持续存活并结实，部分伸出膜外生长；位于膜面破损口（图1.265）、播种孔等处的植株均能伸出膜外生长并完成其生活史；压膜土中也生长有少量植株，其根部多可穿透膜面生长，高温干旱季节生长受限并有部分枯死。该杂草出现频率较高，发生密度较大，系平凉市全膜双垄沟播玉米田主要杂草种类之一。

图1.264　植株在膜下生长状

图1.265　植株在膜下及伸出膜面破损口生长状

### 三、泽漆 *Euphorbia helioscopia* L.

**【别名】**　五朵花、五灯草、五凤草等。

**【形态特征】**　大戟属，一年生草本。

　　幼苗　幼苗子叶2片，椭圆形，先端钝圆，基部近圆形，全缘，有短柄；下胚轴发达，上胚轴明显；初生叶对生，倒卵形，先端圆，有小突尖，中脉1条，有长柄；后生叶与初生叶相似，但互生，叶先端稍凹。幼苗全体光滑无毛，含白色乳汁，有毒。

　　根、茎　根纤细，下部分枝。全株含乳汁，茎自基部分枝，直立或斜升，高10～30cm，圆柱形，光滑无毛。

　　叶　叶互生，近无柄；叶片倒卵形或匙形，叶缘中部以上有细锯齿，下部全缘。茎顶部具5片轮生的叶状苞，较叶稍大（图1.266）。

　　花序、花、果　总花序顶生，伞梗5，每梗再生3小梗，各小梗又分2叉；花小，无花被，单性，雌雄同序，总苞先端4浅裂。蒴果无毛。种子卵形，灰褐色，有网状凹陷。

**【繁殖方式】**　种子繁殖。

**【分布生境】**　平凉市崇信、庄浪、华亭等县（市）阴湿山区全膜双垄沟播玉米田有较多发生。

**【发生危害】**　主要危害期在4月下旬至9月上旬。植株生长于膜下、膜面破损口及压膜土（图1.267）等处。膜下植株呈半直立状生长或贴垄面生长，对膜面有一定的支撑力，膜面常被轻度至中度撑起，膜下的高温高湿可引起膜下植株较早腐烂和死亡；膜面破损口周围的膜下植株可较长时间存活，部分可伸出膜外生长并完成其生活史；位于膜面破损口、播种孔等处的植株多能营膜外生长并完成其生活史；压膜土中也生长有少量的植株，其根部多可穿透膜面生长，高温干旱季节生长受限。该杂草分布范围小，发生密度低，系平凉市全膜双垄沟播玉米田次要杂草种类之一。

图 1.266　成株

图 1.267　植株在压膜土壤中生长状

## 四、乳浆大戟 *Euphorbia esula* L.

【别名】　猫眼草、烂疤眼、乳浆草、松叶乳汁大戟、华北大戟等。

【形态特征】　大戟属，多年生草本。

根、茎　根圆柱状，不分枝或分枝，常曲折，褐色或黑褐色。茎单生或丛生，单生时自基部多分枝，高 30 ～ 60 cm，直径 3 ～ 5 mm，基部坚硬。

叶　叶互生，狭条形；茎顶有轮生苞叶。

花序、花、果　总花序顶生，伞梗 4 ～ 6条，每条又有 2 ～ 3 分枝，伞梗先端各具 2 个扇状半月形至三角状肾形的苞片；总苞杯状，

图 1.268　成株

先端 4 ～ 5 裂（图 1.268）。蒴果三棱状球形，具 3 个纵沟；花柱宿存；成熟时分裂为 3 个分果爿。种子卵球状，成熟时黄褐色；种阜盾状，无柄。

【繁殖方式】　种子繁殖。

【分布生境】　平凉市崇信、华亭等县（市）阴湿山区全膜双垄沟播玉米田均有分布。

【发生危害】　主要危害期在 4 月下旬至 9 月上旬。植株生长于膜下、膜面破损口及压膜土等处。膜下植株呈半直立状生长或贴垄面生长，对膜面有一定的支撑力，膜面常被轻度至中度撑起，膜下的高温高湿造成膜下植株较早腐烂和死亡；膜面破损口周围的膜下植株可较长时间存活，部分可伸出膜外生长并完成其生活史；位于膜面破损口、播种孔等处的植株多能营膜外生长并完成其生活史；压膜土中也生长少量的植株，其根部多可穿透膜面生长。该杂草分布范围小，发生密度低，系平凉市全膜双垄沟播玉米田次要杂草种类之一。

# 第十八节　董菜科 Violaceae

## 一、早开董菜 *Viola prionantha* Bunge

【别名】　紫花地丁等。

【形态特征】　董菜属，多年生草本。

幼苗　幼苗子叶卵圆形，先端微凹，有柄；下胚轴不发达。初生叶卵圆形，先端钝圆，基部心形，叶柄略带紫色。

根、茎　根多条，细长，淡褐色。无地上茎，根状茎垂直，较粗壮，长 1 ～ 2 cm，粗 4 ～ 7 mm，淡褐色，节密生。

叶　叶基生，叶片长圆状卵形或卵状披针形，基部常平截或为浅心形，稍下延，至叶柄上部成狭翅或无翅，叶柄细长；叶边缘有细圆齿，叶面密生白细毛。

花、果　花两侧对称，淡紫色，有矩，春季开花（图 1.269）。蒴果长卵圆形，无毛，顶端钝，常具宿存花柱，成熟后裂成 3 瓣，种子自动弹出。种子卵球形，深褐色，常有棕色斑点。

【繁殖方式】　根状茎、种子繁殖。

【分布生境】　平凉市 7 县（市、区）全膜双垄沟播玉米栽培区偶有分布。

【发生危害】　残膜再利用田和新覆膜田均有发生，主要危害期在 3 月下旬至 7 月上旬。植株生长于膜下、膜面破损口及压膜土等处。膜下植株多分布于垄沟内，呈贴垄面生长状，对膜面支撑力微弱，膜面常被轻度撑起，膜下的高温高湿可引发叶片腐烂；膜面破损口周围的膜下植株可较长时间存活，部分可伸出膜外生长并完成其生活史；位于膜面破损口、播种孔（图 1.270）等处的植株多能营膜外生长并完成其生活史；压膜土中也生长有少量的植株，其根部多可穿透膜面生长，高温干旱季节生长受限甚至枯死。该杂草出现频率低，发生密度小，系平凉市全膜双垄沟播玉米田偶见杂草种类之一。

图 1.269　花

图 1.270　植株从播种孔处伸出生长状

## 第十九节　蓼科 Polygonaceae

### 一、水蓼（辣蓼）*Polygonum hydropiper* L.

【别名】　辣蓼、辣柳菜等。

【形态特征】　蓼属，一年生草本。

幼苗　幼苗子叶椭圆形，具短柄；上下胚轴均发达、红色；初生叶 1 片，长卵圆形，全缘，主脉明显，有柄；后生叶椭圆形，具托叶鞘，抱茎，膜质。

茎　全体有辣味，茎直立或倾斜，着地生根，高 40 ～ 80 cm，多分枝，无毛，节部膨大。

叶　叶互生，具短柄；叶片披针形，先端渐尖，基部楔形，全缘，具缘毛，通常两面有腺点、无毛，被褐色小点，有时沿中脉具短硬伏毛，具辛辣味；托叶鞘筒状，膜质，有睫毛，叶腋具闭花受精花。

花序、花、果　总状花序穗状，顶生或腋生，细长，常弯垂，花疏生，下部间断；花被 5 深裂，淡红色或淡绿色，有腺点；瘦果卵形，暗褐色，双凸镜状或具 3 棱，密被小点，包于宿存花被内。

【繁殖方式】　种子繁殖。

【分布生境】　平凉市仅在泾川县高平镇全膜双垄沟播玉米田有发现。

【发生危害】　主要危害期在 3 月下旬至 7 月上旬。植株生长于膜下、膜面破损口等处。膜下植株多分布于垄沟内，呈半直立状或贴垄面生长，对膜面有一定的支撑力，膜面常被轻度至中度撑起，膜下的高温高湿可引起膜下植株较早腐烂和死亡；膜面破损口周围的膜下植株可较长时间存活，部分可伸出膜外生长并完成其生活史；位于膜面破损口（图1.271）、播种孔（图 1.272）等处的植株多能伸出膜外生长并完成其生活史；压膜土中也生长有少量的植株，其根部多可穿透膜面生长，高温干旱季节生长受限。该杂草出现频率

图 1.271　植株在膜面破损口处生长状　　　　图 1.272　植株从播种孔处伸出膜外生长状

低，发生密度小，系平凉市全膜双垄沟播玉米田偶见杂草种类之一。

### 二、荞麦 *Fagopyrum esculentum* Moench

**【形态特征】** 荞麦属，一年生草本。

**茎** 茎直立，高 30 ～ 90 cm，上部分枝，绿色或红色，具纵棱，无毛或于一侧沿纵棱具乳头状突起（图 1.273）。

**叶** 叶三角形或卵状三角形，长 2.5 ～ 7 cm，宽 2 ～ 5 cm，顶端渐尖，基部心形，两面沿叶脉具乳头状突起；下部叶具长柄，上部叶较小近无柄；托叶鞘膜质，短筒状，长约 5 mm，顶端偏斜，无缘毛，易破裂脱落（图 1.274）。

图 1.273　单株　　　　　　　　　图 1.274　叶

**花序、花、果** 花序总状或伞房状，顶生或腋生，花序梗一侧具小突起；苞片卵形，长约 2.5 mm，绿色，边缘膜质，每苞内具 3 ～ 5 朵花；花梗比苞片长，无关节，花被 5 深裂，白色或淡红色，花被片椭圆形，长 3 ～ 4 mm；雄蕊 8，比花被短，花药淡红色；花柱 3，柱头头状（图 1.275）。瘦果卵形，具 3 锐棱，顶端渐尖，长 5 ～ 6 mm，暗褐色，无光泽，比宿存花被长（图 1.276）。

图 1.275　花　　　　　　　　　　图 1.276　种子

**【繁殖方式】** 种子繁殖。

**【分布生境】** 平凉市 7 县（市、区）全膜双垄沟播玉米栽培区均有分布，多发生于荞麦茬全膜双垄沟播玉米田。

【发生危害】 主要危害期在 4 月中旬至 7 月上旬。植株生长于膜下、膜面破损口及播种孔等处。膜下植株多分布于垄沟内，呈半直立状生长或贴垄面生长，对膜面有一定支撑力，膜面常被轻度至中度撑起，膜下的高温高湿较早引起膜下植株腐烂和死亡；膜面破损口周围的膜下植株可较长时间存活，部分可伸出膜外生长并完成其生活史；位于膜面破损口、播种孔（图 1.277）等处的植株多能伸出膜外生长并完成其生活史；压膜土中也生长有少量的植株，其根部多可穿透膜面生长，高温干旱季节生长受限甚至枯死。该杂草在荞麦茬玉米田发生密度大，为平凉市全膜双垄沟播玉米田局部性优势杂草种类之一。

图 1.277 植株从播种孔处伸出生长状

## 三、萹蓄 *Polygonum aviculare* L.

【别名】 扁竹、竹叶草等。

【形态特征】 蓼属，一年生草本。

幼苗 幼苗子叶 1 对，条形，基部联合；下胚轴发达，玫瑰红色；初生叶 1 片，阔披针形，先端尖，基部楔形，全缘，无托叶鞘；后生叶与初生叶相似，但有透明膜质的托叶鞘。

茎 茎平卧、上升或直立，高 10 ～ 40 cm，自基部多分枝，具纵棱。

叶 叶互生，具短柄；叶片狭椭圆形或披针形，全缘；托叶鞘膜质。

花 花 1 ～ 5 朵簇生于叶腋，全露或半露于托叶鞘之外；花被 5 深裂，淡绿色，边缘白色或红色。瘦果卵状三棱形，深褐色，有不明显的小点，无光泽。

【繁殖方式】 种子繁殖。

【分布生境】 平凉市 7 县（市、区）全膜双垄沟播玉米田均有零星分布。

【发生危害】 主要危害期在 3 月下旬至 7 月上旬。植株生长于膜下、膜面破损口（图 1.278）及播种孔（图 1.279）等处。膜下植株主要分布于垄沟内，多贴垄面生长，对膜面有弱小的支撑力，膜面常被轻度撑起，膜下的高温高湿可引起膜下植株腐烂和死亡；膜面破损口周围的膜下植株可较长时间存活，部分可伸出膜外生长并完成其生活史；位于膜面破损口、播种孔等处的植株多能伸出膜外生长并完成其生活史；压膜土中也生长一定量的植株，其根部多可穿透膜面生长，高温干旱季节生长受限甚至枯死。该杂草出现频率低，发生密度小，系平凉市全膜双垄沟播玉米田次要杂草种类之一。

图 1.278　植株在膜面破损口处生长状　　图 1.279　植株从玉米播种孔处伸出生长状

## 四、尼泊尔蓼 *Polygonum nepalense* Meisn.

【别名】 野荞麦。

【形态特征】 蓼属，一年生草本。

茎　茎细弱，直立或匍匐，自基部多分枝，无毛或在节部疏生腺毛，高 30 ～ 50 cm。

叶　叶互生，全缘，下部叶具长柄，卵形或三角状卵形，顶端急尖，基部宽楔形，沿叶柄下延成翅，两面无毛或疏被刺毛，疏生黄色透明腺点；上部叶较小，近无柄，抱茎；托叶鞘筒状，膜质，淡褐色，顶端斜截形，无缘毛，基部具刺毛。

花序、花、果　头状花序顶生或腋生，基部常具 1 叶状总苞片，花序梗细长，上部具腺毛；花被 4 深裂，淡红色或白色（图 1.280）；雄蕊 5 ～ 6，与花被近等长，花药暗紫色；花柱 2，下部合生，柱头头状。瘦果圆形至宽卵形，两面凸出，黑褐色，密生小点，无光泽。

图 1.280　花序

【繁殖方式】 种子繁殖。

【分布生境】 平凉市庄浪县永宁及韩店、崇信县新窑等乡（镇）全膜双垄沟播玉米田发生密度较大。

【发生危害】 主要危害期在 5 月上旬至 9 月中旬。植株生长于膜下、膜面破损口等处。膜下植株主要分布于垄沟内，多贴垄面生长，对膜面有弱小的支撑力，膜面常被轻度撑起，膜下的高温高湿可引起膜下植株较早腐烂和死亡；位于膜面破损口（图 1.281）、播种孔（图 1.282）等处的植株多能伸出膜外匍匐生长并完成其生活史。该杂草出现频率低，部分地区发生密度较大，系平凉市全膜双垄沟播玉米田局部性优势杂草种类之一。

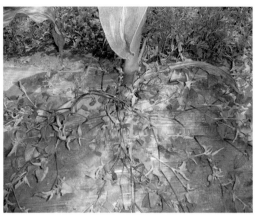

图 1.281　植株从膜面破损口处伸出生长状　　　图 1.282　植株从玉米播种孔处伸出生长状

# 第二十节 茜草科 Rubiaceae

**一、猪殃殃** *Galium aparine* var. *tenerum* (Gren. et Godr.) Rcbb.

【别名】 爬拉殃、八仙草等。

【形态特征】 拉拉藤属，越年生或一年生草本。

**幼苗** 子叶 2 片，对生，长椭圆形，尖端微凹，全缘，具长柄；上下胚轴发达，常为紫褐色，有时带红色，呈四棱形，棱上有刺毛；初生叶 4～6 片轮生，叶倒卵状椭圆形，先端锐尖，具睫毛，基部楔形。

**茎** 茎多自基部分枝，四棱形，棱、叶缘及叶背面中脉上均有倒生小刺毛，攀附于它物向上生长或伏地蔓生。

**叶** 4～8 片轮生，近无柄；叶片条状倒披针形，顶端有针状凸尖头，基部渐狭，两面常有紧贴的刺状毛，常萎软状，干时常卷缩，1 脉（图 1.283）。

**花序、花、果** 聚伞花序腋生或顶生，单生或 2～3 个簇生，有花数朵；花小，黄绿色；花冠辐状，裂片长圆形，长不及 1 mm。小坚果球形，密被钩状刺（图 1.284）。

【繁殖方式】 种子繁殖。

【分布生境】 平凉市 7 县（市、区）全膜双垄沟播玉米田偶有发生。

【发生危害】 主要危害期在 4 月中旬至 7 月上旬。植株生长于膜下、膜面破损口（图 1.285）等处。膜下植株主要分布于垄沟内，苗期半直立状生长，之后多贴垄面生长，对膜面有较小的支撑力，膜面常被轻度撑起，膜下的高温高湿较早引发膜下植株腐烂和死亡；位于膜面破损口、播种孔等处的植株多能伸出膜外生长并完成其生活史。该杂草出现频率很低，发生密度很小，系平凉市全膜双垄沟播玉米田少见杂草种类之一。

图 1.283　茎、叶　　　　图 1.284　果实　　　　图 1.285　植株在膜面破损口
　　　　　　　　　　　　　　　　　　　　　　　　　　　　　　　　　生长状

# 第二十一节 天南星科 Araceae

## 一、半夏 *Pinellia ternata* (Thunb.) Breit.

【别名】 三叶半夏、三片叶、三开花、三角草、三兴草、地慈姑、球半夏、尖叶半夏等。

【形态特征】 半夏属，多年生草本。

茎 块茎圆球形，直径 1～2 cm，具须根，淡黄白色，有毒。

叶 叶少数，全部基生；叶柄长 15～25 cm，下部内侧有一珠芽；一年生苗为单叶，2 年后 3 全裂，裂片卵状椭圆形至倒卵状长圆形，稀披针形。

花、果 花葶长达 30 cm；佛焰苞长 6～7 cm，不张开，里面暗紫色；花单性，雌雄同序；雌花部分位于肉穗花序的下部，长约 1 cm，贴生于佛焰苞，雄花部分位于上部，长约 5 mm，先端附属体长 6～10 cm，细圆柱状。浆果卵圆形，成熟时红色，种子椭圆形，两端尖，表面灰绿色，不光滑，具光泽。

【繁殖方式】 块茎繁殖。

【分布生境】 平凉市崇信县新窑、灵台县百里等乡（镇）全膜双垄沟播玉米田有分布。

【发生危害】 主要危害期在 4 月上旬至 8 月中旬。植株生长于膜下（图 1.286）、膜面破损口（图 1.287）等处。膜下植株主要分布于垄沟内，苗期半直立状生长，之后贴垄面生长，对膜面有一定的支撑力，膜面常被轻度撑起，膜下的高温高湿可引起膜下植株地上部分较早腐烂，地下块茎尚可继续存活，遇膜面破损时可再次萌发新芽体并伸出膜外生长；位于膜面破损口、播种孔（图 1.288）等处的植株多能伸出膜外生长并完成其生活史。该杂草出现频率很低，发生密度很小，系平凉市全膜双垄沟播玉米田少见杂草种类之一。

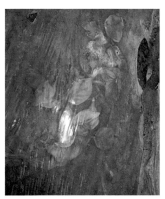  

图 1.286 植株在膜下生长状　　图 1.287 植株从膜面破损口处伸出生长状　　图 1.288 植株从播种孔伸出生长状

# 第二十二节　玄参科 Scrophulariaceae

## 一、阿拉伯婆婆纳 *Veronica persica* Poir.

【别名】　波斯婆婆纳、肾子草等。

【形态特征】　婆婆纳属，越年生或一年生草本。

幼苗　幼苗子叶三角状卵形，先端圆，基部平截，有柄；上下胚轴均发达，密被斜垂弯毛；初生叶 2 片，阔卵形，边缘有稀齿。幼苗茎带暗紫色，除子叶外，全体被长粗毛。

茎　全株有柔毛，茎自基部分枝成丛，下部伏地，斜上，高 15 ～ 45 cm（图 1.289）。

叶　茎基部叶对生，有柄或近无柄；叶片卵圆形至卵状长圆形，两面疏生柔毛，边缘有粗钝锯齿。

花序、花、果　花序顶生，苞叶与茎叶同型，互生；花单生于苞腋，花梗长于苞叶；花萼 4 裂，裂片卵状披针形；花冠淡蓝色，有深色脉纹，筒部极短，裂片 4，宽卵形（图 1.290）。蒴果肾形，长约 5 mm，宽约 7 mm，被腺毛，成熟后几乎无毛，网脉明显，凹口角度超过 90 度，裂片钝，宿存的花柱长约 2.5 mm，超出凹口。种子椭圆形，黄色，腹面深凹陷，表面有颗粒状突起，背面具深的横纹。

图 1.289　单株　　　　　　　图 1.290　花

【繁殖方式】　种子繁殖。

【分布生境】　平凉市东部 5 县（市、区）全膜双垄沟播玉米田偶见生长。

【发生危害】　主要危害期在 5 月上旬至 9 月中旬。植株生长于膜下、膜面破损口（图 1.291，图 1.292）等处。膜下植株主要分布于垄沟内，幼苗期直立或半直立状生长，之后贴垄面生长，对膜面支撑力较小，膜面常被轻度撑起，膜下的高温高湿较早引起膜下植株腐烂和死亡；位于膜面破损口、播种孔等处的植株多能伸出膜外生长并完成其生活史；压膜土中也有少量植株生长，其根部多可穿透膜面生长，高温干旱季节生长受限甚至枯死。该杂草出现频率很低，发生密度很小，系平凉市全膜双垄沟播玉米田少见杂草种类之一。

图 1.291　植株从膜面破损口处伸出生长状　　　图 1.292　植株随其他杂草从膜面破损口处生长状

# 第二十三节　报春花科 Primulaceae

**一、点地梅** *Androsace umbellate* (Lour.) Merr.

【**别名**】　喉咙草、佛顶珠、白花草、清明花等。

【**形态特征**】　点地梅属，一年生或越年生草本。

**幼苗**　幼苗绿色，叶基生，平展，伏贴地面；子叶小，卵圆形，有短柄，被短毛；下胚轴发达，上胚轴不发达；初生叶 1 片，近圆形，全缘，有短柄；后生叶阔卵形，平展，柄较长，叶缘有钝齿，被短毛。

**根**　主根不明显，具多数须根。

**叶**　叶基生莲座状，叶片圆形或心状圆形，先端钝圆，基部浅心形至近圆形，边缘具三角状钝牙齿，两面均被贴伏的短柔毛；叶柄长 1 ~ 4 cm，被开展的柔毛（图 1.293）。

**花序、花、果**　花葶自基部抽出，伞形花序，花白色，有花数朵，花梗纤细，长 1 ~ 3.5 cm，被柔毛并杂生短柄腺体；苞片卵状披针形；花萼杯状，5 深裂，裂片卵形；花冠 5 裂，筒部较花萼短。蒴果扁卵球形，顶端 5 瓣裂，裂片膜质，白色（图 1.294）。种子细小，呈不规则多面体，背平腹凸，黄褐色至红褐色，表面粗糙（图 1.295）。

【**繁殖方式**】　种子繁殖。

【**分布生境**】　平凉市泾川县高平镇全膜双垄沟播玉米田偶有发生。

【**发生危害**】　主要危害期在 3 月下旬至 6 月上旬。植株生长于膜下、膜面破损口及压膜土等处。膜下植株主要分布于垄沟内，贴膜面生长，对膜面支撑力微弱，膜面轻度撑起，膜下的高温高湿较早引起膜下植株腐烂和死亡；位于膜面破损口、播种孔等处的植株多能伸出膜外生长并完成其生活史；压膜土中也有少量植株生长，其根部多可穿透膜面生长，高温干旱季节生长受限甚至枯死。该杂草出现频率很低，发生密度很小，系平凉市全膜双垄沟播玉米田少见杂草种类之一。

图 1.293　叶

图 1.294　花

图 1.295　果实

# 第二十四节 蔷薇科 Rosaceae

## 一、绢毛匍匐委陵菜 *Potentilla reptans* L. var. *sericophylla* Franch.

【别名】 绢毛细蔓萎陵菜、金金棒、金棒锤、五爪龙等。

【形态特征】 委陵菜属，多年生草本。

根、茎 有须根和纺锤形块根。茎纤细，匍匐。

叶 叶基生和茎生，具长柄，有毛；叶为三出掌状复叶，小叶3，侧生小叶常分裂为2部分，稀混生有不裂者；小叶片倒卵形或棱状倒卵形，边缘有锯齿，叶背伏生绢状疏柔毛；有托叶。

花、果 花单生于叶腋，花梗细长；花瓣5，黄色。聚合瘦果半球形，瘦果长圆形，褐色。

【繁殖方式】 种子、匍匐茎繁殖。

【分布生境】 甘肃省河东地区广泛分布。平凉市7县（市、区）全膜双垄沟播玉米田偶见分布。

【发生危害】 主要危害期在4月上旬至8月中旬，植株在膜下、地面裸露处（膜面破损口、播种孔）生长（图1.296，图1.297）。膜下植株贴垄面生长，对膜面有弱小的支撑力，随膜下温湿度升高逐渐腐烂和死亡；位于破损口、播种孔、压膜土壤等处的植株多能营膜外生长并完成其生活史。该杂草出现频率很低，发生密度很小，系平凉市全膜双垄沟播玉米田少见杂草种类之一。

图1.296 植株在膜下和伸出膜面破损口 生长状　　　　图1.297 植株从残存玉米根茬处伸出膜外生长状

# 第二十五节　车前科 Plantaginaceae

## 一、平车前 *Plantago depressa* Willd.

【别名】　小车前、车前草、车串串等。

【形态特征】　车前属，越年生或一年生草本。

幼苗　幼苗子叶长椭圆形，先端略钝，基部楔形；上下胚轴均不发达；初生叶长椭圆形，先端尖，基部渐狭成长叶柄。

根、茎　主根圆锥状，具多数侧根，多少肉质。根状茎短。

叶　叶基生呈莲座状，直立或平铺，椭圆形、椭圆状披针形或卵状披针形，上面略凹陷，于背面明显隆起，两面疏生白色短柔毛，先端急尖或微钝，边缘具浅波状钝齿、不规则锯齿或牙齿，基部渐狭而成叶柄，纵脉5～7条。

花序、花、果　花葶稍弯曲，长4～17 cm，有纵条纹，疏生柔毛；穗状花序细长，圆柱状，上部密集，基部常间断；花小，淡绿色，苞片三角状卵形，与花萼近等长；花萼裂片椭圆形；花冠白色，无毛，花冠裂片椭圆形或卵形；雄蕊4，外露。蒴果圆锥状，周裂，含种子4～5粒，种子多为长圆形，腹面平坦，黄褐色至黑色。

【繁殖方式】　种子繁殖。

【分布生境】　平凉市7县（市、区）全膜双垄沟播玉米田偶见发生。

【发生危害】　主要危害期在4月上旬至8月中旬，残膜再利用田出现频率较高。植株主要在膜下、压膜土及地面裸露处（膜面破损口、播种孔等）生长（图1.298，图1.299）。膜下植株主要贴垄面生长，对膜面有较小的支撑力，膜面被轻微撑起，随膜下温湿度升高植株逐渐腐烂死亡；位于破损口、播种孔、压膜土等处的植株多能营膜外生长并完成其生活史。该杂草出现频率很低，发生密度很小，系平凉市全膜双垄沟播玉米田少见杂草种类之一。

图1.298　植株在膜面破损口处生长状　　图1.299　植株从残存玉米根茬处伸出膜面生长状

# 第二十六节　榆科 Ulmaceae

## 一、榆树 Ulmus pumila L.

【别名】榆、白榆、家榆、钻天榆、钱榆、长叶家榆、黄药家榆等。

【形态特征】榆属，多年生落叶乔木。

幼苗　子叶2片，叶对生，叶缘锯齿状（图1.300）。

图1.300　幼苗　　　　图1.301　成年树

茎干　树干高达25 m，胸径1 m，在干瘠之地长成灌木状（图1.301）。幼树树皮平滑，灰褐色或浅灰色；大树之皮暗灰色，不规则深纵裂，粗糙；小枝无毛或有毛，淡黄灰色、淡褐灰色或灰色，稀淡褐黄色或黄色，有散生皮孔，无膨大的木栓层及凸起的木栓翅。冬芽近球形或卵圆形，芽鳞背面无毛，内层芽鳞的边缘具白色长柔毛。

叶　叶椭圆状卵形、长卵形、椭圆状披针形或卵状披针形，长2～8 cm，宽1.2～3.5 cm，先端渐尖或长渐尖，基部偏斜或近对称，一侧楔形至圆形，另一侧圆至半心脏形，叶面平滑无毛，叶背幼时有短柔毛，后变无毛或部分脉腋有簇生毛，边缘具重锯齿或单锯齿，侧脉每边9～16条，叶柄长4～10 mm，通常仅上面有短柔毛（图1.302）。

正面　　　　　　　　　背面

图1.302　叶

花、果　花先叶开放，在上年生枝的叶腋成簇生状。翅果近圆形，稀倒卵状圆形，长1.2～2 cm，除顶端缺口柱头面被毛外，余处无毛，果核部分位于翅果的中部，上端不接近或接近缺口，成熟前后其色与果翅相同，初淡绿色，后白黄色，宿存花被无毛，4浅裂，裂片边缘有毛，果梗较花被为短，长1～2 mm，被（或稀无）短柔毛。

【繁殖方式】种子、扦插繁殖。

【分布生境】平凉市7县（市、区）全膜双垄沟播玉米田均有零星分布。

**【发生危害】** 种子主要借风力传播，田块距榆树越近，种子落入量越多，危害也越严重，主要危害期在5月上旬至9月中旬。植株生长于膜下、膜面破损口及播种孔（图1.303，图1.304，图1.305）等处。膜下植株主要分布于垄沟内，呈直立、半直立状或贴垄面生长，对膜面有一定支撑力，膜面常被轻度至中度撑起，膜下的高温高湿较早引起膜下植株腐烂和死亡；位于膜面破损口、播种孔等处的植株

图1.303　植株在膜面破损口处生长状

多能伸出膜外生长；压膜土中也有少量植株生长，其根部多可穿透膜面生长，高温干旱季节生长受限。榆树出现频率低，发生密度小，系平凉市全膜双垄沟播玉米田少见植物种类之一。

图1.304　植株从播种孔处伸出生长状

图1.305　植株从膜面破损口处生长状

## 第二十七节　罂粟科 Papaveraceae

### 一、细果角茴香 *Hypecoum leptocarpum* Hook. f. et Thoms

【别名】节裂角茴香等。

【形态特征】角茴香属，一年生草本。

茎　茎丛生，长短不一，铺散而先端向上，多分枝，无毛，有白粉（图1.306）。

叶　基生叶多数，蓝绿色，略被白粉，具长柄；叶片轮廓矩圆形，二回羽状全裂，一回裂片3～6对，具短柄或无柄，轮廓卵形，二回羽状细裂，小裂片披针形，或狭倒卵形，宽0.3～1.6 mm；茎生叶同基生叶，但较小，具短柄或近无柄（图1.307）。

图1.306　单株

花序、花、果　花葶3～7条，高7.5～38 cm；花序具少数或多数分枝（图1.308）；萼片小，狭卵形；花瓣4片，淡紫色或白色，外面2枚较大，宽倒卵形，全缘，内面2枚较小，3裂近基部，中裂片匙状圆形，侧裂片较长，长卵形或宽披针形；雄蕊4，花丝丝状，扁平，基部宽，花药卵圆形；子房长，无毛，柱头2裂，裂片外弯。蒴果直立，圆柱形，长3～4 cm，两侧扁，在关节处分离，每节具1种子（图1.309）。种子扁平，宽倒卵形或卵形，被小疣。

图1.307　叶

图1.308　花序

图1.309　花、果

【繁殖方式】种子繁殖。

【分布生境】平凉市崆峒区西阳乡全膜双垄沟播玉米田有分布，主要分布在海拔

1 700 m 以上的农田。

【发生危害】 主要危害期在 5 月上旬至 8 月中旬。植株生长于膜下、膜面破损口及播种孔等处。膜下植株主要分布于垄沟内，铺散状贴垄面生长，对膜面支撑力弱小，膜面略有撑起，膜下的高温高湿较早引起膜下植株腐烂和死亡；位于膜面破损口、播种孔（图1.310）等处的植株多能伸出膜外生长并完成其生活史；压膜土中偶有其生长（图 1.311），根部可穿透膜面进入土壤，高温干旱季节生长受限甚至枯死。该杂草出现频率很低，发生密度很小，系平凉市全膜双垄沟播玉米田少见杂草种类之一。

图 1.310　植株从玉米播种孔处伸出生长状　　　　图 1.311　植株在压膜土壤中生长状

## 二、秃疮花 *Dicranostigma leptopodum* (Maxim.) Fedde

【别名】 秃子花、勒马回等。

【形态特征】 秃疮花属，越年生或多年生草本。

幼苗　幼苗子叶 2 片，长卵形；上下胚轴均不发达；初生叶 1 片，宽卵形，先端 3 裂；后生叶 3 ～ 5 齿裂至羽状浅裂。

茎　主根圆柱形。株高 20 ～ 30 cm，体内含淡黄色汁液，茎 2 ～ 5 条，生于叶丛中，被短柔毛，稀无毛。

叶　基生叶丛生，有柄，叶柄疏被白色短柔毛，具数条纵纹；叶片狭倒披针形，羽状深裂，再次羽状深裂或浅裂，小裂片先端渐尖，顶端小裂片 3 浅裂，表面绿色，背面灰绿色，疏被白色短柔毛；茎生叶少数，生于茎上部，羽状深裂、浅裂或二回羽状深裂，裂片具疏齿，先端三角状渐尖，无柄。

花序、花、果　花 1 ～ 5 朵于茎和分枝先端排列成聚伞花序；萼片 2，早落；花瓣 4，鲜黄色；雄蕊多数。蒴果细筒形。种子肾形至卵形，黑褐色，具粗网纹。

【繁殖方式】 种子繁殖。

【分布生境】 平凉市泾川、崇信、灵台、华亭等县（市）的南部山地、台地、塬面全膜双垄沟播玉米田均有零星发生。

【发生危害】 主要危害期在 4 月上旬至 9 月中旬。植株生长于膜下、膜面破损口（图

1.312）、压膜土（图 1.313）及两幅地膜合缝不严形成的裸露带等处。膜下植株主要分布于垄沟内，贴垄面生长，对膜面支撑力弱小，膜面略有撑起，膜下的高温高湿较早引起其腐烂和死亡；位于裸露地面、膜面破损口、播种孔、压膜土等处的植株多能在膜外生长并完成其生活史。该杂草出现频率低，发生密度小，系平凉市全膜双垄沟播玉米田次要杂草种类之一。

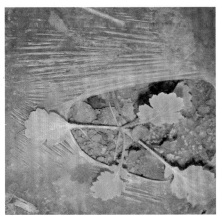

图 1.312　植株从膜面破损口处生长状　　图 1.313　植株从压膜土处生长状

# 第二十八节　毛茛科 Ranunculaceae

## 一、野棉花 *Anemone vitifolia* Buch.-Ham.

【别名】　满天星、野牡丹、接骨莲、铁蒿、水棉花、土白头翁等。

【形态特征】　银莲花属，多年生草本。

根、茎　根状茎斜，木质，粗 0.8 ～ 1.5 cm。株高 60 ～ 100 cm（图 1.314）。

叶　基生叶多为三出复叶，少有单叶，长 12 ～ 40 cm，有长柄；小叶卵形，长 4 ～ 11 cm，宽 3 ～ 10 cm，不分裂或不明显 3 或 5 浅裂，顶端急尖，边缘具牙齿，表面疏被短糙毛，背面密被白色短绒毛（图 1.315）。

花序、花、果　花葶粗壮，长 20 ～ 80 cm，疏生短柔毛；聚伞花序，花多数，有时仅有 3 朵；总苞片 2 ～ 3 cm，有柄，叶状；萼片 5，花瓣状，白色或红紫色，长 2 ～ 3 cm，外面密生柔毛；无花瓣；雄蕊多数，花药淡黄色；心皮多数，有绵毛（图 1.316）。聚合果球形；瘦果多数，长约 3.5 mm，有细柄，密生绵毛。

图 1.314　单株　　　　　　　图 1.315　基生叶背面

【繁殖方式】　种子繁殖。

【分布生境】　平凉市关山沿线高湿冷凉地区发生量较大，泾川县高平、庄浪县永宁等乡（镇）全膜双垄沟播玉米田偶有发生。

【发生危害】　主要危害期在 5 月下旬至 9 月中旬。植株生长于膜下、膜面破损口（图1.317）、膜面接缝及播种孔等处。膜下植株主要分布于垄沟内，植株贴垄面生长，对膜面有较小支撑力，膜面略被撑起，之后随膜下温湿度升高，地上部分较早腐烂和死亡，地下根状茎尚可存活一段时间，遇膜面破损时可重新发芽并伸出膜外生长；位于膜面破损口、膜面接缝、播种孔等处的植株多能伸出膜外生长。膜外生长的植株因玉米遮阴作用，开花结果较少。该杂草出现频率很低，发生密度很小，系平凉市全膜双垄沟播玉米田少见杂草种类之一。

图 1.316　花

图 1.317　植株从膜面破损口处伸出生长状

## 第二十九节　百合科 Liliaceae

**一、薤白** *Allium macrostemon* Bunge.

【别名】 野小蒜、小根蒜、密花小根蒜、团葱、独头蒜等。

【形态特征】 葱属，多年生草本。

茎　鳞茎近球状，粗 0.7 ～ 1.5 cm，基部常具小鳞茎，小鳞茎易落地；鳞茎外皮带黑色，纸质或膜质，不破裂，易脱落，内皮白色。叶 3 ～ 5 枚，三棱状半圆柱形，中空，上面具沟槽，比花葶短（图 1.318）。

花序、花　花葶圆柱状，高 30 ～ 70 cm，1/4 ～ 1/3 被叶鞘；总苞 2 裂，比花序短；伞形花序半球状至球状，具多而密集的花，或间具珠芽或有时全为珠芽；小花梗近等长，比花被片长 3 ～ 5 倍，基部具小苞片；珠芽暗紫色，基部具小苞片；花淡紫色或淡红色；花被片矩圆状卵形至矩圆状披针形，内轮的常较狭；花丝等长，比花被片稍长直到比其长 1/3，在基部合生并与花被片贴生，分离部分的基部呈狭三角形扩大，向上收狭成锥形，内轮的基部约为外轮基部宽的 1.5 倍；子房近球状，腹缝线基部具有帘的凹陷蜜穴，花柱伸出花被外。

【繁殖方式】 种子、鳞茎繁殖。

【分布生境】 平凉市灵台县梁原等乡（镇）旱川区全膜双垄沟播玉米田均有零星分布。

【发生危害】 主要危害期在 5 月下旬至 9 月中旬。植株生长于膜下、膜面破损口（图 1.319）、膜面接缝及玉米播种孔等处。膜下植株主要分布于垄沟内，贴垄面或半直立生长，对膜面有较小支撑力，膜面被轻度撑起，之后随膜下温湿度升高，植株较早腐烂和死亡；位于膜面破损口、膜面接缝、播种孔等处的植株多能伸出膜外生长并完成生活史。该杂草出现频率低，发生密度小，系平凉市全膜双垄沟播玉米田少见杂草种类之一。

图 1.318　鳞茎

图 1.319　植株从膜面破损处伸出生长状

# 第三十节 萝藦科 Asclepiadaceae

**一、杠柳** *Periploca sepium* Bunge.

【别名】 北五加皮、立柳、阴柳、钻墙柳、桃不桃、柳不柳等。

【形态特征】 杠柳属，落叶蔓性灌木。

根、茎 主根圆柱状，外皮灰棕色，内皮浅黄色。体内含乳汁，除花外，全株无毛；茎皮灰褐色；小枝通常对生，有细条纹，具皮孔。

叶 叶对生，具柄；叶片卵状长圆形，先端渐尖，基部楔形，全缘，叶面深绿色，叶背淡绿色，中脉在叶面扁平，在叶背微凸起，侧脉纤细，两面扁平（图1.320）。

花序、花、果 聚伞花序腋生；花萼5深裂，裂片卵圆形；花冠紫红色，裂片5，长圆状披针形，中间加厚，反折，内面被疏柔毛；副花冠杯状，10裂，其中5裂丝状伸长，先端向内弯；花粉颗粒状，藏于直立匙形的载粉器内（图1.321）。蓇葖果双生，长角状，无毛，具纵条纹。种子长圆形，黑褐色，先端有白色绢质种毛。

图1.320 群体

图1.321 花序

【繁殖方式】 根芽、种子繁殖。

【分布生境】 平凉市静宁县仁大、泾川县高平等乡（镇）全膜双垄沟播玉米田偶见生长。

【发生危害】 主要危害期在5月下旬至9月中旬。植株生长于膜下、膜面破损口、膜面接缝及播种孔（图1.322）等处。膜下植株直立或半直立状生长，对膜面支撑力较强，膜面被轻度至重度撑起，往往可撑破膜面生长，随膜下温湿度升高，膜下植株茎叶发生腐烂，但茎及地下根尚存活，遇膜面破损时可重新发芽并伸出膜外生长；位于膜面破损口（图1.323）、膜面接缝、播种孔等处的植株均能伸出膜外生长。玉米田中生长的植株由于连年耕作一般不能完成生活史。杠柳出现频率低，发生密度小，系平凉市全膜双垄沟播玉米田少见植物种类之一。

图 1.322　植株从玉米播种孔处伸出生长状　　　图 1.323　植株从膜面破损口处伸出生长状

## 第三十一节　木贼科 Equisetaceae

### 一、问荆 *Equisetum arvense* L.

【形态特征】　木贼属，多年生草本。

根、茎　根状茎发达，较细，并常具小球茎。地上茎直立，二型；营养茎有关节，节多数中空，节间长约 2 ～ 3 cm，株高 30 ～ 60 cm，茎粗 2 ～ 8 mm，脊 6 ～ 15 条成沟，沟中气孔成 2 ～ 4 行带状，中心气孔小，先端长尾状。鞘筒疏松，长 6 mm，鞘片先端有浅沟 1 条，鞘齿披针形，黑色，边缘膜质，白色。分枝轮生，茎中实，有 3 ～ 4 棱，不再分枝。孢子囊茎，高 25 ～ 30 cm，孢子囊有总梗，头钝圆。茎无绿色素，易凋枯，鞘漏斗形，长 12 ～ 15 cm，鞘齿棕色，膜质（图 1.324）。

叶　生孢子囊的叶盾形，集合呈穗状，每叶内着生 6 ～ 9 个孢子囊。

孢子　孢子圆球形，附生弹丝 4 条，十字形着生，遇水弹开。

【繁殖方式】　根状茎、孢子繁殖。

【分布生境】　平凉市泾川县高平、崇信县黄花、庄浪县韩店、静宁县威戎及华亭市上关、策底等乡（镇）全膜双垄沟播玉米田均有生长。

【发生危害】　主要危害期在 4 月下旬至 9 月中旬。植株生长于膜下、膜面破损口（图 1.325）及播种孔等处。膜下植株半直立状或贴垄面生长，对膜面有一定支撑力，膜面被轻度至中度撑起，随膜下温湿度升高，绝大多数膜下植株的地上部分较早腐烂和死亡，地下根状茎尚可存活，遇膜面破损时可重新发芽并伸出膜外生长；位于膜面破损口、播种孔等处的植株均能伸出膜外生长。该杂草出现频率低，发生密度小，系平凉市全膜双垄沟播玉米田次要杂草种类之一。

图 1.324　植株群体　　　　　图 1.325　植株从膜面破损口处伸出生长状

## 第三十二节　杨柳科 Salicaceae

### 一、旱柳 *Salix matsudana* Koidz.

【形态特征】　柳属，落叶乔木。

茎　高达 18 m，胸径达 80 cm。大枝斜上，树冠广圆形；树皮暗灰黑色，有裂沟；枝细长，直立或斜展，浅褐黄色或带绿色，后变褐色，无毛，幼枝有毛。芽微有短柔毛（图 1.326）。

叶　叶披针形，先端长渐尖，基部窄圆形或楔形，上面绿色，无毛，有光泽，下面苍白色或带白色，有细腺锯齿缘，幼叶有丝状柔毛；叶柄短，上面有长柔毛；托叶披针形或缺，边缘有细腺锯齿（图 1.327）。

图 1.326　成年树　　　　图 1.327　叶片

花序、花　花序与叶同时开放；雄花序圆柱形，多少有花序梗，轴有长毛；雄蕊 2，花丝基部有长毛，花药卵形，黄色；苞片卵形，黄绿色，先端钝，基部多少有短柔毛；腺体 2；雌花序较雄花序短，有 3～5 小叶生于短花序梗上，轴有长毛；子房长椭圆形，近无柄，无毛，无花柱或很短，柱头卵形，近圆裂；苞片同雄花；腺体 2，背生和腹生。

【繁殖方式】　种子、扦插、埋条等方法繁殖。

【分布生境】　平凉市 7 县（市、区）全膜双垄沟播玉米田均有零星生长。

【发生危害】　自然条件下，柳树种子（柳絮）主要借风力传播，距离种源树越近的田块，落入种子量越多，田间覆膜后当土壤温湿度适宜时陆续发芽生长。主要危害期在 5 月下旬至 9 月下旬。植株生长于膜下、膜面破损口（图 1.328）、膜面接缝及播种孔（图 1.329）等处。膜下植株直立或半直立状生长，对膜面支撑力较强，膜面被轻度至中度撑起，部分可撑破膜面生长，随膜下温湿度升高，膜下植株的叶片可腐烂，但茎及地下根尚存活，遇膜面破损时可重新发芽并伸出膜外生长；位于膜面破损口、膜面接缝、播种孔等处的植株均能伸出膜外生长。旱柳出现频率低，发生密度小，系平凉市全膜双垄沟播玉米田少见植物种类之一。

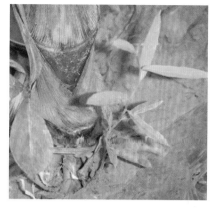

图1.328　植株从膜面破损口处伸出生长状　　图1.329　植株从播种孔处伸出生长状

## 二、杨树 *Populus simonii* var. *przewalskii* (Maxim.) H. L. Yang

【形态特征】　杨属，落叶乔木。

茎　树干通常端直；树皮光滑或纵裂，常为灰白色。有顶芽（胡杨无），芽鳞多数，常有黏脂。枝有长（包括萌枝）短枝之分，圆柱状或具棱线。

叶　叶互生，多为卵圆形、卵圆状披针形或三角状卵形，在不同的枝（如长枝、短枝、萌枝）上常为不同的形状，齿状缘；叶柄长，侧扁或圆柱形，先端有或无腺点。

花序、花、果　菜黄花序下垂，常先叶开放；雄花序较雌花序稍早开放；苞片先端尖裂或条裂，膜质，早落，花盘斜杯状；雄花有雄蕊4至多数，着生于花盘内，花药暗红色，花丝较短，离生；子房花柱短，柱头2～4裂。蒴果2～4（5）裂。种子小，多数。

【繁殖方式】　种子或扦插繁殖。

【分布生境】　平凉市崇信、华亭等县（市）部分全膜双垄沟播玉米田有生长。

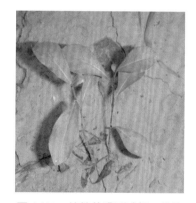

图1.330　植株从膜面破损口处伸出生长状

【发生危害】　自然条件下，杨树种子主要借风力传播，距离种源树越近的田块，落入种子量越多，田间覆膜后当土壤温湿度适宜时陆续发芽生长。主要危害期在5月下旬至9月下旬。植株生长于膜下、膜面破损口（图1.330）、膜面接缝及播种孔（图1.331）等处。膜下植株直立或半直立状生长，对膜面支撑力较强，膜面被轻度至中度撑起，部分可撑破膜面生长，随膜下温湿度升高，膜下植株的叶片可腐烂，但茎及地下根尚存活，遇膜面破损时可重新发芽并伸出膜外生长；位于膜面破损口、膜面接缝、播种孔等处的植株均能伸出膜外生长。杨树出现频率低，发生密度小，系平凉市全膜双垄沟播玉米田少见植物种类之一。

图1.331　植株从播种孔处伸出生长状

# 第三十三节　苦木科 Simaroubaceae

## 一、臭椿 Ailanthus altissima (Mill.) Swingle

【别名】　椿树等。

【形态特征】　臭椿属，落叶乔木。

茎　树高可达 30 m，胸径 1 m 以上，树冠呈扁球形或伞形。树皮灰白色或灰黑色，平滑，稍有浅裂纹，枝条粗壮。

叶　奇数羽状复叶，互生，小叶近基部叶缘具少数粗齿，卵状披针形，叶总柄基部膨大，齿端有 1 腺点，有臭味。

花序、花、果　雌雄同株或雌雄异株。圆锥花序顶生，花小，杂性，白绿色，花瓣 5 ~ 6，雄蕊 10。翅果，有扁平膜质翅，长椭圆形，种子位于中央。

图 1.332　植株从膜面破损口处生长状

【繁殖方式】　种子繁殖。

【分布生境】　平凉市 7 县（市、区）全膜双垄沟播玉米田均有零星生长。

【发生危害】　在自然条件下，椿树种子主要借风力传播，距离种源树越近的田块，落入的种子量越多，田间覆膜后当土壤温湿度适宜时陆续发芽生长。主要危害期在 5 月下旬至 9 月下旬。植株生长于膜下、膜面破损口（图 1.332）、膜面接缝及播种孔（图 1.333）等处。膜下植株直立或半直立状生长，对膜面支撑力较强，膜面被轻度至中度撑起，部分可撑破膜面生长（图 1.334），随膜下温湿度升高，膜下植株的叶片可腐烂，但茎及地下根尚存活，遇膜面破损时可重新发芽并伸出膜外生长；位于膜面破损口、膜面接缝、播种孔等处的植株均能伸出膜外生长。臭椿出现频率低，发生密度小，系平凉市全膜双垄沟播玉米田少见植物种类之一。

图 1.333　植株从播种孔处伸出生长状

图 1.334　植株撑破膜面生长状

# 第二章 全膜双垄沟播玉米田杂草发生危害规律

# 第一节　全膜双垄沟播玉米田杂草种类及主要群落类型

全膜双垄沟播玉米田杂草主要生长于膜下，这种"封闭"的环境条件对于杂草出苗及生长发育必将产生一定的作用效应。为了摸清全膜双垄沟播玉米田杂草在这种独特环境条件下的发生种类及主要群落类型，2013年5—9月，以甘肃省平凉市为代表，采取田块踏查和样方调查相结合的方法，对全市7县（市、区）全膜双垄沟播玉米田杂草种类、田间频率、田间均度、田间密度等进行全面系统调查。每县（市、区）按不同生态区域选取3～8个乡（镇），每个乡（镇）选取2～4个村，每村随机选取2～7块田块，每田块对角线5点取样，样方面积1m²，调查记载各样方内杂草种类及各种杂草株数；同时对各个调查田块进行全面踏查，记载样方中未出现的杂草种类，并目测确定各田块中杂草主要群落。2014年7—9月，对全市范围内全膜双垄沟播玉米田杂草进行补充调查，按田块记载杂草种类。调查过程中所有杂草种类数码拍照，不能现场确定种名者带回室内，参照相关文献进行鉴定。

以乡（镇）为基本调查单元，统计各乡（镇）全膜双垄沟播玉米田杂草种类、田间频率（$F$）、田间均度（$U$）、田间密度（$MD$）等，计算相对频率（$RF$）、相对均度（$RU$）、相对密度（$RD$）及相对多度（$RA$），确定优势杂草种类、主要群落类型等，分析杂草分布特点。各参数计算公式为$F$（%）=（调查单元内杂草出现的田块数/调查单元内调查总田块数）×100；$U$（%）=（调查单元内杂草出现的样方数/调查单元内调查总样方数）×100；$MD$（株/m²）=（调查单元内各调查田块杂草密度平均值之和/调查单元内调查总田块数）；$RF$（%）=（调查单元内某种杂草田间频率/调查单元内所有杂草田间频率之和）×100；$RU$（%）=（调查单元内某种杂草田间均度/调查单元内所有杂草田间均度之和）×100；$RD$（%）=（调查单元内某种杂草田间密度/调查单元内所有杂草田间密度之和）×100；$RA$（%）=$RF+RU+RD$。

## 一、杂草种类及优势种群

调查结果（表2.1）表明，平凉市全膜双垄沟播玉米田杂草种类繁多，多达99种，隶属于35科。以一年生杂草为主，占67.68%；多年生杂草种类较少，占32.32%。草本杂草种类繁多，占93.94%；木本杂草稀少，仅占6.06%。阔叶类杂草为绝大多数，占90.91%；禾本科杂草为少数，仅占9.09%。

表 2.1　平凉市全膜双垄沟播玉米田杂草种类

| 科名 | 种名 | 分布 |
|---|---|---|
| 十字花科<br>Brassicaceae | 播娘蒿 *Descurainia anade* (L.) Webb. ex Prantl | 崆峒、崇信、泾川 |
| | 离子芥 *Chorispora tenella* (Pall.) DC. | 庄浪、崆峒、崇信、泾川 |
| | 荠 *Capsellabursa-pastoris* (L.) Medic. | 静宁、庄浪、崆峒、崇信、华亭、泾川、灵台 |
| | 芸苔 *Brassica campestris* L. | 华亭、泾川 |
| | 小花糖芥 *Erysimum cheiranthoides* L. | 崇信、泾川 |
| | 小果亚麻芥 *Camelina microcarpa* Andrz. | 崆峒、泾川 |
| 旋花科<br>Convolvulaceae | 打碗花▲ *Calystegia hederacea* Wall. ex Roxb. | 静宁、庄浪、崆峒、崇信、华亭、泾川、灵台 |
| | 田旋花▲ *Convolvulus arvensis* L. | 静宁、庄浪、崆峒、崇信、华亭、泾川、灵台 |
| | 圆叶牵牛▲ *Pharbitis purpurea* (L.) Voisgt | 泾川 |
| 禾本科<br>Poaceae | 马唐 *Digitaria sanguinalis* (L.) Scop. | 静宁、庄浪、崆峒、崇信、华亭、泾川、灵台 |
| | 狗尾草 *Setaria viridis* (L.) Beauv. | 静宁、庄浪、崆峒、崇信、华亭、泾川、灵台 |
| | 稗 *Echinochloa crusgalli* (L.) Beauv. | 静宁、庄浪、崆峒、崇信、华亭、泾川、灵台 |
| | 大画眉草 *Eragrostis cilianensis* (All.) Link. ex Vignolo-Lutati | 静宁、庄浪、崆峒、崇信、华亭、泾川、灵台 |
| | 芦苇▲ *Phragmites australis* (Cav.) Trin. ex Steud. | 静宁、庄浪、崆峒、崇信、华亭、灵台 |
| | 冰草▲ *Agropyron cristatum* (L.) Gaertn. | 静宁、庄浪、崆峒、崇信、华亭、泾川、灵台 |
| | 野燕麦 *Avena fatua* L. | 崇信 |
| | 野稷 *Panicum miliaceum* L. var. *ruderale* Kitag. | 泾川 |
| | 糜子 *Panicum miliaceum* L. | 崆峒、崇信、泾川、灵台 |
| 苋科<br>Amaranthaceae | 反枝苋 *Amaranthus retroflexus* L. | 静宁、庄浪、崆峒、崇信、华亭、泾川、灵台 |
| 茄科<br>Solanaceae | 曼陀罗 *Datura stramonium* L. | 崇信、华亭、泾川、灵台 |
| | 龙葵 *Solanum nigrum* L. | 静宁、庄浪、崆峒、崇信、华亭、泾川、灵台 |
| | 枸杞▲ *Lycium chinense* Mill. | 静宁、庄浪、泾川、灵台 |
| 唇形科<br>Lamiaceae | 水棘针 *Amethystea caerulea* L. | 庄浪、崆峒、崇信、华亭、泾川、灵台 |
| | 紫苏 *Perilla frutescens* (L.) Britton | 崆峒、崇信 |
| | 香薷 *Elsholtzia ciliate* (Thunb.) Hyland | 庄浪、华亭、崇信 |
| | 夏至草▲ *Lagopsis supina* (Steph.) IK. -Gal. ex Knorr | 静宁、庄浪、崆峒、崇信、华亭、泾川、灵台 |
| | 荔枝草 *Salvia anadens* R. Br. | 崇信、华亭 |

表 2.1 （续）

| 科名 | 种名 | 分布 |
|---|---|---|
| 豆科<br>Fabaceae | 小苜蓿 *Medicago minima* (L.) Grufb. | 泾川 |
| | 天蓝苜蓿 *Medicago lupulina* L. | 静宁、庄浪、崆峒、崇信、泾川、灵台 |
| | 大花野豌豆 *Vicia bungei* Ohwi | 庄浪、崇信 |
| | 甘草▲ *Glycyrrhiza uralensis* Fisch. | 静宁、庄浪、崇信、灵台 |
| | 长萼鸡眼草 *Kummerowia stipulacea* (Maxim.) Makino | 泾川 |
| | 刺槐▲※ *Robinia pseudoacacia* L. | 静宁、崆峒、崇信、华亭、泾川、灵台 |
| | 紫苜蓿▲ *Medicago sativa* L. | 华亭、泾川 |
| 桑科<br>Moraceae | 大麻 *Cannabis sativa* L. | 泾川 |
| | 葎草 *Humulus scandens* (Lour.) Merr. | 崆峒 |
| 锦葵科<br>Malvaceae | 野西瓜苗 *Hibiscus trionum* L. | 泾川、灵台 |
| | 锦葵▲ *Malva sinensis* Gavan | 庄浪、泾川 |
| | 苘麻 *Abutilon theophrasti* Medicus | 静宁、庄浪、崆峒、崇信、华亭、泾川、灵台 |
| | 冬葵 *Malva crispa* L. | 庄浪、华亭 |
| 马齿苋科<br>Portulacaceae | 马齿苋 *Portulaca oleracea* L. | 崆峒、崇信、泾川、灵台 |
| 藜科<br>Chenopodiaceae | 菊叶香藜 *Chenopodium foetidum* Schrad. | 静宁、庄浪、崆峒、崇信、华亭、泾川、灵台 |
| | 猪毛菜 *Salsola collina* Pall. | 崆峒、崇信、灵台 |
| | 藜 *Chenopodium album* L. | 静宁、庄浪、崆峒、崇信、华亭、泾川、灵台 |
| | 刺藜 *Chenopodium aristatum* L. | 静宁、庄浪、崆峒、崇信、华亭、泾川、灵台 |
| | 地肤 *Kochia scoparia* (L.) Schrad. | 静宁、庄浪、崆峒、崇信、泾川 |
| 菊科<br>Asteraceae | 刺儿菜▲ *Cirsium setosum* (Willd.) MB. | 静宁、庄浪、崆峒、崇信、华亭、泾川、灵台 |
| | 苣荬菜▲ *Sonchus arvensis* DC. | 静宁、庄浪、崆峒、崇信、华亭、泾川、灵台 |
| | 蒲公英 *Taraxacum mongolicum* Hand. -Mazz. | 静宁、庄浪、崆峒、崇信、华亭、泾川、灵台 |
| | 苍耳 *Xanthium sibiricum* Patrin. | 泾川、灵台 |
| | 小蓬草 *Conyza* anadensis (L.) Cronq. | 庄浪、崆峒、崇信、华亭、泾川 |
| | 野艾蒿▲ *Artemisia lavandulaefolia* DC. | 静宁、庄浪、崇信、华亭、泾川、灵台 |
| | 黄花蒿 *Artemisia annua* L. | 静宁、庄浪、崆峒、崇信、华亭、泾川、灵台 |
| | 猪毛蒿 *Artemisia scoparia* Waldst. Et Kit. | 静宁、庄浪、崆峒、崇信、华亭、泾川、灵台 |
| | 北方还阳参▲ *Crepis crocea* (Lam.) Babcock | 庄浪、崇信、泾川、灵台 |
| | 中华小苦荬▲ *Ixeridium chinense* (Thunb.) Tzvel | 静宁、庄浪、崆峒、崇信、华亭、泾川、灵台 |
| | 小花鬼针草 *Bidens parviflora* Willd. | 庄浪、崇信、华亭、泾川、灵台 |
| | 鬼针草 *Bidens pilosa* L. | 崇信、泾川、灵台 |
| | 腺梗豨莶 *Siegesbeckia pubescens* Makino | 庄浪、崇信、华亭、泾川、灵台 |
| | 牛膝菊 *Galinsoga parviflora* Cav. | 华亭 |
| | 蒙山莴苣▲ *Mulgedium tataricum* (L.) DC. | 静宁、崇信 |

表 2.1（续）

| 科名 | 种名 | 分布 |
|------|------|------|
| 牻牛儿苗科 Geraniaceae | 牻牛儿苗 *Erodium stephanianum* Willd. | 静宁、庄浪、崆峒、崇信、华亭、泾川、灵台 |
| | 鼠掌老鹳草 *Geranium sibiricum* L. | 庄浪、崆峒、崇信、华亭、泾川 |
| 紫草科 Boraginaceae | 鹤虱 *Lappula myosotis* V. Wolf | 泾川 |
| | 田紫草 *Lithospermum arvense* L. | 庄浪、崆峒、崇信、泾川 |
| | 狼紫草 *Lycopsis orientalis* L. | 静宁、庄浪、崇信、泾川、灵台 |
| | 附地菜 *Trigonotis peduncularis* (Trev.) Benth. ex Baker et Moore | 崆峒、崇信、泾川 |
| 石竹科 Caryophyllaceae | 麦瓶草 *Silene conoidea* L. | 庄浪 |
| | 无心菜 *Arenaria serpyllifolia* L. | 静宁、崇信、华亭、泾川、灵台 |
| | 鹅肠菜▲ *Myosoton aquaticum* (L.) Moench | 庄浪、崇信、华亭、泾川 |
| 大戟科 Euphorbiaceae | 铁苋菜 *Acalypha australis* L. | 静宁、庄浪、崆峒、崇信、华亭、泾川、灵台 |
| | 地锦 *Euphorbia humifusa* Willd. ex Schlecht. | 静宁、庄浪、崆峒、崇信、华亭、泾川、灵台 |
| | 泽漆 *Euphorbia helioscopia* L. | 庄浪 |
| | 乳浆大戟▲ *Euphorbia lunulata* Bge. | 崇信 |
| 蓼科 Polygonaceae | 萹蓄 *Polygonum aviculare* L. | 庄浪、崆峒、崇信、华亭、泾川、灵台 |
| | 尼泊尔蓼 *Polygonum nepalense* Meisn. | 庄浪、华亭 |
| | 水蓼 *Polygonum hydropiper* L. | 静宁、庄浪、崇信、华亭、泾川 |
| | 荞麦 *Fagopyrum esculentum* Moench | 庄浪、崇信、华亭、泾川、灵台 |
| 堇菜科 Violaceae | 早开堇菜▲ *Viola prionantha* Bunge. | 静宁、庄浪、崇信、华亭、泾川 |
| 木贼科 Equisetaceae | 问荆▲ *Equisetum arvense* L. | 静宁、庄浪、崆峒、崇信、华亭、泾川、灵台 |
| 茜草科 Rubiaceae | 猪殃殃 *Galium aparine* L. var. tenerum (Gren.et Godr.) Rcbb. | 静宁、庄浪、崇信、华亭、灵台 |
| 玄参科 Scrophulariaceae | 阿拉伯婆婆纳 *Veronica persica* Poir. | 泾川 |
| 报春花科 Primulaceae | 点地梅 *Androsace umbellata* (Lour.) Merr. | 泾川 |
| 蔷薇科 Rosaceae | 绢毛匍匐委陵菜▲ *Potentilla reptans* L. var. sericophylla Franch. | 崇信、泾川、灵台 |
| 车前科 Plantaginaceae | 平车前 *Plantago depressa* Willd. | 崇信、泾川、灵台 |
| 罂粟科 Papaveraceae | 秃疮花▲ *Dicranostigma leptopodum* (Maxim.) Fedde | 静宁、庄浪、崆峒、崇信、华亭、泾川、灵台 |
| | 细果角茴香 *Hypecoum leptocarpum* Hook. f. et Thoms | 崆峒、庄浪 |

表 2.1 （续）

| 科名 | 种名 | 分布 |
|---|---|---|
| 榆科<br>Ulmaceae | 榆树▲※ *Ulmus pumila* L. | 静宁、庄浪、崆峒、崇信、华亭、灵台 |
| 杨柳科<br>Salicaceae | 旱柳▲※ *Salix matsudana* Koidz | 静宁、崇信、华亭 |
| | 杨树▲※ *Populus simonii* var. *przwalskii* (Maxim.) H. L. Yang | 华亭、崇信 |
| 毛茛科<br>Ranunculaceae | 野棉花▲ *Anemone vitifolia* Buch. -Ham. | 庄浪、泾川 |
| 百合科<br>Liliaceae | 薤白▲ *Allium macrostemon* Bunge. | 庄浪、华亭 |
| 萝藦科<br>Asclepiadaceae | 杠柳▲※ *Periploca sepium* Bunge. | 静宁、崇信、泾川 |
| | 鹅绒藤 *Cynanchum chinense* R. Br. | 崆峒 |
| 苦木科<br>Simaroubaceae | 臭椿▲※ *Ailanthus altissima* (Mill.) Swingle | 庄浪、华亭、泾川、灵台 |
| 伞形科<br>Apiaceae | 川芎▲ *Ligusticum chuanxiong* Hort. | 华亭 |
| 天南星科<br>Araceae | 半夏▲ *Pinellia ternata* (Thunb.) Breit. | 崇信、华亭、灵台 |
| 蒺藜科<br>Zygophyllaceae | 蒺藜 *Tribulus terrester* L. | 泾川 |
| 葫芦科<br>Cucurbitaceae | 小马泡 *Cucumis bisexualis* A. M. Lu et G. C. Wang ex Lu et Z. Y. Zhang | 华亭 |

　　注：标有"▲"者为多年生杂草；标有"※"者为木本杂草；无标注符号者为一年生或越年生草本杂草。

　　平凉市 7 县（市、区）37 乡（镇）52 村 101 块玉米田调查结果（表 2.2，表 2.3）显示，全膜双垄沟播玉米田杂草在全市范围内的优势种有藜、狗尾草、反枝苋、马唐、小蓟、苣荬菜和冰草 7 种，相对多度依次为 41.51 %、35.38 %、26.42 %、15.58 %、12.15 %、10.12 % 和 9.90 %。各县（市、区）范围内的优势种因各自生态环境、耕作制度等方面的差异而有所不同，其中静宁县有藜、马唐、狗尾草、冰草、反枝苋、刺儿菜、猪毛蒿、苣荬菜、菊叶香藜、榆树和枸杞 11 种；庄浪县有狗尾草、藜、反枝苋、苣荬菜、马唐、冰草、菊叶香藜、刺儿菜、尼泊尔蓼和荞麦 10 种；华亭市有藜、狗尾草、香薷、反枝苋、尼泊尔蓼、腺梗豨莶、水棘针、铁苋菜、马唐和刺儿菜 10 种；崇信县有藜、狗尾草、反枝苋、刺儿菜、马唐和稗 6 种；泾川县有藜、狗尾草、反枝苋、马唐、铁苋菜和刺儿菜 6 种；灵台县有藜、狗尾草、反枝苋、马唐、铁苋菜、水棘针和冰草 7 种；崆峒区有藜、狗尾草、反枝苋、冰草、刺儿菜、苣荬菜、马唐、刺藜和菊叶香藜 9 种。

　　据调查，平凉市露地、半膜平作和半膜垄作玉米田杂草种类及优势种群与本市全膜双垄沟播玉米田十分相近。鉴于此，完全可以由露地、半膜平作和半膜垄作玉米田杂草种类及优势群落推知所在地区的全膜双垄沟播玉米田杂草种类及优势种群。

表 2.2　平凉市全膜双垄沟播玉米田杂草优势度　　　　单位：%

| 杂草名称 | 田间频率（$F$） | 田间均度（$U$） | 田间密度（$MD$） | 相对多度（$RA$） |
|---|---|---|---|---|
| 藜 | 90.43 | 72.39 | 47.90 | 41.51 |
| 狗尾草 | 84.34 | 62.86 | 40.90 | 35.38 |
| 反枝苋 | 77.67 | 57.03 | 28.52 | 26.42 |
| 马唐 | 61.90 | 39.37 | 10.68 | 15.58 |
| 刺儿菜 | 73.73 | 50.17 | 3.82 | 12.15 |
| 苣荬菜 | 50.57 | 29.97 | 5.99 | 10.12 |
| 冰草 | 37.46 | 29.64 | 4.85 | 9.90 |
| 铁苋菜 | 47.90 | 34.05 | 2.11 | 7.33 |
| 水棘针 | 48.21 | 27.84 | 2.64 | 6.91 |
| 稗 | 43.12 | 26.42 | 1.49 | 6.27 |
| 猪毛蒿 | 46.55 | 31.52 | 0.33 | 6.34 |
| 菊叶香藜 | 45.35 | 27.90 | 0.65 | 6.21 |
| 田旋花 | 46.07 | 27.13 | 0.66 | 5.95 |
| 刺藜 | 39.00 | 24.81 | 0.36 | 5.74 |
| 打碗花 | 36.68 | 20.45 | 1.02 | 4.66 |
| 榆树 | 32.81 | 19.15 | 0.24 | 4.42 |
| 腺梗豨莶 | 23.88 | 16.64 | 4.16 | 4.73 |
| 香薷 | 19.94 | 15.49 | 4.65 | 4.67 |
| 尼泊尔蓼 | 20.07 | 16.46 | 3.29 | 4.18 |
| 龙葵 | 36.22 | 20.63 | 0.31 | 4.02 |
| 黄花蒿 | 33.57 | 18.01 | 0.27 | 3.92 |
| 小车前 | 33.73 | 16.25 | 0.28 | 3.89 |
| 地锦 | 31.96 | 14.83 | 0.23 | 3.58 |
| 牻牛儿苗 | 28.75 | 14.16 | 0.27 | 3.47 |
| 荠菜 | 27.32 | 14.54 | 0.41 | 3.35 |
| 夏至草 | 27.62 | 15.27 | 0.40 | 3.27 |
| 早开堇菜 | 26.39 | 13.54 | 0.27 | 3.02 |
| 其他杂草 | 19.35～0.68 | 12.78～0.40 | 0.77～0.01 | 2.71～0.07 |

表 2.3　平凉市全膜双垄沟播玉米田杂草相对多度　　　　单位：%

| 杂草名称 | 静宁 | 庄浪 | 华亭 | 崇信 | 泾川 | 灵台 | 崆峒 |
|---|---|---|---|---|---|---|---|
| 藜 | 39.35 | 33.34 | 36.31 | 43.94 | 44.24 | 47.05 | 46.32 |
| 狗尾草 | 23.62 | 35.52 | 28.91 | 34.63 | 38.98 | 46.58 | 39.39 |
| 反枝苋 | 16.15 | 23.48 | 23.65 | 24.50 | 26.87 | 37.21 | 33.09 |
| 马唐 | 27.22 | 15.58 | 11.11 | 12.20 | 24.10 | 17.06 | 12.12 |
| 刺儿菜 | 15.86 | 9.63 | 9.09 | 15.65 | 11.62 | 8.51 | 14.67 |
| 苣荬菜 | 13.37 | 18.08 | 7.99 | 7.18 | 6.25 | 4.67 | 13.26 |
| 冰草 | 19.58 | 12.34 | 2.11 | 7.61 | 2.66 | 10.20 | 14.82 |
| 铁苋菜 | 2.08 | 0.96 | 12.18 | 7.65 | 13.55 | 12.70 | 2.85 |
| 水棘针 | 0 | 3.37 | 12.63 | 5.38 | 6.30 | 11.39 | 9.28 |
| 稗 | 4.89 | 8.96 | 6.28 | 11.15 | 2.62 | 4.24 | 5.75 |
| 猪毛蒿 | 13.79 | 6.75 | 4.27 | 8.26 | 2.96 | 5.45 | 2.93 |
| 菊叶香藜 | 10.63 | 10.20 | 2.78 | 2.57 | 4.84 | 1.96 | 10.47 |
| 田旋花 | 7.21 | 5.73 | 1.91 | 7.02 | 8.61 | 4.49 | 6.69 |
| 刺藜 | 4.26 | 5.29 | 5.45 | 5.27 | 5.17 | 4.08 | 10.68 |
| 打碗花 | 3.24 | 4.30 | 0.97 | 6.26 | 4.58 | 6.67 | 6.63 |
| 榆树 | 10.03 | 5.14 | 3.90 | 6.27 | 0 | 0.42 | 5.18 |
| 腺梗豨莶 | 0 | 6.57 | 19.00 | 3.90 | 1.32 | 2.30 | 0 |
| 香薷 | 0 | 7.22 | 24.26 | 1.18 | 0 | 0 | 0 |
| 尼泊尔蓼 | 0 | 9.37 | 19.85 | 0 | 0 | 0 | 0 |
| 龙葵 | 6.40 | 0.41 | 7.51 | 3.22 | 4.25 | 2.69 | 3.66 |
| 黄花蒿 | 4.53 | 5.50 | 4.82 | 1.42 | 7.25 | 0.42 | 3.48 |
| 小车前 | 2.15 | 7.74 | 2.80 | 6.01 | 4.02 | 1.35 | 3.13 |
| 牻牛儿苗 | 4.14 | 4.02 | 1.59 | 5.03 | 3.64 | 5.35 | 0.55 |
| 荠菜 | 8.14 | 3.47 | 0.74 | 5.83 | 2.50 | 0.65 | 2.13 |
| 夏至草 | 0.72 | 1.11 | 4.15 | 2.08 | 5.71 | 1.63 | 7.13 |
| 荞麦 | 0 | 9.26 | 1.31 | 1.96 | 0.39 | 1.22 | 0 |
| 枸杞 | 9.95 | 1.80 | 0 | 0 | 2.63 | 2.74 | 0 |
| 雪见草 | 0 | 0 | 8.18 | 1.99 | 0 | 0 | 0 |
| 山苦荬 | 7.62 | 2.00 | 0.82 | 1.77 | 1.41 | 1.76 | 2.04 |
| 其他杂草 | 0～6.42 | 0～4.60 | 0～4.08 | 0～4.63 | 0～5.68 | 0～5.21 | 0～6.98 |

## 二、杂草主要群落类型

　　平凉市属陇东地区，陇山等大型山脉贯穿其中，东、西部生态环境迥异；全市位于半干旱、半湿润大陆性气候带，总体呈南湿、北干、东暖、西凉态势；境内沟壑纵横，山、塬、川、台地兼有，农业生态条件复杂。为此，将其划分为阴湿农业区、东部旱作区、西部旱作区3种主要生态类型，各生态类型所包含的具体区域见（表2.4）。调查结果显而易见，阴湿农业区主要杂草群落有"狗尾草＋藜＋反枝苋＋尼泊尔蓼＋香薷＋腺梗豨莶＋荞麦"和"狗尾草＋藜＋反枝苋＋铁苋菜＋水棘针＋腺梗豨莶＋马唐"2种，出现频率分别为52.63％和31.58％；东部旱作区主要杂草群落有"狗尾草＋藜＋反枝苋＋水棘针＋铁苋菜"和"狗尾草＋藜＋反枝苋＋刺儿菜＋马唐＋冰草"2种，出现频率分别为55％和37.5％；西部旱作区主要杂草群落有"马唐＋狗尾草＋藜＋反枝苋＋冰草"和"狗尾草＋藜＋反枝苋＋菊叶香藜＋苣荬菜"2种，出现频率分别为52.17％和34.78％。

另据调查，平凉市露地、半膜平作和半膜垄作玉米田杂草群落类型与全膜双垄沟播玉米田十分相近。鉴于此，完全可以由露地或半膜平作或半膜垄作玉米田杂草主要群落类型推知所在地区的全膜双垄沟播玉米田杂草主要群落类型。

表 2.4　平凉市不同生态区全膜双垄沟播玉米田杂草主要群落类型

| 生态类型 | 区域 | 主要杂草群落 | 调查田块数 | 出现频率 /% |
|---|---|---|---|---|
| 阴湿农业区 | 庄浪县关山沿线、华亭市全境、崆峒区西南公路沿线以南、崇信县新窑—黄花沿线及以南、泾川县太平—高平沿线以南、灵台县龙门—百里—新开沿线及以南 | 1. 狗尾草＋藜＋反枝苋＋尼泊尔蓼＋香薷＋腺梗豨莶＋荞麦 | 38 | 52.63 |
| | | 2. 狗尾草＋藜＋反枝苋＋铁苋菜＋水棘针＋腺梗豨莶＋马唐 | 38 | 31.58 |
| | | 3. 其他群落 | 38 | 15.79 |
| 东部旱作区 | 崆峒区西南公路以北山塬区、崇信县北部山塬区、泾川县南北塬区及其边缘旱山台区、十字塬区及其边缘旱山区 | 1. 狗尾草＋藜＋反枝苋＋水棘针＋铁苋菜 | 40 | 55.00 |
| | | 2. 狗尾草＋藜＋反枝苋＋刺儿菜＋马唐＋冰草 | 40 | 37.50 |
| | | 3. 其他群落 | 40 | 7.50 |
| 西部旱作区 | 静宁县全境、庄浪西北部 | 1. 马唐＋狗尾草＋藜＋反枝苋＋冰草 | 23 | 52.17 |
| | | 2. 狗尾草＋藜＋反枝苋＋菊叶香藜＋苣荬菜 | 23 | 34.78 |
| | | 3. 其他群落 | 23 | 13.05 |

## 第二节　全膜双垄沟播玉米田杂草田间分布与生长

全膜双垄沟播栽培玉米田，宽、窄垄相间排列，土壤表面被地膜全覆盖，地面（膜面）呈现规律性的波浪形，由此实现了自然降水的再分配，70%以上的降水被富集于垄沟土壤内；杂草绝大多数生长于膜下，其生存空间明显受限；杂草赖以生存的水、光、热、气等环境条件发生显著改变，从而明显影响杂草在田间的分布、生长及危害。

### 一、杂草田间分布格局

#### （一）膜下杂草分布格局

2011年5月19日，在平凉市农业科学院高平试验站对全膜双垄沟播玉米田膜下杂草的田间分布格局进行了调查。具体方法为田内对角线3点取样，每点1 m²，样点内分别调查垄沟底部、垄沟中上部和垄梁3区域杂草株数并分别称其鲜重。垄沟底部指宽垄腰部中位线以下的垄沟；垄沟中上部指宽垄腰部中位线以上至宽垄肩部水平线以下的垄沟；垄梁指宽垄肩部水平线以上的垄面，包括宽垄顶部和窄垄高出宽垄部分的垄面。

调查结果表明（表2.5），全膜双垄沟播玉米田膜下杂草主要密集于垄沟底部，呈典型的"条带状"分布格局（图2.1）。该分布格局为除草剂局部精准施用提供了科学依据。形成"条带状"分布格局的主要原因有以下2点：一是垄沟底部的土壤水分含量较为充足，利于杂草出苗和生长；二是垄沟底部的膜面与土壤表面间存在一定的间隙，为杂草出苗和生长提供了条件，而其他部位的膜面与土壤表面结合紧密，不利于杂草出苗和生长。

**表2.5　杂草在全膜双垄沟播玉米田分布状况**

| 区域 | 杂草株数/（株/m²） | 占杂草总株数/% | 杂草鲜重/（g/m²） | 占杂草总鲜重/% |
|---|---|---|---|---|
| 垄沟底部 | 261.77 | 85.94 | 314.12 | 75.09 |
| 垄沟中上部 | 25.10 | 8.24 | 32.63 | 7.80 |
| 垄梁 | 17.73 | 5.82 | 71.57 | 17.11 |
| 合计 | 304.60 | — | 418.32 | — |

#### （二）地面裸露处杂草分布格局

全膜双垄沟播技术规程规定，在起垄覆膜过程中，2幅地膜应该在宽垄中间位置相互重叠5 cm左右，但在机械化操作过程中往往由于机手技术不够娴熟，导致地膜在宽垄中间位置重叠不足5 cm或不重叠或直接留下一定宽度的"裸露带"，在地膜重叠不足和不重叠情况下，膜面在自然下沉过程中所形成的拉力，极易将2幅地膜在宽垄中间位置拉开并形成不同宽度的"裸露带"。这些"裸露带"有利于杂草出苗和生长，形成膜外杂草群落，并在宽垄中间形成典型的"条带状"分布格局（图2.2）。

图 2.1　膜下杂草在田内呈条带状分布格局　　图 2.2　杂草在地面裸露处呈条带状分布格局

## 二、优势杂草对膜下环境的适应性

2011 年 5 月 3 日至 7 月 2 日，在平凉市农业科学院高平试验站对优势杂草在全膜双垄沟播玉米田（覆盖白色地膜）膜下的生长状况进行了观察。其方法为田内对角线选定 3 点，每点 1 m²，玉米全苗期（5 月 8 日）和大喇叭口期（6 月 16 日）2 次调查每样点存活的各种杂草株数，并称取鲜重。

结果表明（表 2.6），狗尾草、其他禾本科杂草和藜在玉米大喇叭口期的发生密度较玉米全苗期略有增减，分别增加 6.19 %、增加 13.1 % 和减少 7.33 %，其鲜重较玉米全苗期有大幅度增加，分别增加 1.65 倍、1.83 倍和 2.09 倍；其他阔叶杂草在玉米大喇叭口期的发生密度和鲜重较玉米全苗期有大幅度减少，分别减少 91.08 % 和 66.51 %。显而易见，藜和禾本科杂草对全膜双垄沟播玉米田膜下环境适应性较强，可造成持续性危害，发生密度较大时，可将膜面撑起或撑破，严重影响对降水的有效汇集和下渗，也导致土壤严重跑墒，是全膜双垄沟播玉米田最主要的防控对象。其他阔叶杂草对膜下环境适应性较差，随膜下温湿度的增加逐渐腐烂和死亡。

表 2.6　优势杂草在全膜双垄沟播玉米田膜下的生长状况

| 杂草类别 | 玉米全苗期 | | 玉米大喇叭口期 | | 大喇叭口期较全苗期 /% | |
|---|---|---|---|---|---|---|
| | 株数 /（株 /m²） | 鲜重 /（g/m²） | 株数 /（株 /m²） | 鲜重 /（g/m²） | 株数 | 鲜重 |
| 藜 | 104.67 | 62.80 | 97.00 | 194.00 | −7.33 | 208.92 |
| 其他阔叶杂草 | 37.33 | 14.93 | 3.33 | 5.00 | −91.08 | −66.51 |
| 狗尾草 | 97.00 | 19.40 | 103.00 | 51.50 | 6.19 | 165.46 |
| 其他禾本科杂草 | 12.67 | 2.53 | 14.33 | 7.17 | 13.10 | 183.40 |

## 三、膜下杂草消长动态

该观察安排在平凉市农业科学院高平试验站。观察用地 1 334 m²，平均划分 2 个区域，分别为全膜双垄沟播区（宽、窄垄相间排布，宽垄宽 70 cm、高 10 cm，窄垄宽 40 cm、高 15 cm，地面全覆盖）和露地宽窄行平作区（宽行 70 cm、窄行 40 cm）。3 月 17 日，2 区域同步整地、施肥（N=230 kg/hm²、P₂O₅=150 kg/hm²）、耙地、起垄（露地栽培除外）、覆膜（露地栽培除外）。玉米播种期 4 月 19 日，用点播器在垄沟（露地在播种行）内人工打孔点播，播后用细湿土封孔，相邻 2 播种沟（播种行）内的播种孔呈三角形排布，播种密度为 66 000 株 /hm²（平均行距 55 cm、株距 27.5 cm）。玉米生长期管理与大田相同。

4 月 7 日开始，每 7 d 测定 1 次杂草种类、密度、鲜重，直至玉米扬花期（7 月 7 日）结束，共测定 14 次，2 个区域同步进行。每次每区域均采用十字交叉法 5 点取样，样方面积 1.1 m²（1 m×1.1 m），全膜双垄沟播田测定时将地面上的地膜按样方大小剪开揭起，调查测定其中的杂草种类、密度及鲜重，之后将揭起的地膜重新覆展，合缝处用细湿土压实；露地直接按样方面积测定其中杂草种类、密度和鲜重。

### （一）物种丰富度动态规律

杂草群落物种丰富度是指被调查田块中同期出现的所有杂草种类数，其值随农时季节或作物生育期的推移往往呈现规律性变化。全膜双垄沟播玉米田膜下所有杂草（简称总草，下同）种类数随时间推移呈先递增后递减再递增的"N"字形消长态势，其峰值分别出现在 5 月 19 日和 7 月 7 日，第 1 次高峰的峰值明显高于露地，峰期较露地提前 14 d；第 2 次高峰只是 1 个小反弹，峰值明显低于与露地；杂草群落中禾本科杂草仅在 0 ～ 2 种之间波动，阔叶杂草种类较丰富且与总草种类同步波动，波动幅度在 1 ～ 11 种之间（图 2.3，图 2.4）。

可见，全膜双垄沟播玉米田膜下杂草种类最丰富的时期出现在玉米拔节期前后，较露地提前半月左右，总草种类波动规律主要由阔叶杂草引致。

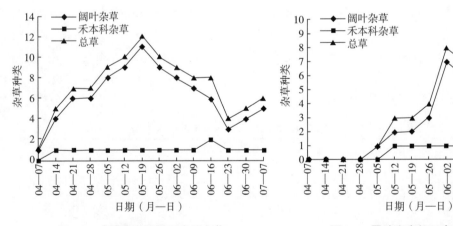

图 2.3　全膜双垄沟播玉米田杂草　　　　图 2.4　露地宽窄行玉米田杂草
　　　　　物种丰富度动态　　　　　　　　　　　　物种丰富度动态

### （二）密度动态规律

杂草密度是衡量田间杂草群体拥有量的重要指标之一，可依据该指标对农田杂草发生程度进行初步判定。杂草密度大小明显受土壤温湿度、栽培方式、土壤肥力、前茬、生态空间、季节等因素影响。全膜双垄沟播玉米田膜下杂草总草密度随时间推移呈先迅速递增后缓慢递减的单峰消长态势，其高峰出现在 4 月 28 日，较露地提前 35 d，峰值明显高于露地。杂草群落中禾本科杂草密度波动幅度小、高峰期持续时间较长；阔叶杂草密度波动幅度大，起伏"剧烈"，高峰期短暂且与总草密度同步消长，其峰值是禾本科杂草峰值的 3.25 倍；阔叶杂草密度在 6 月 9 日前远高于禾本科杂草，之后则接近于或稍低于禾本科杂草（图 2.5，图 2.6）。

　　基于此，全膜双垄沟播玉米田膜下杂草密度最大的时期出现在玉米幼苗期，较露地提早 30 余无，总草密度消长态势主要"受制于"阔叶杂草，玉米小喇叭口期前的阔叶杂草密度显著高于禾本科杂草。

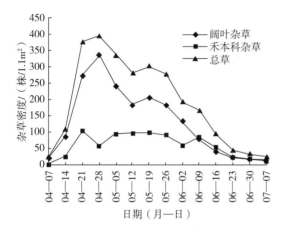

图 2.5　全膜双垄沟播玉米田膜下杂草　　　图 2.6　露地宽窄行玉米田杂草密度消长动态
　　　　密度消长动态

### （三）鲜重动态规律

　　杂草鲜重是田间杂草密度与杂草植株大小的综合反映，也是衡量田间杂草群体拥有量的重要指标之一，可据此对杂草发生程度做出进一步判定，土壤湿度和生存空间对其影响最大。栽培方式对玉米田杂草鲜重消长动态影响较大。露地杂草发生后，其总草鲜重呈持续递增态势，消长曲线较为"陡峭"，且阔叶杂草鲜重显著大于禾本科杂草。全膜双垄沟播玉米田膜下杂草总草鲜重则呈先递增后递减的单峰消长态势，波动幅度明显小于露地，高峰期出现在 6 月 9 日，较露地提前 28 d，峰值是露地的 1/2 左右；总草中阔叶杂草鲜重消长曲线呈梯形，波形峰值较小、起伏较平缓、峰期持续时间较长（5 月 5 日至 6 月 9 日），禾本科杂草鲜重波动幅度大、起伏"剧烈"、峰期短暂且与总草鲜重同步消长，峰值是阔叶杂草的 2.6 倍；禾本科杂草鲜重在 5 月 15 日前小于阔叶杂草，之后则远大于阔叶杂草（图 2.7，图 2.8）。

　　鉴于此，全膜双垄沟播玉米田膜下杂草总草鲜重最大时期出现在玉米小喇叭口期左右，较露地提早近 1 个月，其消长态势明显受禾本科杂草影响，玉米 5 叶期后禾本科杂草鲜重远大于阔叶杂草。

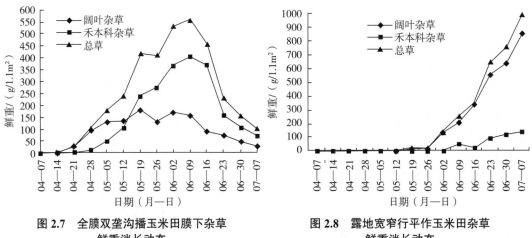

图 2.7　全膜双垄沟播玉米田膜下杂草　　　图 2.8　露地宽窄行平作玉米田杂草
鲜重消长动态　　　　　　　　　　　　鲜重消长动态

### （四）单株鲜重动态规律

杂草单株鲜重是衡量杂草个体生长状况的主要指标，单株鲜重越大，表明杂草生长越健壮、植株越高大，杂草对作物的"竞争"性越强，对地面覆盖物（地膜）的破坏性越大。全膜双垄沟播栽培方式对田间杂草单株鲜重消长也有明显的影响。露地栽培中，禾本科杂草和阔叶杂草的单株鲜重均呈持续递增的消长态势，其"坡度"陡峭，尤以阔叶杂草最为突出，全观察期阔叶杂草的单株鲜重显著大于禾本科杂草。全膜双垄沟播玉米田膜下杂草总草单株鲜重呈先缓慢递增后缓慢递减之单峰消长态势，其高峰期出现在 6 月 23 日，较露地提早 14 d，峰值是露地的 2/3；总草中阔叶杂草单株鲜重波动幅度较小且与总草单株鲜重同步消长，禾本科杂草单株鲜重波动幅度较大，呈持续递增消长态势，5 月中旬以后单株鲜重远大于阔叶杂草，且随时间推后差距越来越大（图 2.9，图 2.10）。

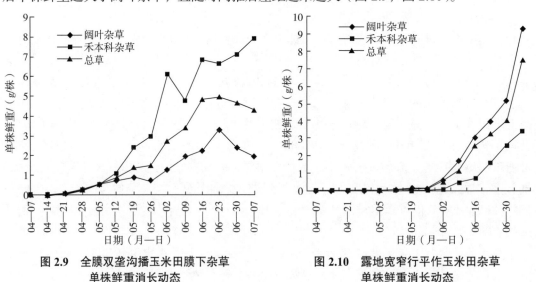

图 2.9　全膜双垄沟播玉米田膜下杂草　　　图 2.10　露地宽窄行平作玉米田杂草
单株鲜重消长动态　　　　　　　　　　　单株鲜重消长动态

据此，全膜双垄沟播玉米田膜下杂草总草单株鲜重最大时期出现在玉米大喇叭口期，较露地提早半个月左右，总草中禾本科杂草单株鲜重自玉米 5 叶期后显著高于阔叶杂草，且随生育期推后差异愈加显著。

# 第三节　杂草在全膜双垄沟播玉米田危害特点

## 一、膜下杂草危害特点

2012 年 3—10 月，在平凉市农业科学院高平试验站测定了膜下杂草对全膜双垄沟播玉米田膜面完好性、土壤水分及玉米生长发育的影响。试验设置 2 个处理，即草害区（杂草发生基数详见表 2.7）和无草区（CK），每处理 3 次重复，随机排列，小区面积 19.8 m$^2$（3 m×6.6 m），均采取全膜双垄沟播栽培方式种植玉米。顶凌期（3 月 17 日），各处理同步整地、施肥（N=230 kg/hm$^2$、P$_2$O$_5$=150 kg/hm$^2$）、耙地、起垄和覆膜，其中无草区在覆膜前全垄面（含垄沟）均匀喷施土壤封闭处理除草剂（48 % 乙·莠可湿性粉剂 3 000 g/hm$^2$，喷液量 675 kg/hm$^2$），以确保玉米全生育期无杂草发生。4 月 19 日，用点播器在垄沟内人工打孔点播，每孔穴播种 3 粒，播后用细湿土封孔，相邻播种沟内的播种孔呈"品"字形排布，穴距 27.5 cm。定苗后，每穴选留 1 株，田间密度 66 000 株 /hm$^2$，玉米生长期管理与大田相同。

草害区和无草区同步观察和测定。地膜覆膜后，采用定期（播前、出苗期、幼苗期、拔节期、大喇叭口期、抽穗扬花期、乳熟期及成熟期）和不定期相结合的方法系统观察膜下杂草对膜面撑起和撑破程度，分析由此引起的田间集水保墒性变化。膜面被杂草严重撑起时（6 月中旬），开始测定土壤含水量，大喇叭口期、孕穗期、抽穗杨花期、成熟期各测定 1 次，共 4 次，每次每小区随机选取 1 点，用土钻在播种沟内打洞，分别测定 0 ～ 20 cm、20 ～ 40 cm、40 ～ 60 cm、60 ～ 80 cm 和 80 ～ 100 cm 土层含水量。玉米出苗后，每小区对角线 3 点取样，每点调查 11 播种穴，统计其中出苗株数，计算出苗率。玉米大喇叭口期，每小区对角线 3 点取样，每点选定 10 株测定株高，分别计算其标准差（S）和整齐度，本书以 1/S×100 表示株高整齐度，其值越大，株高整齐度越大。玉米成熟后，调查统计每小区成穗株（果穗上结有 20 粒以上饱满籽粒的植株）数及双穗株数，计算成穗株率和双穗株率，并按小区收获计产和考种。

表 2.7　试验田杂草发生基数

| 玉米生育时期（月—日） | 杂草种类 | 杂草密度 /（株 /m$^2$） | 杂草鲜重 /（g/m$^2$） | 杂草单株鲜重 /（g/m$^2$） |
|---|---|---|---|---|
| 播前（04—14） | 5 | 110.00 | 1.23 | 0.01 |
| 出苗期（04—28） | 7 | 395.40 | 105.89 | 0.27 |
| 幼苗期（05—05） | 9 | 335.40 | 179.53 | 0.54 |
| 拔节期（05—19） | 12 | 304.60 | 418.32 | 1.37 |
| 大喇叭口期（06—16） | 8 | 95.20 | 460.75 | 4.84 |
| 抽穗期（07—07） | 6 | 23.40 | 100.55 | 4.30 |
| 成熟期（08—27） | 3 | 8.90 | 18.69 | 2.10 |

**（一）对田间地膜完好性和集水保墒性的影响**

本书将全膜双垄沟播田中地膜紧贴地面且膜面无任何破损定义为田间地膜处于完好状态，此状态下自然降水能够得到充有效的汇集和利用，土壤水分也能被有效保持，全膜双垄沟播技术的集水保墒效应得到最大的发挥。膜面特别是垄沟底部膜面离开地面的高度及膜面破损孔口的多少是评判田间地膜完好性的主要依据，膜面被撑起的高度越高、被撑破的孔洞越多，其完好性越差。造成田间地膜完好性变劣的因素较多，如杂草、风力、人畜践踏、地面平整度、土块大小等，其中杂草危害是影响最大且最难以消除的因素。

观察表明，杂草对全膜双垄沟播田地膜完好性和集水保墒性的影响在玉米各生育期之间存在较大差异，其影响程度可概括为膜面紧贴地面和膜面被轻度、中度、重度撑起4种类型（图2.11）。

（1）覆膜后20 d（3月中旬至4月上旬）以内：田间膜面由开始下沉向紧贴地面过渡。覆膜24 h后，垄沟正上方的膜面便开始下沉，一周内下沉到位，膜面与地面（垄面和沟面）紧密相贴，之后半月内（3月下旬至4月上旬），田间仍无杂草发生，地膜与地面一直处于紧贴状态（图2.11A），膜面及集水沟完好无损，自然降水能被有效汇集到集水沟内，膜下气态水分也能被膜面有效拦截并汇集到播种沟内，田间集水保墒性达到最佳状态。

（2）播前12 d至玉米幼苗期（4月上旬至5月上旬）：膜下杂草开始发生，其密度经快速递增后达到最高或较高，膜面由轻度撑起型向中度撑起型过渡（图2.11B）。其中播种前12 d内，膜下杂草弱小且密度较低，对地膜支撑力较小，播种沟底部膜面被撑起的高度较低（$0 \text{ cm} < h_1 < 5 \text{ cm}$），窄垄顶部膜面无撑起（$h_2=0 \text{ cm}$），田间集水沟较深（$5 \text{ cm} < h_4-h_1 < 10 \text{ cm}$），膜面呈轻度撑起状态，膜面也无撑破现象，自然降水还能被有效汇集，膜下气态水分也能被膜面有效拦截和汇集，田间集水保墒性处于较佳状态。出苗期至玉米幼苗期，杂草群落密度达到或接近高峰值，播种沟内杂草密集成团，严重挤占膜下横向空间，地膜被均匀撑起，但杂草仍处幼苗期，地膜受力有限，播种沟底部膜面（播种孔）被撑起的高度较高（$5 \text{ cm} \leq h_1 \leq 10 \text{ cm}$），窄垄顶部膜面仍无撑起（$h_2=0 \text{ cm}$），田间集水沟明显变浅（$0 \text{ cm} \leq h_4-h_1 \leq 5 \text{ cm}$），膜面呈中度撑起状态，对自然降水和膜下气态水分的有效汇集产生较明显影响，田间集水性处于欠佳状态，但膜面仍没有被杂草撑破，对地膜的保墒性无不良影响。

（3）拔节至大喇叭口期（5月中旬至6月中旬）：膜下杂草密度虽呈持续递减态势，但其鲜重和单株鲜重经快速递增后达到最大或较大，杂草个体变得较为高大和坚硬，对地膜产生持续和较大的支撑作用，地膜被重度撑起（图2.11C），垄沟底部膜面被撑起的高度超过宽垄高度（$h_1 > h_4=10 \text{ cm}$），窄垄顶部膜面多被撑起（$h_2 \geq 0 \text{ cm}$），田间集水场受到严重破坏，集水沟消失（$h_4-h_1 < 0 \text{ cm}$），降水被汇集到宽垄顶部膜面上，形成无效水分，膜下气态水分也被汇集到宽垄"肩部"土层，有效利用率变低；加之膜面常常被撑破，土壤水分逃逸较多，降水主要通过悬起的播种孔和膜面破损口进入土壤，其量十分有限且分布零散，田间集水保墒性处于最差状态。

（4）孕穗期以后（6月下旬以后）：玉米植株愈加高大，田间通风透光性变差，膜下杂草生存环境恶化，杂草腐烂死亡速率加快，其群落密度、鲜重和物种丰富度均降至较低水平，单株鲜重也开始下降，之前被撑起的膜面逐渐回落。其中扬花期前，膜面处于中度至重度撑起状态，对田间集水保墒性仍有较大影响；之后，膜面多呈轻度至中度撑起状态，部分区域的膜面已回落至地面，对田间集水保墒性的影响明显变小甚至消失。

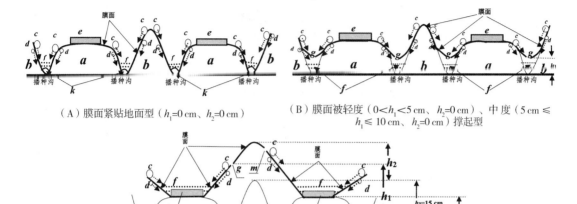

（A）膜面紧贴地面型（$h_1=0$ cm、$h_2=0$ cm）

（B）膜面被轻度（$0<h_1<5$ cm、$h_2=0$ cm）、中度（$5$ cm $\leq h_1 \leq 10$ cm、$h_2=0$ cm）撑起型

（C）膜面被重度撑起型（$h_1>10$ cm、$h_2 \geq 0$ cm）

a—宽垄；b—窄垄；c—降水在膜面上形成的液滴及其流动方向；d—土壤水分雾化后在膜面上凝结而成的液滴及其流动方向；e—地膜合缝处压膜土层；f—降水汇集后形成的水层；g—播种时在膜面上形成的孔洞；m—膜面上被杂草撑破形成的孔洞；$h_1$—膜面上播种孔（或播种沟底部膜面）被杂草撑起的高度；$h_2$—窄垄顶部膜面被杂草撑起的高度；$h_3$—窄垄高度；$h_4$—宽垄高度（也为集水沟深度）k—封洞（播种孔）土壤。

**图 2.11　膜下杂草对全膜双垄沟播田地膜完好性及集水保墒性影响（截面）**

## （二）对土壤含水量的影响

自然降水是干旱地区土壤水分的唯一来源，有效接纳、汇集和下渗雨水并有效保持土壤水分是确保粮食丰收的关键。膜下杂草对全膜双垄沟播田集雨场具有较大的破坏作用，集水沟变浅甚至消失，降水不能被有效汇集和下渗，土壤水分也通过膜面破损孔口大量"逃逸"；除此之外，杂草生长发育也消耗部分土壤水分，但其植株被局限在膜下，个体较为矮小，蒸腾水分也多能被膜面拦回再利用，其耗水量较为有限。因此，膜下杂草对田间膜面的破坏作用（撑起甚至撑破膜面）是导致全膜双垄沟播田土壤含水量大幅度下降的主要原因。

测定结果（表2.8）表明，膜下杂草发生与危害对全膜双垄沟播玉米田集水保墒性影响较大，导致土壤含水量明显下降，其降幅随土层深度和玉米生育期的不同而异。

（1）从玉米生育期看：膜下杂草造成全膜双垄沟播玉米田土壤含水量下降的幅度总体上呈玉米成熟期＞玉米孕穗期和玉米抽穗杨花期＞玉米大喇叭口期的态势，草害区土壤含水量（0～100 cm 土层平均值）分别为 163.8 g/kg、134.1 g/kg 和 155.1 g/kg，较无草区分别降低 27.5 g/kg、12.1 g/kg 和 6.6 g/kg。显而易见，玉米生育期越晚，杂草引起全膜双垄沟播玉米田土壤水分下降的幅度越大，其累积效应明显。

表 2.8　不同测定区域土壤含水量变化情况　　　　　单位：g/kg

| 测定区域 | 土层 | 玉米大喇叭口期（06—15） | 玉米孕穗至扬花期 | | | 玉米成熟期（08—27） | 平均 |
| | | | 孕穗期（07—02） | 抽穗扬花期（07—10） | 平均 | | |
| --- | --- | --- | --- | --- | --- | --- | --- |
| 草害区 | 0～20 cm | 123.5 | 135.6 | 157.6 | 146.6 | 186.8 | 150.9 |
| | 20～40 cm | 112.9 | 111.7 | 114.4 | 113.1 | 175.9 | 128.7 |
| | 40～60 cm | 161.6 | 114.0 | 131.8 | 122.9 | 164.0 | 142.9 |
| | 60～80 cm | 186.1 | 132.1 | 139.4 | 135.8 | 143.3 | 150.2 |
| | 80～100 cm | 191.5 | 155.6 | 149.0 | 152.3 | 148.8 | 161.2 |
| | 平均 | 155.1 | 129.8 | 138.4 | 134.1 | 163.8 | 146.8 |
| 无草区（CK） | 0～20 cm | 136.1 | 147.6 | 198.5 | 173.1 | 211.7 | 173.5 |
| | 20～40 cm | 130.0 | 116.1 | 127.1 | 121.6 | 207.4 | 145.2 |
| | 40～60 cm | 164.3 | 129.9 | 129.2 | 129.6 | 205.3 | 157.2 |
| | 60～80 cm | 185.1 | 154.1 | 143.5 | 148.8 | 171.9 | 163.7 |
| | 80～100 cm | 193.3 | 167.9 | 151.7 | 159.8 | 159.9 | 168.2 |
| | 平均 | 161.8 | 143.1 | 150.0 | 146.6 | 191.2 | 161.5 |
| 较CK下降 | 0～20 cm | 12.6 | 12.0 | 40.9 | 26.5 | 24.9 | 22.6 |
| | 20～40 cm | 17.1 | 4.4 | 12.7 | 8.6 | 31.5 | 16.4 |
| | 40～60 cm | 2.7 | 15.9 | −2.6 | 6.7 | 41.3 | 14.3 |
| | 60～80 cm | −1.0 | 22.0 | 4.1 | 13.1 | 28.6 | 13.4 |
| | 80～100 cm | 1.8 | 8.3 | 2.7 | 5.5 | 11.1 | 6.0 |
| | 平均 | 6.6 | 12.5 | 11.6 | 12.1 | 27.5 | 14.6 |

注：表中数据均为 3 次重复平均数，其中的负数表示草害区的土壤含水量较无草区有所提高。

（2）从土层深度看：杂草引发全膜双垄沟播田土壤含水量下降的幅度总体上呈 0～20 cm＞20～40 cm＞40～60 cm＞60～80 cm＞80～100 cm 的态势，草害区土壤含水量（玉米大喇叭口期至成熟期测定结果平均值）分别为 150.9 g/kg、128.7 g/kg、142.9 g/kg、150.2 g/kg 和 161.2 g/kg，较无草区分别降低 22.6 g/kg、16.4 g/kg、14.3 g/kg、13.4 g/kg 和 6.0 g/kg。因此，土层越浅，杂草引发全膜双垄沟播田土壤水分下降的幅度越大。

**（三）对玉米农艺性状及产量的影响**

土壤水分持续不足是导致作物产量低而不稳的关键因素，全膜双垄沟播技术的推广应用使自然降水得到了最大化利用，极大地改善了干旱地区土壤水分条件，但膜下杂草的发生与危害明显削弱了该效应，土壤含水量再度出现明显下降，对玉米生长发育产生较大影响。除此之外，杂草生长发育也消耗土壤部分养分，对玉米农艺性状及产量造成一定影响，但杂草个体相对较小，加之腐烂残体也能回归于土壤，对土壤养分的耗损量有限。因此，膜下杂草引发田间集水保墒性变差是影响全膜双垄沟播玉米农艺性状和产量的主要原因。

测定结果（表 2.9，表 2.10）表明，膜下杂草发生与危害对全膜双垄沟播玉米农艺性状及产量具有不同程度的影响。

（1）从玉米农艺性状看：膜下杂草对全膜双垄沟播玉米的株高、株高整齐度、成穗株率、双穗株率、果穗长、果穗粗、秃顶长及穗粒数均产生不良影响，分别较对照区降低5.11 cm、0.69、1.79 %、1.67 %、1.91 cm、0.11 cm、−0.26 cm 和 97.94 粒 / 穗，其中穗粒数受影响最大，其值极显著低于对照区，株高、株高整齐度、成穗株率、双穗株率、果穗长、果穗粗等受影响较小，与对照区比较均未达到显著差异。膜下杂草对全膜双垄沟播玉米出苗率、百粒重等无不良影响。

（2）从玉米产量水平看：膜下杂草对全膜双垄沟播玉米产量影响较大，草害区产量仅为 8 055.56 kg/hm²，较无草区的 10 166.67 kg/hm² 减少 2 111.11 kg/hm²，减产幅度高达20.76 %。

显而易见，膜下杂草危害引起玉米穗粒数大幅度减少是导致全膜双垄沟播玉米显著减产的主要因素，但株高、株高整齐度、成穗株率、双穗株率、果穗长等农艺性状变差对玉米产量也有一定影响。

**表 2.9 观测区玉米农艺性状表现**

| 测定区域 | 出苗率/% | 株高/cm | 株高整齐度 | 成穗株率/% | 双穗株率/% | 穗部性状 | | | | |
| | | | | | | 穗长/cm | 穗粗/cm | 秃顶/cm | 穗粒数/（粒/穗） | 百粒重/g |
|---|---|---|---|---|---|---|---|---|---|---|
| 草害区 | 88.55a | 111.74a | 7.95a | 95.13a | 0a | 15.57a | 4.87a | 1.52a | 468.13bB | 31.29a |
| 无草区（CK） | 86.53a | 116.85a | 8.64a | 96.92a | 1.67a | 17.48a | 4.98a | 1.26a | 566.07aA | 29.76a |
| 较CK降低 | −2.02 | 5.11 | 0.69 | 1.79 | 1.67 | 1.91 | 0.11 | −0.26 | 97.94 | −1.53 |

注：表中数据为 3 次重复的平均数；株高整齐度 =1/S（标准差）×100；小写字母表示 5 % 显著水平，大写字母表示 1 % 显著水平；下同。

**表 2.10 观测区玉米产量水平**

| 测定区域 | 小区产量 /（kg/19.8 m²） | | | | 折合产量 /（kg/hm²） |
| | Ⅰ | Ⅱ | Ⅲ | 平均 | |
|---|---|---|---|---|---|
| 草害区 | 16.06 | 16.45 | 15.34 | 15.95 | 8 055.56 |
| 无草区（CK） | 17.29 | 21.52 | 21.58 | 20.13 | 10 166.67 |
| 较CK减产/% | — | — | — | 20.76 | 20.76 |

## 二、膜外杂草危害特点

全膜双垄沟播玉米田膜外杂草主要是指生长于宽垄顶部中间"裸露带"（无地膜覆盖）上的杂草。与膜下杂草比较，膜外杂草的生长不会受到田间膜面的阻碍，也不会受到膜下独特环境的直接影响，杂草种类、生长速率、植株高度和粗度均远大于膜下杂草。其危害性主要表现在以下 2 个方面：一是杂草的生长大量"掠夺"土壤水分和养分，致使玉米生长过程中出现较明显的旱象和早衰；二是杂草的生长严重挤占地上空间，造成田间通风透光条件变差，明显影响玉米的生长和发育。

另外，膜外杂草的出苗时间相较膜内杂草有明显的延迟，一般要等到玉米 6～8 叶期时，多数杂草才能基本齐苗，之后杂草生长速度迅速加快，杂草植株快速长高增粗。据此分析，玉米 6～8 叶期是膜外杂草苗全苗小的时期，同时也是对玉米尚未形成明显危害的时期，适宜于开展除草剂茎叶喷雾防除杂草。

# 第三章 全膜双垄沟播玉米田杂草绿色防控技术

# 第一节　全膜双垄沟播玉米田除草地膜覆盖控草技术

目前，在全膜双垄沟播玉米生产中，主要选用白色地膜，但该种地膜控草效应较差，加之田间杂草主要发生在膜下，防除难度加大，杂草呈严重发生态势。生产上防除手段单一，主要是在机械起垄覆膜后人工拔除膜上杂草，但此方法费工费时，且严重损坏膜面；或在玉米生长期定向喷施除草剂，但易造成玉米药害，且对膜下杂草无防除效应；或在地面大剂量喷施除草剂后机械起垄和覆膜，但该方式大幅度提高了除草剂在土壤中的残留量，且在随后的起垄过程中破坏了地面药膜层，降低了除草效果；或在人工起垄后垄面喷施除草剂和人工覆膜，但此方式费工费时，劳动强度大，生产效率低，与农村劳动力大规模转移就业现状极不适应。鉴于此，研究并提出对杂草控制作用突出、对玉米增产增收效应显著且利于机械化操作的除草地膜种类及其配套应用技术对于切实有效突破全膜双垄沟播玉米生产中突出存在的草害瓶颈具有重要意义。2012年以来，对全膜双垄沟播玉米田除草地膜覆盖控草技术开展了系统研究并取得重要成果。

## 一、除草地膜控草原理

书中所涉及的除草地膜包括普通黑色地膜（以下简称黑色地膜）和适宜玉米田应用的化学除草地膜（以下简称化学除草地膜）。

### （一）化学除草地膜作用原理

化学除草地膜是在生产普通白色地膜的原材料中加入化学除草剂并经特殊工艺加工而成的一类功能性地膜，除草剂成分的充分"释放"和合理"去向"是影响药效发挥的关键因素。全膜双垄沟播栽培中，田间杂草主要分布于垄沟区域，而田间膜面呈凹凸状连续波形，波谷位于垄沟处，波峰位于宽、窄垄顶部，该波形是化学除草地膜中除草剂成分在全膜双垄沟播玉米田中能够被精准高效利用的前提。在较好的土壤墒情条件下，化学除草地膜覆盖后，土壤中蒸发的水蒸气受膜面的拦截随即在膜下形成"雾气"，此"雾气"在膜内外温差作用下，迅速"凝结"于膜面形成水滴；在水滴形成过程中，膜中的除草剂成分也被充分"释放"出来并溶解于水滴中；随"凝结"过程的持续，含有除草剂的水滴不断合并，形成大水滴并在重力作用下"滑落"或"跌落"于垄沟处土壤内，在土壤表面形成均匀药膜，发挥封闭除草作用，从而达到以地膜为载体的除草剂精准施用的目的。化学除草地膜中除草剂成分在全膜双垄沟播玉米田中的这种"释放"与"利用"特点，为化学除草剂的精准施用及其农艺与农机措施的有机融合创造了条件，可实现施肥、起垄、施用除草剂和覆膜等环节一体化，大幅度降低劳动强度和生产成本（图3.1）。

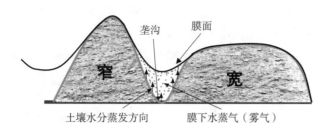

（a）膜下形成大量水蒸气

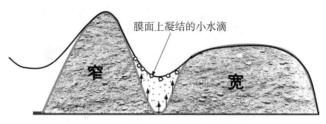

（b）膜面上持续形成小水滴

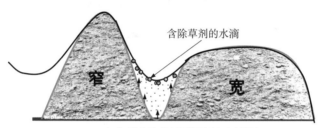

（c）膜中除草剂不断溶解于水滴中

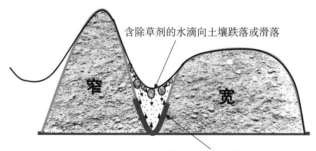

（d）含除草剂的小水滴不断凝结或合并成大水滴"跌落"或"滑落"于土壤形成药膜

**图 3.1　化学除草地膜中的除草剂成分在全膜双垄沟播玉米田
"释放"与"利用"原理**

### （二）黑色地膜作用原理

黑色地膜是在生产普通白色地膜的原材料中加入黑色母质并经特殊工艺加工而成的一类功能性地膜，其透光性大幅度降低，覆盖田间后对杂草出苗、生长均有显著抑制作用，进而发挥优良控草效果。

## 二、除草地膜作用效应

### （一）选用除草地膜的适宜田间杂草密度

试验于 2013 年布设在平凉市农业科学院高平试验站。参试化学除草地膜规格为 0.01 mm×1 200 mm（厚度 × 宽度），由广州甘蔗糖业研究所广州施威特经济技术开发公司生产；黑色地膜和白色地膜规格均为 0.01 mm×1 200 mm，由天水天宝塑业公司生产。选取往年杂草发生较轻（杂草密度常年在 60 株 /m² 左右）且以藜和狗尾草为绝对优势种的地块，在覆盖白色地膜区域采取不同播量人工播种优势杂草和人工除草方式，形成不同杂草密度处理，另设覆盖化学除草地膜和覆盖黑色地膜 2 个处理，共 9 个处理（表 3.1）。处理随机排列，重复 3 次，小区面积 16.56 m²（4.6 m×3.6 m）。

表 3.1  试验处理设计

| 地膜种类 | 杂草播种量 /（g/m²） | 杂草管理 | 杂草密度 /（株 /m²） |
| --- | --- | --- | --- |
| | 0 | 及时拔除杂草 | 0 |
| | 0 | 任杂草生长 | 59.36 |
| | 2.5 | 任杂草生长 | 116.68 |
| 白色地膜 | 5.0 | 任杂草生长 | 163.48 |
| | 7.5 | 任杂草生长 | 379.88 |
| | 10.0 | 任杂草生长 | 590.48 |
| | 12.5 | 任杂草生长 | 722.40 |
| 化学除草地膜（CK1） | 0 | 任杂草生长 | 5.74 |
| 黑色地膜（CK2） | 0 | 任杂草生长 | 4.78 |

顶凌期（3 月 11 日），按照全膜双垄沟播技术规程依次整地、耙地、施肥、起垄、播草和覆膜。肥料按小区均匀撒施于土壤表面，尿素、磷酸二铵施入量分别为 300 kg/hm² 和 225 kg/hm²；以宽、窄垄相间排列方式起垄，垄宽分别为 70 cm 和 40 cm，垄高分别为 10 cm 和 15 cm；狗尾草和藜 2 种杂草种子以 0.2∶5 的质量比混合均匀，并按各处理设计的播量撒播在相应小区各垄沟内，播种时在杂草种子内拌入适量不含杂草种子的细湿土，以确保种子均匀分布；随后及时覆膜，按处理要求选取相应地膜种类，全地面覆盖到相应小区，相邻 2 幅地膜在宽垄中间重叠 5 cm，并用细湿土压实，覆土厚度 1 cm、宽度 18 cm。4 月 23 日，人工点播玉米，每穴 2 粒，穴距 27.5 cm，玉米播种深度 3 cm；间苗时每穴选留 1 株健壮植株，田间密度为 66 000 株 /hm²；玉米大喇叭口期追施尿素 225 kg/hm²，用点播器在玉米株间打孔点施于土壤内。玉米全生育期内，按处理要求对杂草进行管理，其他管理与大田相同。

田间杂草苗齐（5 月 8 日）后，每小区对角线 3 点取样，每点面积 0.25 m×1 m，记载其中每种杂草株数，计算各处理杂草密度，将其作为杂草发生基数；玉米收获前，每小区斜对角线 3 点取样，每点随机量取 10 株玉米株高和 5 株玉米茎粗，茎粗在地面以上第 2 茎节中部测量；调查记载每个小区的有效果穗数和有效成穗株数，籽粒数超过 50 粒的果穗为有效果穗，着生 1 个及 1 个以上有效果穗的植株为有效成穗株。玉米成熟后，按小区收获、晾晒、脱粒、计产和考种，每小区随机选取 30 个果穗，逐穗记载其长度、粗度、籽粒行数、行粒数；每小区随机选取 300 粒籽粒，称其干重，计算百粒重。相关计算参见式（3.1）～式（3.4）：

$$S = \sqrt{\frac{\sum_{i=1}^{n}\left(X_i - \overline{X}\right)^2}{n-1}} \tag{3.1}$$

$$C \cdot V = \frac{S}{\overline{X}} \tag{3.2}$$

$$U = \frac{1}{C \cdot V} = \frac{\overline{X}}{S} \tag{3.3}$$

$$P(\%) = \frac{y}{Y} \times 100 \tag{3.4}$$

式中，$S$ 为植株高度或茎粗标准差；$n$ 为取样株数；$i$ 为样株序号；$X_i$ 为第 $i$ 株株高或茎粗；$\overline{X}$ 为株高或茎粗平均值；$C \cdot V$ 为株高或茎粗变异系数；$U$ 为株高或茎粗整齐度；$P$ 为有效成穗株率；$y$ 为单位面积有效成穗株数；$Y$ 为单位面积植株数。

**试验结果如下。**

（1）不同处理的玉米株高和茎粗。在覆盖白色地膜的全膜双垄沟播玉米田中，玉米株高、株高整齐度、茎粗和茎粗整齐度均随田间杂草密度的增高而降低。与覆盖化学除草地膜比较，当杂草密度达到 379.88 株 $/m^2$ 时，覆盖白色地膜引起玉米株高极显著降低；杂草密度达到 116.68 株 $/m^2$，造成玉米株高整齐度显著下降；达到 379.88 株 $/m^2$ 时，引发玉米株高整齐度极显著下降；杂草密度达到 163.48 株 $/m^2$ 和 379.88 株 $/m^2$ 时，分别导致玉米茎粗显著和极显著下降；杂草密度达到 116.68 株 $/m^2$ 和 163.48 株 $/m^2$ 时，分别使玉米茎粗整齐度显著和极显著下降。与覆盖黑色地膜比较，当田间无草时，覆盖白色地膜引起玉米株高显著下降；达到 163.48 株 $/m^2$ 时，引起玉米株高极显著下降；杂草密度达到 59.36 株 $/m^2$ 和 116.68 株 $/m^2$ 时，分别导致玉米株高整齐度及茎粗整齐度显著和极显著下降；当田间无草和达到或超过 59.36 株 $/m^2$ 时，分别引发玉米茎粗显著和极显著下降（表 3.2）。

表 3.2　不同处理玉米株高及茎粗

| 地膜种类 | 杂草密度 /（株 /m²） | 株高 /cm | 株高整齐度 | 茎粗 /mm | 茎粗整齐度 |
|---|---|---|---|---|---|
| 白色地膜 | 0 | （244.92±4.17）bAB | （26.66±2.72）abAB | （21.80±2.09）bAB | （11.49±1.22）abcAB |
| | 59.36 | （244.03±2.28）bAB | （25.53±1.55）bcAB | （21.49±0.20）bBC | （11.28±0.88）bcAB |
| | 116.68 | （243.70±4.30）bAB | （24.51±3.25）cB | （21.01±0.22）bcBC | （10.95±0.55）cBC |
| | 163.48 | （239.92±2.42）bB | （24.13±3.25）cB | （20.33±0.17）cC | （10.08±0.59）dC |
| | 379.88 | （205.61±2.45）cC | （12.67±1.02）dC | （17.29±1.37）dD | （8.10±2.08）eD |
| | 590.48 | （201.95±55.21）cC | （12.09±0.09）dCD | （17.08±0.27）dD | （7.49±1.79）eD |
| | 722.40 | （197.42±27.08）cC | （9.95±0.34）eD | （16.57±0.53）dD | （5.97±0.55）fE |

表 3.2 （续）

| 地膜种类 | 杂草密度 /（株 /m²） | 株高 /cm | 株高整齐度 | 茎粗 /mm | 茎粗整齐度 |
|---|---|---|---|---|---|
| 化学除草地膜（CK1） | 5.74 | （246.27±13.15）bAB | （26.53±0.30）abAB | （21.45±1.67）bBC | （11.94±0.80）abAB |
| 黑色地膜（CK2） | 4.78 | （265.94±6.27）aA | （27.80±4.39）aA | （22.68±1.32）aA | （12.30±0.61）aA |

鉴于此，在全膜双垄沟播玉米田中，杂草密度在 163.48 株 /m² 及以上时选用化学除草地膜，在无草及以上特别是达到和超过 116.68 株 /m² 时选用黑色地膜，均可较选用白色地膜明显提高玉米株高、株高整齐度、茎粗及茎粗整齐度。

（2）不同处理的玉米植株结实状况。在覆盖白色地膜的全膜双垄沟播玉米田中，玉米有效成穗株率和单位面积有效果穗数均随田间杂草密度的增高而降低。与覆盖化学除草地膜比较，杂草密度在 0 ～ 116.68 株 /m² 时，覆盖白色地膜导致玉米有效成穗株率及单位面积有效果穗数显著下降；而达到 163.48 株 /m² 时，则引起玉米有效成穗株率及单位面积有效果穗数极显著下降。与覆盖黑色地膜比较，杂草密度达到 0 株 /m²、59.36 株 /m²、116.68 株 /m² 和 163.48 株 /m² 时，引发玉米有效成穗株率及单位面积有效果穗数显著或极显著提高；达到 379.88 株 /m² 和 590.48 株 /m² 时，玉米有效成穗株率及单位面积有效果穗数与覆盖黑色地膜无显著差异；达到 772.40 株 /m² 时，造成玉米有效成穗株率及单位面积有效果穗数极显著下降（表 3.3）。

可见，在全膜双垄沟播玉米田中，杂草发生密度在 0 株 /m² 及以上特别是高于 116.68 株 /m² 时选用化学除草地膜，达到 772.40 株 /m² 时选用黑色地膜，均可较选用白色地膜明显提高玉米有效成穗株率和单位面积有效果穗数。

表 3.3 不同处理玉米有效成穗株率和单位面积有效果穗数

| 地膜种类 | 杂草密度 /（株 /m²） | 有效成穗株率 /% | 单位面积有效果穗数 /（个 /hm²） |
|---|---|---|---|
| | 0 | （96.15±7.17）bAB | （60 386.47±4500）bAB |
| | 59.36 | （95.83±1.38）bAB | （60 185.19±864.83）bAB |
| | 116.68 | （95.19±0）bABC | （59 782.61±0）bABC |
| 白色地膜 | 163.48 | （94.55±1.38）bBC | （59 380.03±866.27）bBC |
| | 379.88 | （90.38±6.32）cD | （56 763.29±3968.33）cD |
| | 590.48 | （89.74±3.66）cDE | （56 360.71±2290.84）cDE |
| | 722.40 | （86.54±2.38）dE | （54 347.83±1500.42）dE |
| 化学除草地膜（CK1） | 5.74 | （98.72±3.64）aA | （61 996.78±2291.93）aA |
| 黑色地膜（CK2） | 4.78 | （91.67±1.38）cCD | （57 568.44±866.27）cCD |

（3）不同处理的玉米穗部性状。在覆盖白色地膜的全膜双垄沟播玉米田中，玉米果穗长、果穗粗、穗粒数和百粒重均随田间杂草密度的增高而降低。与覆盖化学除草地膜

比较，杂草密度为 0 株 /m²、59.36 株 /m²、116.68 株 /m² 和 163.48 株 /m² 时，覆盖白色地膜的玉米果穗长、果穗粗和穗粒数均与其无显著差异；达到 379.88 株 /m² 时，则引起玉米果穗长、果穗粗和穗粒数极显著降低；田间无杂草时，玉米百粒重与其无显著差异；达到和超过 59.36 株 /m² 时，导致玉米百粒重极显著下降。与覆盖黑色地膜比较，杂草密度为 0、59.36 和 116.68 株 /m² 时，覆盖白色地膜的玉米果穗长与其无显著差异；达到 163.48 株 /m² 和 379.88 株 /m² 时，则造成玉米果穗长显著和极显著降低。杂草密度为 0 株 /m²、59.36 株 /m²、116.68 株 /m² 和 163.48 株 /m² 时，玉米果穗粗与其无显著差异，达到 379.88 株 /m² 时，则引发玉米果穗粗极显著下降。杂草密度为 0 株 /m² 和 59.36 株 /m² 时，玉米穗粒数与其无显著差异；达到 116.68 株 /m² 和 163.48 株 /m² 时，引起玉米穗粒数显著和极显著下降。杂草密度在 0 株 /m² 和 59.36 株 /m² 时，导致玉米百粒重极显著提高；达到 116.68 株 /m² 时，则引发玉米百粒重显著提高；达到 163.48 株 /m² 时，玉米百粒重与其无显著差异；达到 379.88 株 /m² 时，造成玉米百粒重极显著下降（表 3.4）。

显而易见，在全膜双垄沟播玉米田中，杂草发生密度超过 116.68 株 /m² 时选用化学除草地膜，达到和超过 163.48 株 /m² 时选用黑色地膜，均可较选用白色地膜有明显改善玉米穗部主要性状的作用。

表 3.4　不同处理玉米穗部性状

| 地膜种类 | 杂草密度 /（株 /m²） | 果穗长 /cm | 果穗粗 /cm | 穗粒数 /（粒 / 穗） | 百粒重 /g |
|---|---|---|---|---|---|
| | 0 | （20.47±0.92）aA | （4.92±0.25）aA | （683.24±6.82）abAB | （32.87±0.35）aA |
| | 59.36 | （20.24±0.22）abA | （4.90±0.09）aA | （673.37±9.19）abcAB | （32.00±0.30）bB |
| | 116.68 | （19.91±0.09）abA | （4.89±0.02）aA | （666.21±13.85）bcAB | （31.84±0.21）bBC |
| 白色地膜 | 163.48 | （19.26±1.13）bA | （4.86±0.13）aA | （650.15±13.61）cB | （31.75±0.57）bcBC |
| | 379.88 | （17.65±1.39）cB | （4.62±0.22）bB | （569.31±8.91）dC | （27.69±0.66）dD |
| | 590.48 | （17.44±1.52）cB | （4.53±0.29）bcB | （551.59±81.61）dC | （27.18±0.77）eE |
| | 722.40 | （16.42±2.07）dB | （4.46±0.28）cB | （511.35±19.48）eD | （25.81±0.44）fF |
| 化学除草地膜（CK1） | 5.74 | （19.97±1.35）abA | （4.98±0.16）aA | （671.68±31.43）bcAB | （32.64±0.65）aA |
| 黑色地膜（CK2） | 4.78 | （20.55±1.78）aA | （4.98±0.05）aA | （697.71±26.57）aA | （31.41±0.09）cC |

（4）不同处理的玉米产量及经济效益。全膜双垄沟播玉米栽培管理中，由于人工除草费工费时，且不同程度地损坏膜面，在生产上很少采用，本书在计算覆盖白色地膜且无杂草危害处理的经济效益时，以生产上普遍采用的化学除草代替人工除草，并计算其成本投入。白色地膜、化学除草地膜和黑色地膜覆盖区的地膜投入依次为 1 462.5 元 /hm²、1 575元 /hm² 和 1 575 元 /hm²，其他生产资料投入在覆盖白色地膜且无杂草危害处理中为 2 610元 /hm²，其余各处理均为 2 460 元 /hm²；各处理的机械投入均为 3 300 元 /hm²；各处理的人工投入均为 7 350 元 /hm²；当年玉米市场价为 1.70 元 /kg。

在覆盖白色地膜的全膜双垄沟播玉米田中，玉米产量和纯收益均随杂草密度的增高而降低。与覆盖化学除草地膜比较，杂草密度达到 0 株 /m²、59.36 株 /m² 和 116.68 株 /m²

时，覆盖白色地膜的玉米产量与其无显著差异，减产幅度为 –0.2 % ～ 1.89 %，减收幅度在 4.49 % 以内；杂草密度超过 116.68 株 /m² 时，引起玉米产量显著或极显著下降，较其减产 4.72 % ～ 48.18 %，减收幅度 13.81 % ～ 157.16 %。与覆盖黑色地膜比较，杂草密度达到 0 株 /m²、59.36 株 /m²、116.58 株 /m² 和 163.48 株 /m² 时，覆盖白色地膜的玉米产量与其无显著差异，减产幅度为 –1.09 % ～ 3.87 %，减收幅度在 11.21 % 以内；杂草密度超过 163.48 株 /m² 时，引起玉米产量极显著下降，较其减产 35.69 % ～ 47.72 %，减收幅度118.38 % ～ 158.88 %。

鉴于此，在全膜双垄沟播玉米田中，杂草发生密度超过 116.68 株 /m² 时选用化学除草地膜，超过 163.48 株 /m² 时选用黑色地膜，均可较覆盖白色地膜显著提高玉米产量及纯收益（表 3.5）。

**表 3.5　不同处理玉米产量及经济效益**

| 地膜种类 | 杂草密度 /（株 /m²） | 产量 /（kg/hm²） | 较 CK1 减产 /% | 较 CK2 减产 /% | 纯收益 /（元 /hm²） | 较 CK1 减收 /% | 较 CK2 减收 /% |
|---|---|---|---|---|---|---|---|
| 白色地膜 | 0 | （12 421.07±241.43）aA | –0.20 | –1.09 | 6 393.32 | –0.06 | –3.08 |
| | 59.36 | （12 363.12±135.30）aA | 0.27 | –0.62 | 6 444.81 | –0.87 | –3.91 |
| | 116.68 | （12 161.84±60.02）abA | 1.89 | 1.02 | 6 102.62 | 4.49 | 1.61 |
| | 163.48 | （11 811.59±128.14）bA | 4.72 | 3.87 | 5 507.21 | 13.81 | 11.21 |
| | 379.88 | （7 901.64±351.90）cB | 36.26 | 35.69 | –1 139.72 | 117.84 | 118.38 |
| | 590.48 | （7 489.94±276.72）cB | 39.58 | 39.04 | –1 839.61 | 128.79 | 129.66 |
| | 722.40 | （6 423.87±371.80）dC | 48.18 | 47.72 | –3 651.93 | 157.16 | 158.88 |
| 化学除草地膜（CK1） | 5.74 | （12 396.73±818.48）aA | — | — | 6 389.44 | — | — |
| 黑色地膜（CK2） | 4.78 | （12 286.67±1523.91）abA | — | — | 6 202.34 | — | — |

总体评价，在陇东旱塬生态条件下，杂草密度至少达到 116.68 株 /m² 和 163.48 株 /m² 时，分别选择覆盖化学除草地膜和黑色地膜可使玉米株高、株高整齐度、茎粗、茎粗整齐度、果穗长、果穗粗、穗粒数、百粒重、有效成穗株率、单位面积有效果穗数等主要农艺性状较覆盖白色地膜有明显改善，玉米产量和经济效益也有显著提高。

**（二）除草地膜在正常土壤墒情条件下的应用效果**

在陇东旱塬区正常土壤墒情条件下，以白色地膜为对照，测定了化学除草地膜、黑色地膜 2 种除草地膜在全膜双垄沟播玉米田的除草效果及对玉米生长发育的影响。试验于 2014 年布设在平凉市农业科学院高平试验站，参试化学除草地膜规格为 0.008 mm×1 200 mm[ 生产企业同本节：二:（一）]；黑色地膜、白色地膜规格均为 0.008 mm×1 200 mm[ 生产企业同本节：二:（一）]。试验共设置 3 个处理，即覆盖化学除草地膜、覆盖黑色地膜、覆盖白色地膜（CK），对于各处理区的杂草除地膜本身的防除作用外不再进行人工干预，任其生长。处理随机区组排列，3 次重复，小区面积 20 m²（4.45 m×4.5 m）。4 月 23 日，按半干旱地区全膜双垄沟播技术规程要求依次整地、施肥（尿素 300 kg/hm²、磷酸二铵 225 kg/hm² )、起垄、覆膜和播种，玉米播种在垄沟内，宽行行距 70 cm，窄行行距 40 cm，穴距（株距）27.5 cm，每穴 3 粒种子。定苗时每穴选留 1 株健壮苗，田间密度为 66 000 株 /hm²。玉米大喇叭口期追施尿素 1 次，施量为 225 kg/hm²。

玉米播种 3 d 后逐日调查出苗数，直至出苗数不再增加为止，每小区标定 3 行（隔 1 行定 1 行），每行连续 10 穴，每次逐行记载出苗数，依据调查数据计算出苗率和出苗力。玉米全生育期，系统观察 2 种除草地膜对玉米生长的直观影响，记载玉米叶色、长势、生育期等。玉米拔节期（出苗后 12 d）和大喇叭口期（出苗后 32 d），各调查 1 次除草效果，每小区对角线 3 点取样，样点面积 0.25 m²，记载其中各种杂草株数并称取鲜重，计算株防效和鲜重防效。玉米成熟期，每小区对角线 3 点取样，每点随机选取 5 株，逐株量取高度，计算株高整齐度；按小区单收单打计产和考种。相关计算参见式（3.5）～式（3.9）：

$$p_{株}(\%) = \frac{(d_0 - d_1) \times 100}{d_0} \qquad (3.5)$$

$$p_{鲜重}(\%) = \frac{(w_0 - w_1) \times 100}{w_o} \qquad (3.6)$$

$$C \cdot V = \frac{S}{\overline{X}} \qquad (3.7)$$

$$S = \sqrt{\frac{\sum_{i=1}^{n}(X_i - \overline{X})^2}{n-1}} \qquad (3.8)$$

$$U = \frac{1}{C \cdot V} = \frac{\overline{X}}{S} \qquad (3.9)$$

式中，$p_{株}$ 为株防效；$p_{鲜重}$ 为鲜重防效；$d_0$ 为对照区杂草株数；$d_1$ 为处理区杂草株数；$w_0$ 为对照区杂草鲜重；$w_1$ 为处理区杂草鲜重；$S$ 为株高标准差；$n$ 为小区内株数；$i$ 为小区内株序号；$X_i$ 为小区内第 $i$ 株玉米高度；$\overline{X}$ 为小区内玉米株高平均数；$C \cdot V$ 为玉米株高变异系数；$U$ 为玉米株高整齐度。

**试验结果如下。**

（1）2 种除草地膜对杂草的控制效果。在玉米拔节期和大喇叭口期，化学除草地膜处理的杂草密度、鲜重均极显著低于白色地膜处理，阔叶杂草的株防效分别达到 81.94 % 和 97.79 %，鲜重防效分别达到 70.02 % 和 97.06 %；禾本科杂草的株防效分别达到 93.75 % 和 100 %，鲜重防效分别达到 99.3 % 和 100 %。黑色地膜处理的杂草密度、鲜重极显著低于白色地膜处理，阔叶杂草的株防效分别达到 66.12 % 和 95.88 %，鲜重防效分别达到 93.16 % 和 99.85 %；禾本科杂草的株防效分别达到 72.90 % 和 97.57 %，鲜重防效分别达到 99.07 % 和 99.9 %（表 3.6）。

表 3.6　2 种除草地膜在全膜双垄沟播玉米田的除草效果

| 生育期 | 处理 | 阔叶杂草 | | | | 禾本科杂草 | | | |
|---|---|---|---|---|---|---|---|---|---|
| | | 株数 /（株 /m²） | 株防效 /% | 鲜重 /（g/m²） | 鲜重防效 /% | 株数 /（株 /m²） | 株防效 /% | 鲜重 /（g/m²） | 鲜重防效 /% |
| 拔节期 | 化学除草地膜 | 24.88bB | 81.94 | 14.96bB | 70.02 | 4.00cC | 93.75 | 0.03aA | 99.30 |
| | 黑色地膜 | 46.68bB | 66.12 | 3.41cB | 93.16 | 17.34bB | 72.90 | 0.04bB | 99.07 |
| | 白色地膜（CK） | 137.80aA | — | 49.90aA | — | 64.00aA | — | 4.28bB | — |
| 大喇叭口期 | 化学除草地膜 | 3.12bB | 97.79 | 3.96bB | 97.06 | 0bB | 100 | 0bB | 100 |
| | 黑色地膜 | 5.80bB | 95.88 | 0.20bB | 99.85 | 1.76bB | 97.57 | 0.04bB | 99.90 |
| | 白色地膜（CK） | 140.88aA | — | 134.72aA | — | 72.44aA | — | 39.48aA | — |

显而易见，在土壤正常墒情条件下，化学除草地膜和黑色地膜对全膜双垄沟播玉米田杂草均有良好控制效果（图 3.2），除草效应均随玉米生育期的推后而提高，对禾本科杂草防效高于阔叶杂草，化学除草地膜优于黑色地膜。

图 3.2　化学除草地膜和黑色地膜对全膜双垄沟播玉米田杂草的控制效果

（2）2 种除草地膜对玉米出苗及生长的影响。化学除草地膜覆盖下玉米出苗率、出苗力和生育期依次为 86.67 %、6.5 d 和 118 d，较白色地膜处理分别降低 1.10 %、延长 0 d 和推后 0 d；玉米叶色嫩绿，长势旺盛，株形正常。黑色地膜覆盖下玉米出苗率、出苗力和生育期依次为 83.33 %、7.5 d 和 126 d，较白色地膜处理分别降低 4.44 %、延长 1 d 和推后 8 d；主要表现为生长较迟缓，株高较低，叶色偏黄，但到 4 叶期后叶色、长势逐步恢复正常，抽穗期后株高基本赶上或超过白色地膜（表 3.7）。

表 3.7　2 种除草地膜对全膜双垄沟播玉米出苗及生长的影响

| 处理 | 出苗率 /% | 出苗力 /d | 植株表现 | 生育期 /d |
|---|---|---|---|---|
| 化学除草地膜 | 86.67 | 6.5 | 叶色嫩绿，长势旺盛，叶形、株形正常 | 118 |
| 黑色地膜 | 83.33 | 7.5 | 4 叶期前叶色偏黄，生长稍迟缓，长势偏弱；之后较快恢复。抽穗期前植株高度偏低，之后迅速增加至正常高度或偏高 | 126 |
| 白色地膜（CK） | 87.77 | 6.5 | 叶色嫩绿，长势旺盛，叶形、株形正常 | 118 |

　　由此可知，全膜双垄沟播玉米田覆盖化学除草地膜对玉米出苗率、出苗力、生育期及叶色、长势、株形等影响甚微或无影响；覆盖黑色地膜对玉米出苗率、出苗力影响微弱，对玉米株高、叶色、长势等有一定影响，但随生育期推后能较快恢复，对玉米生长发育进度有较明显延缓作用。

　　（3）2 种除草地膜对玉米主要农艺性状的影响。全膜双垄沟播栽培中选用化学除草地膜，玉米成熟期株高稍低于白色地膜，穗粗、穗有效长度及穗粒数稍高于白色地膜，但与其无显著差异；成熟期株高整齐度显著大于白色地膜，籽粒百粒重极显著大于白色地膜。选用黑色地膜，玉米成熟期株高和穗有效长度稍大于白色地膜，穗粗和穗粒数稍小于白色地膜，但与其无显著差异，成熟期株高整齐度和籽粒百粒重极显著大于白色地膜（表 3.8）。

　　可见，化学除草地膜和黑色地膜对玉米成熟期株高、穗粗、穗有效长度和穗粒数均无明显影响，但可明显提高玉米株高整齐度和籽粒百粒重。

表 3.8　2 种除草地膜对全膜双垄沟播玉米主要农艺性状的影响

| 处理 | 株高 /cm | 株高整齐度 | 穗粗 /cm | 穗有效长 /cm | 穗粒数 /（粒 / 穗） | 百粒重 /g |
|---|---|---|---|---|---|---|
| 化学除草地膜 | 282.10±17.62bA | 25.48±3.42aAB | 5.51±0.22a | 18.74±1.64a | 588.07±96.79a | 40.11±0.53aA |
| 黑色地膜 | 289.95±26.99aA | 26.49±3.96aA | 5.43±0.16a | 18.14±1.77a | 566.07±71.69a | 39.72±1.42aA |
| 白色地膜（CK） | 285.08±20.08abA | 22.46±4.72bB | 5.50±0.25a | 18.09±2.45a | 566.93±76.99a | 38.00±0.41bB |

　　注：穗有效长是指果穗实际结实部分的长度。

　　（4）2 种除草地膜对玉米产量及经济效益的影响。3 种地膜覆盖下的玉米产量存在明显差异，其中化学除草地膜极显著高于白色地膜，较其增产 9.63 %；黑色地膜显著高于白色地膜，较其增产 4.19 %。2 种除草地膜均可取得较好的经济效益，化学除草地膜和黑色地膜分别较白色地膜增加纯收益 2 071.2 元 /hm² 和 850.5 元 /hm²（表 3.9）。

表3.9　2种除草地膜对全膜双垄沟播玉米产量及经济效益的影响

| 处理 | 产量 | | | 经济收益 | | |
|---|---|---|---|---|---|---|
| | 小区产量 /（kg/20 m²） | 折合产量 /（kg/hm²） | 较CK增产 /% | 较CK新增成本 /（元 /hm²） | 较CK新增产出 /（元 /hm²） | 较CK新增纯收益 /（元 /hm²） |
| 化学除草地膜 | 24.59±0.92aA | 12 301.20 | 9.63 | 90 | 2 161.2 | 2 071.2 |
| 黑色地膜 | 23.37±0.53bB | 11 690.85 | 4.19 | 90 | 940.5 | 850.5 |
| 白色地膜（CK） | 22.43±0.61cB | 11 220.60 | — | — | — | — |

　　总体评价，全膜双垄沟播玉米田覆盖化学除草地膜和黑色地膜对田间主要杂草均具优良防效。化学除草地膜对玉米出苗率、出苗力、生育期及叶色、长势、株形等影响甚微或无影响；黑色地膜对玉米出苗率、出苗力影响微弱，对玉米株高、叶色、长势等有一定影响，但随生育期推后能较快恢复，对玉米生长发育进度有较明显延缓作用。化学除草地膜和黑色地膜对玉米成熟期株高、穗粗、穗有效长度和穗粒数均无明显影响，且可明显提高玉米株高整齐度、籽粒百粒重、产量和纯收益。因此，在土壤墒情较充足或在耕层水分较欠缺但深层水分较充足的条件下，覆盖化学除草地膜和黑色地膜既可有效突破全膜双垄沟播玉米田突出存在的草害瓶颈，可取得较好增产增收效应，具大面积推广应用价值。

**（三）除草地膜在极端干旱条件下的应用效果**

　　覆膜至播种期土壤持续干旱条件下，对2种除草地膜在全膜双垄沟播玉米田中的应用效果进行了研究。试验于2013年布设在平凉市农业科学院高平试验站，参试化学除草地膜规格为0.01 mm×1 200 mm [生产企业同本节：二:（一）]；黑色地膜、白色地膜规格分别为0.012 mm×1 200 mm 和0.01 mm×1 200 mm [生产企业同本节：二:（一）]。试验设化学除草地膜、黑色地膜和白色地膜（CK）3个处理，每处理重复3次，随机区组排列，小区面积20 m²（4.45 m×4.5 m）。在顶凌期（3月20日）整地、施肥（尿素300 kg/hm²、磷酸二铵225 kg/hm²）、起垄和覆膜。4月23日播种，田间密度为66 000株 /hm²；玉米大喇叭口期追肥一次，施尿素225 kg/hm²。

　　出苗期，记载各处理出苗时间；间苗前，调查出苗率，在每小区中间取3垄（隔1垄取1垄）调查30穴，记载出苗株数；玉米出苗后30 d，调查防效，每小区对角线3点取样，样点面积1m²，统计样点内所有杂草株数，并称其地上部鲜重，计算株防效和鲜重防效。玉米孕穗期（6月28日）调查株高，每小区对角线3点取样，每点10株，逐株量取高度，计算株高标准差和株高整齐度。玉米收获前调查成穗情况，按小区统计实际成穗总株数，计算成穗株率；成熟后按小区单收单打，统计产量并考种。采用DPS数据处理系统对试验数据进行方差分析。相关计算参见式（3.10）～式（3.15）：

$$p_{株}（\%）= \frac{(d_0 - d_1)\times 100}{d_0} \quad\quad (3.10)$$

$$p_{鲜重} = \frac{(w_0 - w_1)\times 100}{w_0} \qu\quad (3.11)$$

$$p_{成穗} = \frac{t_1}{t_0} \times 100 \qquad\qquad (3.12)$$

$$C \cdot V = \frac{S}{\overline{X}} \qquad\qquad (3.13)$$

$$S = \sqrt{\frac{\sum\limits_{i=1}^{n}(X_i - \overline{X})^2}{n-1}} \qquad\qquad (3.14)$$

$$U = \frac{1}{C \cdot V} = \frac{\overline{X}}{S} \qquad\qquad (3.15)$$

式中，$p_{株}$ 为株防效；$p_{鲜重}$ 为鲜重防效；$p_{成穗}$ 为玉米成穗株率；$d_0$ 为对照区杂草株数；$d_1$ 为处理区杂草株数；$w_0$ 为对照区杂草鲜重；$w_1$ 为处理区杂草鲜重；$t_1$ 为小区内玉米成穗株数；$t_0$ 为小区内玉米播种孔数；$S$ 为样点内株高标准差；$n$ 为样点内株数；$i$ 为样点内株序号；$X_i$ 为样点内第 $i$ 株玉米高度；$\overline{X}$ 为样点内株高平均数；$C \cdot V$ 为株高变异系数；$U$ 为株高整齐度。

**试验结果如下。**

（1）2种除草地膜对全膜双垄沟播玉米出苗的影响。化学除草地膜、黑色地膜和白色地膜覆盖下玉米出苗率依次为76.39%、69.44%和81.48%，三者差异不显著。化学除草地膜和黑色地膜均对玉米出苗有较轻微的抑制作用，出苗率分别较白色地膜降低6.25%和14.77%，这可能是由于化学除草地膜含有除草剂，个别种子发芽势较差，芽体瘦弱，穿越土层时间较长，出土过程吸收或接触的药剂量相对较大，因此发生药害的概率较大。黑色地膜在出苗期，膜下土壤温度一般低于对照2～3℃，种子萌发较迟缓，或萌发后芽体较瘦弱，一定程度上影响了出苗，但出苗后，随气温逐渐升高，黑色地膜具较快增温作用，植株转入正常生长（表3.10）。

表3.10　2种除草地膜对全膜双垄沟播玉米出苗的影响　　　　　　　　　单位：%

| 处理 | 平均出苗率 | 较白色地膜（CK）降低 |
|---|---|---|
| 化学除草地膜 | （76.39±7.73）aA | 6.25 |
| 黑色地膜 | （69.44±15.02）aA | 14.77 |
| 白色地膜（CK） | （81.84±5.26）aA | — |

（2）2种除草地膜对全膜双垄沟播玉米株高及其整齐度的影响。玉米株高及其整齐度是玉米的主要农艺性状，与玉米产量水平密切相关。化学除草地膜和黑色地膜覆盖下玉米株高分别为169.40 cm和163.89 cm，均较白色地膜略有降低，降幅依次为0.04%和3.29%，但差异均不显著。化学除草地膜和黑色地膜覆盖下玉米株高整齐度依次为29.23和50.24，其中化学除草地膜的株高整齐度低于白色地膜，降幅为21.38%，这可能与除草剂的作用有关；黑色地膜的株高整齐度明显高于白色地膜，增幅达到35.13%，这主要是由于5月下旬后，黑色地膜的膜下土壤湿度持续高于白色地膜，田间杂草量也远低于白色地膜，玉米生长环境条件明显优于白色地膜所致（表3.11）。

**表 3.11　2 种除草地膜对全膜双垄沟播玉米株高及其整齐度的影响**

| 处理 | 株高 /cm | | | | 较 CK 降低 /% | 株高整齐度 | | | | 较 CK 降低 /% |
|---|---|---|---|---|---|---|---|---|---|---|
| | Ⅰ | Ⅱ | Ⅲ | 平均 | | Ⅰ | Ⅱ | Ⅲ | 平均 | |
| 化学除草地膜 | 175.67 | 171.47 | 161.07 | 169.40aA | −0.04 | 31.32 | 36.16 | 20.22 | 29.23aA | 21.38 |
| 黑色地膜 | 180.00 | 154.47 | 157.20 | 163.89aA | −3.29 | 51.28 | 38.68 | 60.76 | 50.24aA | −35.13 |
| 白色地膜（CK） | 187.53 | 166.73 | 154.13 | 169.47aA | — | 52.94 | 25.63 | 32.98 | 37.18aA | — |

（3）2 种除草地膜对全膜双垄沟播玉米成穗株率的影响。化学除草地膜、黑色地膜和白色地膜覆盖下玉米成穗株率分别为 92.13 %、90.40 % 和 92.93 %，化学除草地膜和黑色地膜覆盖的玉米成穗株率均略低于白色地膜，降低幅度依次为 0.86 % 和 2.72 %，但三者差异不显著。表明 2 种除草地膜不会对全膜双垄沟播玉米成穗株率造成明显影响（表3.12）。

**表 3.12　2 种除草地膜对玉米成穗株率的影响**　　　　　　　单位：%

| 处理 | 平均成穗株率 | 较 CK 降低 |
|---|---|---|
| 化学除草地膜 | （92.13±1.90）aA | 0.86 |
| 黑色地膜 | （90.40±8.31）aA | 2.72 |
| 白色地膜（CK） | （92.93±3.58）aA | — |

（4）2 种除草地膜对全膜双垄沟播玉米产量的影响。与白色地膜相比，化学除草地膜和黑色地膜均较其具一定的增产作用，玉米增产幅度分别为 9.71 % 和 10.56 %。玉米产量在 3 种地膜间差异不显著（表 3.13）。

**表 3.13　2 种除草地膜对全膜双垄沟播玉米产量的影响**

| 处理 | 小区产量 /（kg/20 m²） | | | | 折合产量 /（kg/hm²） | 较 CK 增产 /% |
|---|---|---|---|---|---|---|
| | Ⅰ | Ⅱ | Ⅲ | 平均 | | |
| 化学除草地膜 | 31.50 | 22.80 | 30.82 | 28.37 | 14 185.65aA | 9.71 |
| 黑色地膜 | 31.72 | 32.88 | 21.16 | 28.59 | 14 295.75aA | 10.56 |
| 白色地膜（CK） | 24.83 | 27.59 | 25.17 | 25.86 | 12 930.60aA | — |

（5）2 种除草地膜对全膜双垄沟播玉米田杂草的防除效果。黑色地膜具优良除草效果，株防效和鲜重防效分别达到 96.72 % 和 99.2 %；化学除草地膜对杂草控制作用较差，株防效和鲜重防效仅为 4.38 % 和 23.09 %（表 3.14）。

**表 3.14　2 种除草地膜对全膜双垄沟播玉米田杂草的防除效果**

| 处理 | 株数 /（株 /m²） | | | | 株防效 /% | 鲜重 /（g/m²） | | | | 鲜重防效 /% |
|---|---|---|---|---|---|---|---|---|---|---|
| | Ⅰ | Ⅱ | Ⅲ | 平均 | | Ⅰ | Ⅱ | Ⅲ | 平均 | |
| 化学除草地膜 | 62 | 24 | 63 | 58.33 | 4.38 bB | 151.24 | 60.56 | 147.95 | 119.92 | 23.09bB |
| 黑色地膜 | 2 | 2 | 2 | 2.00 | 96.72aA aa | 1.62 | 0.25 | 1.89 | 1.25 | 99.20aA |
| 白色地膜（CK） | 63 | 55 | 35 | 61.00 | — | 198.98 | 96.97 | 71.81 | 155.92 | — |

总体评价，在土壤极端干旱条件下，覆盖黑色地膜是解决全膜双垄沟播玉米田杂草严重危害的有效途径之一，可在全膜双垄沟播玉米栽培中推广应用。覆盖化学除草地膜虽具一定的增产效应，但对玉米主要农艺性状有一定影响，除草效果不佳，不宜推广应用。

**（四）不同覆膜时期的应用效果**

为明确化学除草地膜、黑色地膜和白色地膜在全膜双垄沟播玉米田的最佳覆膜时期，测定了3种地膜在不同时期覆膜的控草、增产和增收效应。试验于2015年布设在平凉市农业科学院高平试验站，化学除草地膜、黑色地膜和白色地膜[生产企业同本节，二，（一）]规格均为0.01 mm×1 200 mm。3种地膜均设置播期（4月25日）、顶凌期（3月13日）和上年秋季（11月3日）3个覆膜期处理，共9个试验处理。试验采取随机区组设计，小区随机排列，重复3次，小区面积24 m²（4 m×6 m）。上年度秋末，平整土地并人工混播本地区优势杂草藜和狗尾草（藜与狗尾草种子的质量比为10:1，播量7.5 kg/hm²），之后按全膜双垄沟播技术规程及试验设计的覆膜时期起垄和覆膜，起垄前按小区等量撒施尿素和磷酸二铵，施量均为300 kg/hm²；4月下旬（4月25日），在垄沟膜面上人工打孔点播玉米，每穴3粒，穴距27.5 cm，间苗时每穴选留1株健壮植株。玉米大喇叭口期，追施尿素1次，施量为225 kg/hm²，用点播器在玉米株间打孔施入土壤。其他管理与大田相同。

玉米2叶1心期，调查出苗情况，每小区调查3行（隔1行定1行），每行连续10穴，逐行记载出苗数。玉米拔节期（5月22日）、小喇叭口期（6月5日）、大喇叭口期（6月18日）和孕穗期（7月3日）各测定1次玉米株高，每小区对角线3点取样，每点随机测量10株。玉米3叶1心期（5月14日）和小喇叭口期（6月5日），用便携式叶绿素测定仪各测定1次叶片叶绿素含量，每小区对角线3点取样，每点1株，每株在植株上、中、下部各选取1叶，每叶分别在叶基、叶中和叶尖部测取叶绿素相对含量（SPAD）。玉米播后30 d，调查除草效果，每小区对角线3点取样，样点面积0.25 m²（0.23 m×1.1 m），记载其中各种杂草株数并称取鲜重，以上年度秋季覆盖白色地膜处理为对照计算防效。玉米收获前，调查各小区的双穗株数。玉米成熟后，玉米按小区单独收获、晾晒、脱粒、计产和考种，每小区随机选取20果穗，逐穗量取穗粗、穗有效长（穗部实际结实部分的长度）并数取穗粒数，果穗充分干燥后，测定籽粒百粒重，每小区测定3次，计算平均值。相关计算参见式（3.16）～式（3.23）：

$$p_株 = \frac{d_0 - d_1}{d_0} \tag{3.16}$$

$$p_{鲜重} = \frac{w_0 - w_1}{w_0} \tag{3.17}$$

$$C \cdot V = \frac{S}{\overline{X}} \tag{3.18}$$

$$S = \sqrt{\frac{\sum_{i=1}^{n}(X_i - \overline{x})^2}{n-1}} \tag{3.19}$$

$$U = \frac{1}{C \cdot V} = \frac{\overline{X}}{S} \tag{3.20}$$

$$p_{\text{出苗}} = \frac{n}{n_0} \tag{3.21}$$

$$C_{\text{叶}} = \frac{c_a + c_b + c_c}{3} \tag{3.22}$$

$$C_{\text{株}} = \frac{C_{\text{叶}A} + C_{\text{叶}B} + C_{\text{叶}C}}{3} \tag{3.23}$$

式中，$p_{\text{株}}$、$p_{\text{鲜重}}$ 分别为株防效和鲜重防效；$d_0$、$d_1$ 分别为对照区和处理区杂草株数；$w_0$、$w_1$ 分别为对照区和处理区杂草鲜重；$S$ 为株高标准差；$n$ 为株数；$i$ 为株序号；$X_i$ 为第 $i$ 株高度；$\overline{X}$ 为株高平均数；$C \cdot V$ 为株高变异系数；$U$ 为株高整齐度；$p_{\text{出苗}}$ 为出苗率；$n$、$n_0$ 分别为出苗数和播种种子数；$C_{\text{叶}}$、$C_{\text{株}}$ 分别为单叶和单株叶绿素平均相对含量；$c_a$、$c_b$、$c_c$ 分别为某叶片叶基、叶中和叶尖部的叶绿素相对量；$C_{\text{叶}A}$、$C_{\text{叶}B}$、$C_{\text{叶}C}$ 分别为某植株下部叶、中部叶和上部叶的叶绿素平均相对量。

试验结果如下。

（1）覆膜时期对 3 种地膜除草效果的影响。化学除草地膜在上年度秋季、顶凌期和播期覆膜对阔叶杂草的株防效均超过 85 %，鲜重防效均超过 95 %；对禾本科杂草的株防效均高于 60 %，鲜重防效均高于 75 %，播期和顶凌期覆膜的株防效和鲜重防效均极显著高于上年秋覆膜。黑色地膜分别在上年秋、顶凌期和播期覆膜，对阔叶杂草的株防效均超过 85 %，鲜重防效均超过 99 %，株防效和鲜重防效在各覆膜时期间均无显著差异；对禾本科杂草的株防效高于 74 %，播期覆膜极显著低于顶凌期和播期覆膜，鲜重防效均高于 99 %，各覆膜期间均无显著差异。白色地膜分别在顶凌期和播期覆膜，阔叶杂草的株防效不足 35 %，禾本科杂草的株防效在 6.5 % 以下，对 2 类杂草发生密度的控制作用微弱；阔叶杂草的鲜重防效分别为 60.74 % 和 90.21 %，禾本科杂草的鲜重防效分别为 12.17 % 和 74.70 %，对 2 类杂草鲜重的抑制效果均以播期覆膜较好，极显著高于顶凌期覆膜（表 3.15）。

显而易见，化学除草地膜在各时期覆膜对全膜双垄沟播玉米田杂草均有良好的控制作用，其效应随覆膜期的推后有逐渐增强的态势；黑色地膜在各时期覆膜对阔叶杂草密度、鲜重和禾本科杂草鲜重均有良好的控制作用，仅播期覆膜对禾本科杂草的株防效较低；白色地膜的控草效果明显低于化学除草地膜和黑色地膜，但如将覆膜时期推后至播期，也能有效控制杂草的发生与危害。

**表 3.15　覆膜时期对 3 种地膜在全膜双垄沟播玉米田除草效果的影响**

| 地膜种类 | 覆膜时期 | 阔叶杂草 | | | | 禾本科杂草 | | | |
|---|---|---|---|---|---|---|---|---|---|
| | | 密度 /（株 /m²） | 株防效 /% | 鲜重 /（g/m²） | 鲜重防效 /% | 密度 /（株 /m²） | 株防效 /% | 鲜重 /（g/m²） | 鲜重防效 /% |
| 化学除草地膜 | 播期覆膜 | 2.22 | 98.35cC | 0.54 | 99.87dD | 0 | 100eE | 0 | 100dC |
| | 顶凌覆膜 | 2.67 | 98.02cC | 2.24 | 99.44dD | 8.44 | 91.78dD | 2.16 | 98.64cC |
| | 上年秋覆膜 | 20.00 | 85.15bB | 17.52 | 95.63cC | 39.11 | 61.90bB | 38.01 | 76.03bB |

表 3.15　（续）

| 地膜种类 | 覆膜时期 | 阔叶杂草 | | | | 禾本科杂草 | | | |
|---|---|---|---|---|---|---|---|---|---|
| | | 密度 /（株 /m²） | 株防效 /% | 鲜重 /（g/m²） | 鲜重防效 /% | 密度 /（株 /m²） | 株防效 /% | 鲜重 /（g/m²） | 鲜重防效 /% |
| 黑色地膜 | 播期覆膜 | 16.89 | 87.46bB | 1.39 | 99.65dD | 25.78 | 74.89cC | 0.26 | 99.84dC |
| | 顶凌覆膜 | 13.78 | 89.77bBC | 0.53 | 99.87dD | 10.67 | 89.61dD | 0.26 | 99.84dC |
| | 上年秋覆膜 | 19.55 | 85.40bD | 2.21 | 99.45dD | 8.44 | 91.78dD | 0.06 | 99.96dC |
| 白色地膜 | 播期覆膜 | 87.78 | 34.81aA | 39.31 | 90.21bB | 96.89 | 5.62aA | 40.12 | 74.70 bB |
| | 顶凌覆膜 | 91.11 | 32.34aA | 157.62 | 60.74aA | 96.44 | 6.06aA | 139.27 | 12.17aA |
| | 上年秋覆膜（CK） | 134.66 | — | 401.42 | — | 102.66 | — | 158.56 | — |

（2）覆膜时期对玉米出苗的影响。化学除草地膜、黑色地膜和白色地膜在不同时期覆膜，玉米出苗率分别为 87.78 % ～ 91.11 %、90 % ～ 90.38 % 和 91.1 % ～ 92.22 %，各覆膜时期之间均无显著差异。显而易见，在全膜双垄沟播玉米栽培中，地膜种类及其覆膜时期对玉米出苗均无明显影响（表 3.16）。

表 3.16　不同覆膜时期下全膜双垄沟播玉米出苗情况

| 地膜种类 | 覆膜时期 | 播种粒数 / 粒 | 出苗株数 / 株 | 出苗率 /% |
|---|---|---|---|---|
| 化学除草地膜 | 播期覆膜 | 30 | 26.33±3.79 | 87.78aA |
| | 顶凌覆膜 | 30 | 27.33±2.18 | 91.11aA |
| | 上年秋播覆膜 | 30 | 27.33±1.65 | 91.11aA |
| 黑色地膜 | 播期覆膜 | 30 | 27.11±2.09 | 90.37aA |
| | 顶凌覆膜 | 30 | 27.11±1.91 | 90.38aA |
| | 上年秋覆膜 | 30 | 27.00±1.66 | 90.00aA |
| 白色地膜 | 播期覆膜 | 30 | 27.33±1.65 | 91.10aA |
| | 顶凌覆膜 | 30 | 27.67±0.83 | 92.22aA |
| | 上年秋覆膜 | 30 | 27.11±1.27 | 92.22aA |

（3）覆膜时期对玉米株高及其整齐度的影响。全膜双垄沟播玉米田覆盖化学除草地膜和黑色地膜，玉米株高及其株高整齐度均随覆膜时期的提前呈逐渐增加态势。覆盖化学除草地膜在拔节期，上年秋覆膜的玉米株高显著高于播期覆膜，上年秋覆膜与顶凌期覆膜间无显著差异；在小喇叭口期至孕穗期，各覆膜时期之间无显著差异；在小喇叭口期和孕穗期，上年秋覆膜的玉米株高整齐度均显著高于播期覆膜，上年秋覆膜与顶凌期覆膜间无显著差异；在拔节期和大喇叭口期，各覆膜时期之间均无显著差异。覆盖黑色地膜时，在小喇叭口期和孕穗期，上年秋覆膜的玉米株高显著高于播期覆膜，上年秋覆膜与顶凌期覆膜间无显著差异；在拔节期和大喇叭口期，各覆膜时期之间无显著差异；在拔节期，上年秋覆膜的玉米株高整齐度显著高于播期覆膜，上年秋覆膜与顶凌期覆膜间无显著差异；在小喇叭口期至孕穗期，各覆膜期间无显著差异。覆盖白色地膜的玉米株高及其整齐度均随覆

膜时期的提早呈逐渐降低态势，在大喇叭口期和孕穗期，上年秋覆膜和顶凌期覆膜株高极显著低于播期覆膜；在拔节期和小喇叭口期，各覆膜时期之间无显著差异；在拔节期，上年秋覆膜株高整齐度显著低于顶凌期覆膜和播期覆膜；在大喇叭口期和孕穗期，上年秋覆膜和顶凌期覆膜株高整齐度极显著低于播期覆膜；在小喇叭口期，各覆膜时期之间无显著差异（表 3.17，表 3.18）。

表 3.17　不同覆膜时期下全膜双垄沟播玉米的株高　　　　　　　　　单位：cm

| 地膜种类 | 覆膜时期 | 拔节期 | 小喇叭口期 | 大喇叭口期 | 孕穗期 |
|---|---|---|---|---|---|
| 化学除草地膜 | 播期覆膜 | 20.48±3.65bA | 45.57±7.79aA | 102.43±10.09abABc | 184.98±8.50aAB |
| | 顶凌覆膜 | 21.45±1.54abA | 46.36±1.30aA | 103.95±9.08aAB | 190.58±4.38aA |
| | 上年秋覆膜 | 23.21±4.21aA | 48.87±9.54aA | 105.55±11.32aAB | 191.19±18.08aA |
| 黑色地膜 | 播期覆膜 | 16.65±2.23cB | 35.69±1.34cB | 84.99±5.40eE | 164.47±6.44dD |
| | 顶凌覆膜 | 17.21±1.21cB | 37.34±4.98bcB | 85.4±5.81eE | 170.38±9.04cdCD |
| | 上年秋覆膜 | 17.52±2.03cB | 39.87±2.54bB | 90.43±1.35deDE | 171.86±6.09bcCD |
| 白色地膜 | 播期覆膜 | 22.44±1.52abB | 48.64±3.13aA | 106.29±12.18aA | 190.72±11.25aA |
| | 顶凌覆膜 | 23.38±3.96aA | 47.66±5.40aA | 97.08±13.21bcBCD | 178.19±4.09bBC |
| | 上年秋覆膜 | 23.18±5.01aA | 47.24±6.10aA | 94.90±2.38cdCD | 170.25±9.83cdCD |

表 3.18　不同覆膜时期下全膜双垄沟播玉米的株高整齐度

| 地膜种类 | 覆膜时期 | 拔节期 | 小喇叭口期 | 大喇叭口期 | 孕穗期 |
|---|---|---|---|---|---|
| 化学除草地膜 | 播期覆膜 | 6.22±2.02abcAB | 7.93±1.00cB | 12.11±3.29aA | 14.70±2.03bAB |
| | 顶凌覆膜 | 6.42±0.47abcAB | 8.24±0.36bcAB | 12.56±1.61aA | 15.57±1.64abA |
| | 上年秋覆膜 | 6.46±0.36abcAB | 8.82±0.72abAB | 12.63±0.63aA | 16.14±0.91aA |
| 黑色地膜 | 播期覆膜 | 5.62±1.56cB | 8.08±2.01bcAB | 12.04±1.48aA | 14.70±1.45bA |
| | 顶凌覆膜 | 6.33±1.33abcAB | 8.16±0.39cAB | 12.50±1.08aA | 15.16±1.17abA |
| | 上年秋覆膜 | 6.81±1.03abAB | 8.24±1.00bcAB | 12.85±0.51aA | 15.77±1.01aA |
| 白色地膜 | 播期覆膜 | 7.08±0.65aA | 9.17±0.48aA | 12.31±1.14aA | 15.18±1.47abA |
| | 顶凌覆膜 | 6.94±0.74aA | 8.81±1.87abAB | 9.98±1.59bB | 13.45±0.79cBC |
| | 上年秋覆膜 | 5.94±1.61bcAB | 8.58±0.83abcAB | 9.89±2.03bB | 12.86±1.82cC |

　　因此，3 种地膜的覆膜时期对全膜双垄沟播玉米株高及其整齐度均有一定影响，其中化学除草地膜和黑色地膜在上年秋季和顶凌期覆膜，白色地膜在播期覆膜，均有利于提高玉米株高及其整齐度。

　　（4）覆膜时期对玉米叶绿素相对含量的影响。全膜双垄沟播玉米田覆盖化学除草地膜，玉米叶绿素相对含量在 3 叶 1 心期随覆膜时期的提前而呈逐渐降低态势，在小喇叭口期随覆膜时期的提前而呈逐渐提高态势，但覆膜时期之间无显著差异。覆盖黑色地膜，玉米叶绿素相对含量在 3 叶 1 心期和小喇叭口期均随覆膜时期的提前而呈逐渐降低态势，但在覆膜时期间均无显著差异。覆盖白色地膜，玉米叶绿素相对含量在 3 叶 1 心期，以顶凌期覆膜较高，显著高于上年秋覆膜，播期次之；在小喇叭口期，随覆膜时期的提前而呈逐渐降低态势，但各覆膜时期之间无显著差异（表3.19）。

表 3.19　不同覆膜时期下全膜双垄沟播玉米的叶绿素相对含量（SPAD）　　单位：mg/g

| 地膜种类 | 覆膜时期 | 3 叶 1 心期 | 小喇叭口期 |
|---|---|---|---|
| 化学除草地膜 | 播期覆膜 | 36.18±10.94aA | 45.24±4.26aA |
| | 顶凌覆膜 | 34.79±0.37abA | 45.58±10.98aA |
| | 上年秋覆膜 | 32.65±3.67abA | 45.75±4.45aA |
| 黑色地膜 | 播期覆膜 | 36.02±2.15aA | 44.66±2.00aA |
| | 顶凌覆膜 | 35.70±4.49aba | 44.00±5.64aA |
| | 上年秋覆膜 | 35.23±0.08aba | 43.77±8.90aA |
| 白色地膜 | 播期覆膜 | 35.89±3.21abA | 46.65±5.33aA |
| | 顶凌覆膜 | 36.28±1.03aA | 43.62±2.06aA |
| | 上年秋覆膜 | 32.20±4.72bA | 43.03±2.68aA |

总之，化学除草地膜和黑色地膜的覆膜时期对玉米叶绿素相对含量无明显影响；白色地膜覆膜时期对玉米幼苗期（3 叶 1 心期）的叶绿素相对含量有较明显影响，以顶凌期和播期覆膜较高，但在玉米快速生长期（小喇叭口期）则无明显影响。

（5）覆膜时期对玉米产量性状的影响。全膜双垄沟播玉米田覆盖化学除草地膜，上年秋覆膜的玉米双穗率极显著高于顶凌期和播期覆膜，但穗有效长度、穗粗、穗粒数及百粒重在各覆膜时期间无显著差异（表3.20）。覆盖黑色地膜，上年秋覆膜和顶凌覆膜的玉米双穗率极显著高于播期覆膜，上年秋覆膜的穗粒数和百粒重显著高于顶凌期覆膜和播期覆膜，穗有效长度和穗粗度在各覆膜时期之间无显著差异。覆盖白色地膜，上年秋覆膜的玉米双穗率和穗有效长度极显著或显著低于播期覆膜，顶凌期覆膜的稍低于播期覆膜，上年秋覆膜的穗粒数显著低于顶凌期覆膜，极显著低于播期覆膜，上年秋覆膜和顶凌期覆膜的百粒重极显著低于播期覆膜，穗粗在各覆膜时期间无显著差异。

表 3.20　不同覆膜时期下全膜双垄沟播玉米的产量性状

| 地膜种类 | 覆膜时期 | 双穗株率 /% | 穗有效长度 /cm | 穗粗 /cm | 穗粒数 / 粒 | 百粒重 /g |
|---|---|---|---|---|---|---|
| 化学除草地膜 | 播期覆膜 | 22.12±3.54cB | 16.32±1.93aAb | 5.17±0.24aA | 513.80±15.35bcAB | 35.67±4.26bcdBC |
| | 顶凌覆膜 | 23.68±9.37bcB | 16.68±0.74aAB | 5.18±0.19aA | 520.03±41.96bcAB | 36.81±3.19abcAB |
| | 上年秋覆膜 | 32.16±1.23aA | 17.30±2.23aA | 5.23±0.22aA | 535.61±47.69abAb | 37.07±1.75abAB |
| 黑色地膜 | 播期覆膜 | 16.82±2.32dC | 16.39±1.67aAB | 5.13±0.06aA | 519.87±11.58bcAB | 35.13±1.63cdBC |
| | 顶凌覆膜 | 25.55±2.68bB | 16.66±0.59aAB | 5.17±0.09aA | 530.23±48.14abAB | 36.67±0.68abcAB |
| | 上年秋覆膜 | 26.17±2.32bB | 17.35±0.77aA | 5.23±0.16aA | 548.72±56.12aA | 36.96±0.31abAB |
| 白色地膜 | 播期覆膜 | 24.92±2.68bcB | 16.50±1,26aAB | 5.20±0.22aA | 515.63±6.57bcAB | 38.15±2.66aA |
| | 顶凌覆膜 | 23.05±3.54bcB | 16.24±1.63aAB | 5.18±0.16aA | 502.49±30.57bCB | 35.53±2.41bcdBC |
| | 上年秋覆膜 | 14.02±2.32dC | 15.04±1.65bB | 5.09±0.20aA | 477.35±26.87dC | 34.08±4.76dC |

可见，全膜双垄沟播玉米栽培中，3 种地膜的覆膜时期对玉米主要产量性状均具一定影响，在上年秋季至当年玉米播种，提早覆盖化学除草地膜和黑色地膜，推后覆盖白色地膜，均有利于改善玉米产量性状。

（6）覆膜时期对玉米产量及经济效益的影响。化学除草地膜在上年秋季和顶凌期覆膜，玉米产量分别较播期覆膜提高 4.19 % 和 3 %，玉米纯收益分别增加 839.51 元 /hm² 和 601.65 元 /hm²，但产量水平在各覆膜时期间未达到显著性差异。黑色地膜在上年秋季和顶凌期覆膜，玉米产量分别较播期覆膜提高 9.85 % 和 5.65 %，玉米纯收益分别增加 1 855.31 元 /hm² 和 1 063.38 元 /hm²，上年秋季覆膜之玉米产量与顶凌期覆膜无显著差异，但显著高于播期覆膜。白色地膜在上年秋季和顶凌期覆膜，玉米产量分别较播期覆膜降低 19.09 % 和 5.74 %，玉米纯收益分别减少 3 861.73 元 /hm² 和 1 161.32 元 /hm²，播期覆膜的玉米产量与顶凌期覆膜无显著差异，但极显著高于上年秋季覆膜（表 3.21）。

显而易见，化学除草地膜和黑色地膜的覆膜时期越早，白色地膜覆膜时期越晚，越有利于提高玉米产量及其纯收益。

表 3.21　不同覆膜时期下全膜双垄沟播玉米的产量及经济效益

| 地膜种类 | 覆膜时期 | 折合产量 /（kg/hm²） | 产值 /（元 /hm²） | 成本 /（元 /hm²） | 纯收益 /（元 /hm²） |
|---|---|---|---|---|---|
| 化学除草地膜 | 播期覆膜 | 11 786.01abA | 20 036.21 | 14 685.00 | 5 351.21 |
| | 顶凌覆膜 | 12 139.92aA | 20 637.86 | 14 685.00 | 5 952.86 |
| | 上年秋覆膜 | 12 279.84aA | 20 875.72 | 14 685.00 | 6 190.72 |
| 黑色地膜 | 播期覆膜 | 11 078.19bA | 18 832.92 | 14 685.00 | 4 147.92 |
| | 顶凌覆膜 | 11 703.70abA | 19 896.30 | 14 685.00 | 5 211.30 |
| | 上年秋覆膜 | 12 169.55aA | 20 688.23 | 14 685.00 | 6 003.23 |
| 白色地膜 | 播期覆膜 | 11 901.23abA | 20 232.10 | 14 572.50 | 5 659.60 |
| | 顶凌覆膜 | 11 218.11bA | 19 070.78 | 14 572.50 | 4 498.28 |
| | 上年秋覆膜 | 9 629.63cB | 16 370.37 | 14 572.50 | 1 797.87 |

注：机械费、人工费、玉米种子、尿素、磷酸二铵投入分别为 3 300 元 /hm²、7 350 元 /hm²、720 元 /hm²、840 元 /hm² 和 900 元 /hm²，化学除草地膜和黑色地膜投入均为 1 575 元 /hm²，白色地膜投入为 1 462.5 元 /hm²；商品玉米市场价 1.70 元 /kg。

总体评价，在杂草严重或较重发生条件下，为确保除草效果、改善玉米农艺性状、提高玉米产量和效益，化学除草地膜和黑色地膜应尽可能提早覆膜，以上年秋季为最佳，顶凌期次之；白色地膜应尽可能推后覆膜，在土壤墒情充足时最好安排在玉米播期覆膜。

**（五）不同覆膜方式的应用效果**

在陇东旱塬区杂草严重发生条件下，试验测定了 3 种地膜在不同覆膜方式下的控草效果及对玉米生长发育的影响。试验于 2016 年布设在平凉市农业科学院高平试验站，参试化学除草地膜规格为 0.01 mm×1 200 mm[ 生产企业同本节：二：（一）]；黑色地膜和白色地膜规格均为 0.01 mm×750 mm [ 生产企业同本节：二：（一）]。化学除草地膜、黑色地膜和白色地膜分别设置全膜双垄沟播、半膜垄作和半膜平作 3 种覆膜方式，共 9 个处理，随机区组排列，小区面积 20 m²（4.45 m×4.5 m）。其中全膜双垄沟播覆膜方式：田间宽、窄垄相间排布，垄宽分别为 70 cm 和 40 cm，垄高分别为 10 cm 和 15 cm，垄面用宽度 1 200 mm 的地膜全覆盖，2 幅地膜在宽垄中间重叠 5 cm，并用田土将重叠处压实；半膜垄作覆膜方式：田间起单垄，垄高 15 cm，垄宽 70 cm，垄间距 40 cm，垄面用宽度 750 mm 的地膜覆盖，垄两侧膜面边缘用田土压实，垄与垄之间的地面裸露；半膜平作覆膜方式：田间不起垄，直接用宽度 1 200 mm 的地膜覆盖地面，膜面边缘用田土压实，覆膜带之间保留 40 cm 的裸露带。

于顶凌期（3 月 11 日）依次平整土地、撒施基肥（尿素和磷酸二铵施入量均为300 kg/hm²）和浅耕耙糖土壤；随后，按各处理设计要求起垄和覆膜。播种期（4 月 21日），用点播器在膜面上打孔穴点播玉米，其中全膜双垄沟播和半膜垄作方式分别播种于垄沟内和垄肩部，穴距均为 27.5 cm，每穴 2 粒，半膜平作方式每幅膜面上等行距播种 3行，穴距 28.6 cm，每穴 2 粒。间苗时每穴选留 1 株健壮植株，植株密度 66 000 株 /hm²。玉米大喇叭口期，追施尿素 1 次，施量为 225 kg/hm²，用点播器在玉米植株间打孔点施于土壤内。玉米全生育期，各小区的膜内外杂草均不再受人为干预，让其自然生长，裸露带内的杂草及时人工拔除，其他管理措施与大田相同。

**1. 试验调查测定的项目**

（1）除草效果调查。玉米播后 40 d，调查除草效果，每小区对角线 3 点取样，样点面积 0.25 m²，各样点均在覆膜区域内选取，记载样点内各种杂草株数并称取鲜重，以全膜双垄沟播覆盖白色地膜处理为对照计算防效。

（2）玉米出苗调查。玉米 2 叶 1 心期，调查出苗情况，每小区隔 1 行调查 1 行，共调查 3 行，每行连续 10 穴，逐穴记载出苗数。

（3）玉米株高测定。玉米拔节期（5 月 20 日）、小喇叭口期（6 月 5 日）、孕穗期（7月 3 日）和成熟期（9 月 1 日）各测量 1 次株高，每次每小区对角线 3 点取样，每点随机测量 10 株。

（4）玉米茎粗测定。玉米成熟期测定 1 次茎粗，每小区随机选取代表性植株 5 株，每株在第 3 茎节（从植株下部至上部）中部用电子数显卡尺量取茎秆最大直径。

（5）玉米经济性状及籽粒产量测定。玉米收获前，调查各小区有效果穗数；玉米成熟后，按小区单独收获和晾晒，待籽粒充分干燥后，按小区考种、脱粒并计产，考种时每小区随机选取 30 果穗，逐穗记载穗粗、穗有效长和穗粒数，每小区测定 3 次百粒重。相关评价指标的计算参见式（3.24）～式（3.29）：

$$p_{\text{株}}(\%) = \frac{(d_0 - d_1) \times 100}{d_0} \qquad (3.24)$$

$$p_{\text{鲜重}}(\%) = \frac{(w_0 - w_1) \times 100}{w_o} \qquad (3.25)$$

$$C \cdot V = \frac{S}{\overline{X}} \qquad (3.26)$$

$$p_{出苗}(\%) = \frac{N \times 100}{N_0} \qquad (3.27)$$

$$S = \sqrt{\frac{\sum_{i=1}^{n}(X_i - \overline{X})^2}{n-1}} \qquad (3.28)$$

$$U = \frac{1}{C \cdot V} \qquad (3.29)$$

式中，$p_{株}$、$p_{鲜重}$分别为株防效和鲜重防效；$d_0$、$d_1$分别为对照区和处理区杂草株数；$w_0$、$w_1$分别为对照区和处理区杂草鲜重；$S$为株高标准差；$n$为株数；$i$为株序号；$X_i$为第$i$株高度；$\overline{X}$为株高平均数；$C \cdot V$为株高变异系数；$U$为株高整齐度；$p_{出苗}$为出苗率；$N$、$N_0$分别为出苗数和播种种子数。

**2. 试验结果**

（1）3 种地膜在不同覆膜方式下的控草效果。化学除草地膜以全膜双垄沟播、半膜垄作和半膜平作方式覆膜，对阔叶杂草的株防效均达 97% 以上，鲜重防效均达 98% 以上，各覆膜方式间均无显著差异；对禾本科杂草的株防效均在 80% 以上，各覆膜方式间无显著差异，鲜重防效均在 76% 以上，全膜双垄沟播和半膜垄作的极显著高于半膜平作（表 3.22）。黑色地膜以 3 种方式覆膜，对阔叶杂草的株防效和鲜重防效均达 93% 以上，其中株防效在各覆膜方式间无显著差异，鲜重防效全膜双垄沟播极显著低于半膜垄作和半膜平作；对禾本科杂草的株防效和鲜重防效均达 96% 以上，各覆膜方式间均无显著差异。白色地膜以 3 种方式覆膜均能引起杂草不同程度的发生，发生程度为全膜双垄沟播＞半膜平作＞半膜垄作，半膜垄作对阔叶杂草的株防效和鲜重防效分别为 63.46% 和 83.19%，对禾本科杂草的株防效和鲜重防效分别为 24.14% 和 30.63%；半膜平作对阔叶杂草的株防效和鲜重防效分别为 34.84% 和 81.75%，但对禾本科杂草无效。

表 3.22　3 种地膜在不同覆膜方式下的除草效果

| 地膜种类 | 覆膜方式 | 阔叶杂草 | | | | 禾本科杂草 | | | |
|---|---|---|---|---|---|---|---|---|---|
| | | 密度/（株/m²） | 株防效/% | 鲜重/（g/m²） | 鲜重防效/% | 密度/（株/m²） | 株防效/% | 鲜重/（g/m²） | 鲜重防效/% |
| 化学除草地膜 | 半膜平作 | 0.89 | 99.43 abA | 0.32 | 99.95 aA | 47.11 | 81.82 bA | 215.71 | 76.95 cC |
| | 半膜垄作 | 3.56 | 97.73 abA | 13.20 | 98.14 aA | 28.00 | 89.19 abA | 94.49 | 89.90 bB |
| | 全膜双垄沟播 | 0 | 100aA | 0 | 100.aA | 23.56 | 90.91 abA | 77.61 | 91.71 bB |
| 黑色地膜 | 半膜平作 | 9.77 | 93.77 bA | 5.08 | 99.28 aA | 8.00 | 96.91 aA | 2.31 | 99.75 aA |
| | 半膜垄作 | 4.00 | 97.45 abA | 4.51 | 99.36 aA | 7.11 | 97.26 aA | 1.87 | 99.80 aA |
| | 全膜双垄沟播 | 9.77 | 93.77 bA | 44.83 | 93.67 bB | 9.33 | 96.40 aA | 4.45 | 99.52 aA |
| 白色地膜 | 半膜平作 | 102.23 | 34.84 dC | 129.23 | 81.75 cC | 528.00 | −103.77 dC | 1376.81 | −47.10 eE |
| | 半膜垄作 | 57.33 | 63.46 cB | 119.03 | 83.19 cC | 196.56 | 24.14 cB | 649.33 | 30.63 dD |
| | 全膜双垄沟播 | 156.89 | — | 708.16 | — | 259.11 | — | 935.99 | — |

总之，对于化学除草地膜和黑色地膜，选用 3 种覆膜方式中的任何一种均能有效控制玉米田杂草；对于白色地膜，选用半膜垄作或半膜平作覆膜对阔叶杂草也有一定的控制作用，但对禾本科杂草无效，选用全膜双垄沟播可引发各类杂草严重发生。

（2）3 种地膜不同覆膜方式对玉米出苗的影响。化学除草地膜、黑色地膜及白色地膜在不同覆膜方式下的玉米出苗率分别高于 94.43 %、95.53 % 和 95.57 %，覆膜方式间无显著差异。可见，地膜种类及其覆膜方式对玉米出苗均无明显影响（表 3.23）。

表 3.23 不同覆膜方式下的玉米出苗率 单位：%

| 地膜种类 | 覆膜方式 | 各重复出苗率 | | | 平均出苗率 |
| --- | --- | --- | --- | --- | --- |
| | | I | II | III | |
| 化学除草地膜 | 半膜平作 | 100.00 | 100.00 | 95.00 | （98.33±2.89）aA |
| | 半膜垄作 | 98.30 | 93.30 | 91.70 | （94.43±3.44）aA |
| | 全膜双垄沟播 | 93.30 | 95.00 | 95.00 | （94.43±0.98）aA |
| 黑色地膜 | 半膜平作 | 96.70 | 98.30 | 100.00 | （98.33±1.65）aA |
| | 半膜垄作 | 98.30 | 95.00 | 93.30 | （95.53±2.54）aA |
| | 全膜双垄沟播 | 95.00 | 93.30 | 98.30 | （95.53±2.54）aA |
| 白色地膜 | 半膜平作 | 96.70 | 95.00 | 95.00 | （95.57±0.98）aA |
| | 半膜垄作 | 98.30 | 98.30 | 95.00 | （97.20±1.90）aA |
| | 全膜双垄沟播 | 100.00 | 96.70 | 93.30 | （96.67±3.35）aA |

（3）3 种地膜不同覆膜方式对玉米株高、茎粗及其株高整齐度的影响。化学除草地膜分别以全膜双垄沟播、半膜垄作和半膜平作方式覆膜时，玉米株高、株高整齐度和茎粗均为全膜双垄沟播＞半膜垄作＞半膜平作。株高在玉米全生育期均为全膜双垄沟播模式极显著高于半膜平作模式、极显著或显著高于半膜垄作模式。株高整齐度在玉米不同生育期表现不同，在拔节期，3 种覆膜方式无显著差异；在小喇叭口期，全膜双垄沟播模式显著高于半膜平作和半膜垄作模式；在孕穗和成熟期，全膜双垄沟播和半膜垄作模式极显著高于半膜平作模式。玉米茎粗在 3 种覆膜方式间存在极显著差异（表 3.24，表 3.25）。

黑色地膜分别以全膜双垄沟播、半膜垄作和半膜平作方式覆膜时，玉米株高和茎粗均为全膜双垄沟播＞半膜平作＞半膜垄作。株高，在拔节和小喇叭口期，全膜双垄沟播和半膜平作模式显著或极显著高于半膜垄作，在孕穗期 3 种覆膜方式存在显著或极显著差异，在成熟期全膜双垄沟播极显著高于半膜平作和半膜垄作；茎粗，全膜双垄沟播模式极显著高于半膜平作和半膜垄作。玉米株高整齐度，在拔节期和孕穗期均以全膜双垄沟播＞半膜平作＞半膜垄作，其中拔节期，全膜双垄沟播模式显著高于半膜垄作，孕穗期 3 种覆膜方式存在显著或极显著差异；在小喇叭口期和成熟期均以半膜平作＞全膜双垄沟播＞半膜垄作，其中小喇叭口期 3 种覆膜方式无显著差异，成熟期全膜双垄沟播模式极显著高于半膜垄作（表 3.24，表 3.25）。

白色地膜分别以全膜双垄沟播、半膜垄作和半膜平作方式覆膜时，玉米株高在拔节期、小喇叭口期和孕穗期均以全膜双垄沟播＞半膜平作＞半膜垄作，其中拔节期和小喇叭口期各覆膜方式存在显著或极显著差异，孕穗期无显著差异；在成熟期以全膜双垄沟播＜半膜平作＜半膜垄作，各覆膜方式间无显著差异。玉米茎粗在各覆膜方式间无显著差异。玉米株高整齐度在拔节期和孕穗期，全膜双垄沟播模式极显著低于或稍低于半膜平作和半膜垄作，在小喇叭口期和成熟期全膜双垄沟播模式均与半膜平作和半膜垄作模式无显著差异（表 3.24，表 3.25）。

**表 3.24　不同覆膜方式下的玉米株高及茎粗**

| 地膜种类 | 覆膜方式 | 株高 /cm | | | | 茎粗 /mm |
| --- | --- | --- | --- | --- | --- | --- |
| | | 拔节期 | 小喇叭口期 | 孕穗期 | 成熟期 | |
| 化学除草地膜 | 半膜平作 | （16.81±3.55）bCD | （35.27±10.44）cBC | （162.82±21.92）cdBCD | （226.16±12.01）deCDE | （20.75±2.20）cdCDE |
| | 半膜垄作 | （17.05±3.59）bCD | （33.31±8.48）cC | （167.98±98.23）bcBC | （231.22±29.23）cdBCD | （22.66±3.24）bB |
| | 全膜双垄沟播 | （18.69±1.27）aAB | （45.89±6.64）aA | （194.00±22.21）aA | （248.70±26.90）bAB | （24.86±3.58）aA |
| 黑色地膜 | 半膜平作 | （15.47±1.22）cdDE | （32.86±9.42）cC | （148.88±4.73）dcCDE | （244.76±23.47）bcBC | （21.98±1.99）bcBC |
| | 半膜垄作 | （14.09±2.11）eE | （23.67±10.35）dD | （129.96±22.69）fEF | （235.91±10.96）bcdBC | （21.75±2.63）bcBCD |
| | 全膜双垄沟播 | （16.56±2.59）bcCD | （35.57±6.84）cBC | （182.55±9.59）abAB | （266.66±6.99）aA | （24.46±3.00）aA |
| 白色地膜 | 半膜平作 | （17.33±3.33）bBC | （35.35±2.95）cBC | （134.04±26.32）efEF | （212.07±31.72）fDE | （19.32±0.93）eE |
| | 半膜垄作 | （14.87±2.26）deE | （26.24±8.55）dD | （122.61±19.77）fF | （214.32±13.29）efDE | （20.04±5.42）deDE |
| | 全膜双垄沟播 | （19.27±2.63）aA | （40.59±2.28）bAB | （139.04±44.30）efDEF | （209.44±35.23）fE | （20.01±5.33）deDE |

**表 3.25　不同覆膜方式下的玉米株高整齐度**

| 地膜种类 | 覆膜方式 | 株高整齐度 | | | |
| --- | --- | --- | --- | --- | --- |
| | | 拔节期 | 小喇叭口期 | 孕穗期 | 成熟期 |
| 化学除草地膜 | 半膜平作 | （6.62±1.19）abAB | （8.54±2.07）bAB | （14.06±1.51）cB | （23.21±2.84）bB |
| | 半膜垄作 | （6.78±0.70）abA | （8.27±0.15）bcAB | （17.43±2.03）bA | （30.43±6.35）aA |
| | 全膜双垄沟播 | （6.98±0.72）aA | （9.87±1.19）aA | （18.09±0.81）abA | （31.26±4.13）aA |
| 黑色地膜 | 半膜平作 | （6.38±1.30）abcAB | （7.75±1.08）bcdB | （17.50±3.49）bA | （31.63±3.07）aA |
| | 半膜垄作 | （6.14±0.95）bcAB | （6.93±1.34）dB | （14.99±0.92）cB | （23.22±2.97）bB |
| | 全膜双垄沟播 | （7.04±0.96）aA | （7.20±0.48）cdB | （19.21±0.47）aA | （29.66±3.87）aA |

表 3.25　（续）

| 地膜种类 | 覆膜方式 | 株高整齐度 | | | |
|---|---|---|---|---|---|
| | | 拔节期 | 小喇叭口期 | 孕穗期 | 成熟期 |
| 白色地膜 | 半膜平作 | （6.52±0.85）abAB | （8.07±1.95）bcdB | （12.03±1.41）dCD | （16.17±7.02）dC |
| | 半膜垄作 | （5.71±0.79）cdBC | （7.33±1.49）bcdB | （13.80±1.22）cBC | （19.93±1.42）cBC |
| | 全膜双垄沟播 | （5.09±0.72）dC | （8.43±1.42）bcAB | （11.33±2.92）dD | （17.30±1.74）cdC |

结果还表明，黑色地膜覆盖区的玉米株高在孕穗期前明显偏低，之后显著提高；白色地膜覆盖区的玉米株高在生育前期基本正常，中后期则有明显降低。其原因是，黑色地膜覆盖区的土壤温度相对较低，玉米生长发育被延缓，避免了植株的"早衰"，玉米中后期仍可继续生长；而白色地膜覆盖区的土壤温度相对较高，引发玉米生长发育进程加快，"早衰"特征明显，加之白色地膜覆盖区杂草发生较重，玉米生长前期杂草植株较小，对膜面的破坏性和对土壤养分、水分的耗损较小，玉米生长趋于正常，但随着玉米的生长，杂草也迅速增大增高，对膜面的破坏性和对土壤养分、水分的掠夺能力迅速增强，致使玉米茎部性状特别是株高明显降低。

鉴于此，为有效改善玉米茎部农艺性状，化学除草地膜和黑色地膜应尽可能采取全膜双垄沟播方式覆膜，半膜平作和半膜垄作覆膜方式的作用效应相对较差；白色地膜不论以何种方式覆膜，玉米生育后期的茎部性状明显变劣。

（4）3 种地膜不同覆膜方式对玉米产量性状的影响。化学除草地膜分别以全膜双垄沟播、半膜垄作和半膜平作方式覆膜时，玉米单位面积果穗数为全膜双垄沟播和半膜平作显著高于半膜垄作；玉米果穗有效长为全膜双垄沟播极显著高于半膜平作并显著高于半膜垄作；玉米穗粗在各覆膜方式间无显著差异；玉米穗粒数也以全膜双垄沟播为最高，显著高于半膜平作并稍高于半膜垄作；玉米百粒重为全膜双垄沟播>半膜平作>半膜垄作，在 3 种覆膜方式间有极显著差异（表 3.26）。

表 3.26　不同覆膜方式下的玉米产量性状

| 地膜种类 | 覆膜方式 | 果穗数 /（个 /20 m²） | 果穗有效长 /cm | 果穗粗 /cm | 穗粒数 / 粒 | 百粒重 /g |
|---|---|---|---|---|---|---|
| 化学除草地膜 | 半膜平作 | （127.00±4.9 7）abAB | （19.19±0.53）cBCD | （4.79±0.03）aA | （656.29±52.47）cB | （31.20±0.28）bB |
| | 半膜垄作 | （119.33±2.87）dB | （19.68±1.48）bcABC | （4.84±0.01）aA | （664.84±17.84）bcB | （29.31±0.15）cCD |
| | 全膜双垄沟播 | （125.33±2.87）abcAB | （20.92±1.79）aA | （4.87±0.15）aA | （681.50±16.85）abAB | （33.26±0.11）aA |
| 黑色地膜 | 半膜平作 | （126.00±13.83）abcAB | （19.62±1.48）bcABC | （4.86±0.31）aA | （673.25±18.96）bcAB | （31.22±0.28）bB |
| | 半膜垄作 | （126.33±8.72）abcAB | （19.42±0.16）bcABC | （4.86±0.09）aA | （670.40±11.16）bcAB | （26.49±0.49）dE |
| | 全膜双垄沟播 | （129.00±2.48）aA | （20.44±1.33）abAB | （4.85±0.74）aA | （691.94±0.66）aA | （31.35±0.29）bB |

表 3.26 （续）

| 地膜种类 | 覆膜方式 | 果穗数 / （个 /20 m²） | 果穗有效长 / cm | 果穗粗 /cm | 穗粒数 / 粒 | 百粒重 /g |
|---|---|---|---|---|---|---|
| 白色地膜 | 半膜平作 | （120.67±15.18） cdB | （18.54±3.18） cdCD | （4.66±0.42） aA | （619.30±16.64） dC | （30.51±0.34） bBC |
| | 半膜垄作 | （126.33±7.98） abcAB | （17.71±0.46） dD | （4.68±0.06） aA | （602.60±34.50） dC | （26.96±0.55） dE |
| | 全膜双垄沟播 | （121.67±10.34） bcdAB | （18.86±0.94） cBCD | （4.68±0.18） aA | （615.81±8.14） dC | （28.86±0.12） cD |

黑色地膜分别以全膜双垄沟播、半膜垄作和半膜平作方式覆膜时，玉米单位面积果穗数、穗有效长和穗粒数均以全膜双垄沟播为最高，稍高于或显著高于半膜平作和半膜垄作；果穗粗在各覆膜方式间无显著差异；百粒重以全膜双垄沟播和半膜平作为较高，极显著高于半膜垄作。

白色地膜分别以全膜双垄沟播、半膜垄作和半膜平作方式覆膜时，玉米单位面积果穗数和果穗粗均在各覆膜方式间无显著差异；果穗有效长以全膜双垄沟播最高，显著高于半膜垄作并稍高于半膜平作；穗粒数和百粒重均为半膜平作＞全膜双垄沟播＞半膜垄作，但穗粒数在各覆膜方式间无显著差异、百粒重在各覆膜方式间有显著差异。结果还表明，不论以何种方式覆膜，化学除草地膜和黑色地膜覆盖区的玉米产量性状均明显优于白色地膜。

基于有效改善玉米主要产量性状，化学除草地膜和黑色地膜的最佳覆膜方式均应选择全膜双垄沟播覆膜，半膜平作次之，半膜垄作较差；白色地膜在杂草严重或较重发生地区或田块不宜使用。

（5）3 种地膜不同覆膜方式对玉米产量及经济效益的影响。核算经济效益的相关参数如下。

①农机费：各处理机械耕地、耙地和脱粒费依次为 750 元 /hm²、750 元 /hm²、1 050 元 /hm²，机械覆膜费在半膜平作、半膜垄作和全膜双垄沟播 3 种覆膜方式中分别为 529.5 元 /hm²、750 元 /hm²、750 元 /hm²。

②人工费：各处理施肥（基肥和追肥）、覆膜、播种、间定苗及打叉费依次为 1 950 元 /hm²、300 元 /hm²、1 500 元 /hm²、1 800 元 /hm²、1 800 元 /hm²，除草费在半膜平作、半膜垄作和双垄沟覆膜 3 种覆膜方式中分别为 405 元 /hm²、600 元 /hm² 和 0 元 /hm²。

③生产资料费：各处理尿素、磷酸二铵、种子费依次为 840 元 /hm²、900 元 /hm² 和 720 元 /hm²，化学除草地膜和黑色地膜成本在半膜平作、半膜垄作、双垄沟覆膜 3 种覆膜方式中依次为 1 083.6 元 /hm²、984.9 元 /hm²、1 575 元 /hm²，白色地膜成本在半膜平作、半膜垄作、双垄沟覆膜 3 种覆膜方式中依次为 1 006.2 元 /hm²、914.55 元 /hm²、1 462.5 元 /hm²。

④玉米市场价格 1.70 元 /kg：测定和核算结果表明，化学除草地膜覆膜栽培中，玉米产量和纯收益均为全膜双垄沟播覆膜方式＞半膜平作覆膜方式＞半膜垄作覆膜方式，3 种覆膜方式间存在极显著差异，全膜双垄沟播覆膜较半膜平作和半膜垄作覆膜分别增产 9.23 % 和 22.17 %，分别增收 1 343.46 元 /hm² 和 3 553.13 元 /hm²。黑色地膜覆膜栽培

中，玉米产量和纯收益也均为全膜双垄沟播覆膜方式＞半膜平作覆膜方式＞半膜垄作覆膜方式，全膜双垄沟播显著高于半膜平作并极显著高于半膜垄作，全膜双垄沟播较半膜平作和半膜垄作分别增产 5.74 % 和 24.78 %，分别增收 736.3 元 /hm² 和 3 828.78 元 /hm²。白色地膜覆膜栽培中，玉米产量和纯收益均为半膜平作覆膜方式＞全膜双垄沟播覆膜方式＞半膜垄作覆膜方式，半膜平作显著高于全膜双垄沟播并极显著高于半膜垄作，半膜平作较全膜双垄沟播和半膜垄作分别增产 5.44 % 和 11.16 %，分别增收 1 079.64 元 /hm² 和 1 897.46 元 /hm²，但以全膜双垄沟播、半膜平作和半膜垄作覆膜方式覆膜的玉米产量和纯收入均极显著低于覆盖化学除草地膜和覆盖黑色地膜，较相应覆膜方式覆盖化学除草地膜分别减产 23.87 %、12.32 % 和 11.78 %，分别减少纯收入 4 547.88 元 /hm²、2 124.78 元 /hm² 和 1 812.57 元 /hm²，较相应覆膜方式覆盖黑色地膜分别减产 22.71 %、13.84 % 和 8.53 %，分别减少纯收入 4 254.88 元 /hm²、2 438.94 元 /hm² 和 1 243.92 元 /hm²（表 3.27）。

表 3.27　不同覆膜方式下的玉米产量及其经济效益

| 地膜种类 | 覆膜方式 | 小区产量 /（kg/20 m²） | 折合产量 /（kg/hm²） | 产值 /（元 /hm²） | 成本 /（元 /hm²） | 纯收益 /（元 /hm²） |
|---|---|---|---|---|---|---|
| 化学除草地膜 | 半膜平作 | 20.81±1.97 | 10 513.05 bC | 17 872.19 | 14 378.10 | 3 494.09 |
| | 半膜垄作 | 18.60±0.48 | 9 399.60 cD | 15 979.32 | 14 694.90 | 1 284.42 |
| | 全膜双垄沟播 | 22.73±0.64 | 11 483.85 aA | 19 522.55 | 14 685.00 | 4 837.55 |
| 黑色地膜 | 半膜平作 | 21.17±1.03 | 10 697.85 bBC | 18 186.35 | 14 378.10 | 3 808.25 |
| | 半膜垄作 | 17.94±0.30 | 9 065.10 cdD | 15 410.67 | 14 694.90 | 715.77 |
| | 全膜双垄沟播 | 22.39±1.26 | 11 311.50 aAB | 19 229.55 | 14 685.00 | 4 544.55 |
| 白色地膜 | 半膜平作 | 18.24±2.62 | 9 217.65 cD | 15 670.01 | 14 300.70 | 1 369.31 |
| | 半膜垄作 | 16.41±0.77 | 8 292.00 eE | 14 096.40 | 14 624.55 | −528.15 |
| | 全膜双垄沟播 | 17.30±1.66 | 8 742.45 dDE | 14 862.17 | 14 572.50 | 289.67 |

可见，为充分发挥化学除草地膜和黑色地膜的增产增收效应，实现玉米产量及其经济效益的最大化，生产上应将化学除草地膜和黑色地膜的覆膜方式选择为全膜双垄沟播，尽量避免选用半膜平作特别是半膜垄作方式；白色地膜以各种方式覆膜，均可造成玉米产量和经济效益的明显降低，甚至入不敷出，在杂草发生较重的地区或田块不宜选用白色地膜。

总体评价，在杂草严重或较重发生地区，为有效遏制草害、明显改善玉米农艺性状、显著提高玉米产量和经济效益，化学除草地膜和黑色地膜均应采取全膜双垄沟播方式覆膜；白色地膜以半膜平作和半膜垄作方式覆膜虽具有一定控草效果，但各覆膜方式均可导致玉米明显减产。

## 第二节　覆盖化学除草地膜对后茬作物生长发育的影响

### 一、覆盖化学除草地膜对后茬亚麻生长发育的影响

在陇东旱塬区正常的土壤环境和气候条件下，试验测定了全膜双垄沟播玉米田覆盖化学除草地膜对后茬亚麻生长发育的影响。试验于 2014 年布设在平凉市农业科学院高平试验站，化学除草地膜规格为 0.01 mm×1 200 mm[生产企业同本章：第一节：二：（一）]，白色地膜规格为 0.008 mm×1 200 mm[生产企业同本章：第一节：二：（一）]。试验设置化学除草地膜和白色地膜（CK）2 个处理，每处理重复 3 次，随机区组排列，小区面积 20 m²（4.45 m×4.50 m），当茬采取全膜双垄沟播技术种植玉米，后茬在清除残留地膜后种植亚麻。

4 月 23 日，整地并划分小区，各小区四周起埂，埂高 15 cm，埂宽 30 cm；随后依据全膜双垄沟播技术规程按小区施底肥（尿素 300 kg/hm²、磷酸二铵 225 kg/hm²）、起垄和覆膜；翌日在垄沟内人工点播玉米，穴距 27.5 cm，每穴 3 粒，定苗时每穴选留 1 株健壮苗；玉米大喇叭口期追施尿素 1 次，施入量 225 kg/hm²，其他管理与大田相同。玉米收获后，完整保留原有各小区，并彻底清除残留地膜，于当年 9 月下旬按小区人工翻耕（深度 20 cm）并及时耙平糖细土壤；翌年 3 月 21 日，原各小区均取其中 1/3（面积 1.5 m×4.45 m）种植后茬亚麻，播前依次施肥（各小区等量施肥，尿素和磷酸二铵施入量分别为 225 kg/hm² 和 300 kg/hm²）、翻地（深度 15 cm），随后按行等量条播亚麻，每小区 10 行，行距 15 cm，行长 4.45 m，行播量 5 g。在亚麻生长期内，各小区采用人工除草，以免杂草和除草剂影响试验结果，其他管理措施与大田相同。

对照区亚麻苗出齐后，调查出苗情况，每小区对角线 3 点取样，每点单行 1 m 长，样点面积 0.15 m²，记载每点出苗数。亚麻幼苗期、快速生长期和成熟期分别于 4 月 28 日、5 月 19 日和 8 月 9 日各调查 1 次植株密度，每次每小区对角线 3 点取样，每点单行 1 m 长，样点面积 0.15 m²，记载每点植株数。亚麻枞形期、现蕾期和始花期分别于 5 月 11 日、5 月 23 日和 6 月 6 日各测定 1 次植株干重，每小区对角线 5 点取样，每点随机选取 6 株，每株将根部和地上部剪离，5 点混合后室内烘干，分别称取地上部和根部干重。亚麻枞形期、现蕾期、始花期、盛花期和成熟期分别于 5 月 11 日、5 月 23 日、6 月 6 日、6 月 18 日和 8 月 9 日各调查 1 次株高，每小区对角线 3 点取样，每点随机测量 10 株。亚麻收获前，调查有效分茎数，每小区对角线 3 点取样，每点随机调查 10 株，记载每株有效分茎数。亚麻成熟后，按小区收获计产并考种，每小区随机选取 30 株和 30 果分别记载蒴果数和果粒数，每小区随机数取 1 000 粒称取千粒重。

**试验结果如下。**

（1）对后茬亚麻出苗的影响。全膜双垄沟播玉米田覆盖化学除草地膜，其后茬亚麻出苗率较覆盖白色地膜降低 2.21 %，差异不显著。化学除草剂成分进入土壤后对后茬作物种子萌发、出苗均有直接作用，其效应持续时间和强弱是衡量化学除草地膜对后茬作物安全性的重要依据之一。研究表明，全膜双垄沟播玉米田覆盖化学除草地膜后残留在土壤中的化学除草剂对后茬亚麻的出苗影响较小，加之亚麻对其分茎数、分枝数等农艺性状具有较强的自我调节能力，在正常播种量条件下小幅度降低出苗数不至于明显影响亚麻产量（表 3.28）。

**表 3.28　化学除草地膜对后茬亚麻出苗的影响**

| 处理 | 播种粒数 /（万粒 /hm²） | 平均出苗数 /（万株 /hm²） | 平均出苗率 /% | 较 CK 降低 /% |
|---|---|---|---|---|
| 化学除草地膜 | 1 006.7 | 654.07±78.533 | 64.97aA | 2.21 |
| 白色地膜（CK） | 1 006.7 | 676.27±56.667 | 67.18aA | — |

（2）对后茬亚麻密度的影响。全膜双垄沟播玉米田覆盖化学除草地膜，其后茬亚麻的密度在幼苗期、快速生长期和成熟期分别为 653.33 万株 /hm²、651.07 万株 /hm² 和 486.67 万株 /hm²，较覆盖白色地膜分别降低 3.39 %、3.63 % 和 3.67 %，但在 2 处理间均未达到显著性差异。表明全膜双垄沟播玉米田覆盖化学除草地膜对后茬亚麻密度无明显影响（表 3.29）。

**表 3.29　化学除草地膜对后茬亚麻密度的影响**

| 处理 | 幼苗期（04—28）密度 /（万株 /hm²） | 较 CK 降低 /% | 快速生长期（05—19）密度 /（万株 /hm²） | 较 CK 降低 /% | 成熟期（08—09）密度 /（万株 /hm²） | 较 CK 降低 /% |
|---|---|---|---|---|---|---|
| 化学除草地膜 | 653.33±78.267aA | 3.39 | 651.07±94.133aA | 3.63 | 486.67±33.733aA | 3.67 |
| 白色地膜（CK） | 676.27±30.333aA | — | 675.60±38.267aA | — | 505.20±35.533aA | — |

（3）对后茬亚麻株高的影响。全膜双垄沟播玉米田覆盖化学除草地膜，其后茬亚麻株高在枞形期、现蕾期、始花期、盛花期和成熟期分别较覆盖白色地膜降低 0.04 cm、0.53 cm、0.76 cm、2.05 cm 和 1.82 cm，但在 2 处理间均无显著差异。表明全膜双垄沟播玉米田覆盖化学除草地膜对后茬亚麻株高有一定的抑制作用，其效应随亚麻生育期的推后有逐渐增强的态势，但在各生育期的影响程度均较小（表 3.30）。

**表 3.30　化学除草地膜对后茬亚麻株高的影响**　　　　　　　　单位：cm

| 处理 | 枞形期 平均株高 | 较 CK 降低 | 现蕾期 平均株高 | 较 CK 降低 | 始花期 平均株高 | 较 CK 降低 | 盛花期 平均株高 | 较 CK 降低 | 成熟期 平均株高 | 较 CK 降低 |
|---|---|---|---|---|---|---|---|---|---|---|
| 化学除草地膜 | 9.57±1.61aA | 0.04 | 22.16±5.92aA | 0.53 | 46.82±1.90aA | 0.76 | 49.15±3.51aA | 2.05 | 50.30±1.55aA | 1.82 |
| 白色地膜（CK） | 9.61±1.06aA | — | 22.69±5.47aA | — | 47.58±0.30aA | — | 51.20±3.35aA | — | 52.12±4.22aA | — |

（4）对后茬亚麻植株生物量的影响。全膜双垄沟播玉米田覆盖化学除草地膜，其后茬亚麻根部干重在枞形期至始花期较覆盖白色地膜处理降低 0～6.33 mg/ 株，但在 2 种地膜处理间均无显著差异；亚麻地上部干重在枞形期至现蕾期较覆盖白色地膜处理降低 8.33～30.67 mg/ 株，但在 2 种地膜处理间无显著差异；在亚麻始花期较覆盖白色地膜处理降低 84.67 mg/ 株，在 2 种地膜处理间有显著差异（表 3.31）。化学除草剂成分进入土壤后构成干预植物生理作用的外源性环境因子，从而对植物光合产物去向及累积产生一定的作用，其效应持续时间和强弱是衡量化学除草地膜对后茬作物安全性的重要依据。全膜双垄沟播玉米田覆盖化学除草地膜后残留在土壤中的化学除草剂对后茬亚麻根部和地上部干重均有一定程度的负面影响，但除对地上部在始花期的干重有明显影响外，对根部干重及地上部在枞形期至现蕾期的干重影响较小。

表 3.31　化学除草地膜对后茬亚麻植株干重的影响　　　　单位：mg/ 株

| 处理 | 根部 | | | 地上部 | | |
|---|---|---|---|---|---|---|
| | 枞形期 | 现蕾期 | 始花期 | 枞形期 | 现蕾期 | 始花期 |
| 化学除草地膜 | 13.67±0aA | 31.67±4.67aA | 57.67±1.33aA | 76.00±20.33aA | 220.67±30.67aA | 545.00±20.33aA |
| 白色地膜（CK） | 13.67±2.33aA | 35.00±5.67aA | 64.00±8.00aA | 84.33±20.67aA | 251.33±22.67aA | 629.67±68.33bA |

（5）对后茬亚麻主要经济性状的影响。全膜双垄沟播玉米田覆盖化学除草地膜，其后茬亚麻的果粒数和千粒重较覆盖白色地膜处理分别降低 0.55 粒/ 果和 0.06 g，但在 2 种地膜处理间均无显著差异；有效分茎数和蒴果数较覆盖白色地膜处理分别增加 0.04 个/ 株和 0.69 果/ 株，但在 2 种地膜处理间无显著差异。残留于土壤中的除草剂成分对后茬作物的产量构成因素均有一定的作用，明确其效应持续时间和强弱也是评价化学除草地膜对后茬作物安全性的重要依据。全膜双垄沟播玉米田覆盖化学除草地膜后残留在土壤中的化学除草剂对后茬亚麻主要农艺性状均无明显影响（表 3.32）。

表 3.32　化学除草地膜对后茬亚麻主要经济性状的影响

| 处理 | 有效分茎数 /（个/ 株） | 蒴果数 /（果/ 株） | 果粒数 /（粒/ 果） | 千粒重 /g |
|---|---|---|---|---|
| 化学除草地膜 | 0.20±0.07aA | 11.81±2.98aA | 5.89±1.44aA | 6.69±0.34aA |
| 白色地膜（CK） | 0.16±0.06aA | 11.12±0.78aA | 6.44±1.93aA | 6.75±0.16aA |

（6）对后茬亚麻产量的影响。全膜双垄沟播玉米田覆盖化学除草地膜，其后茬亚麻产量较覆盖白色地膜处理有所降低，减产幅度为 2.66 %，但在 2 种地膜处理间无显著差异（表 3.33）。全膜双垄沟播玉米田覆盖化学除草地膜后残留于土壤中的化学除草剂对后茬亚麻产量有一定负面影响，但其影响程度较小。

表3.33　化学除草地膜对后茬亚麻产量的影响

| 处理 | 小区产量 /（g/m²） | 较 CK 减产 /% |
|---|---|---|
| 化学除草地膜 | 164.06±31.22aA | 2.66 |
| 白色地膜（CK） | 168.54±20.51aA | — |

总体评价，全膜双垄沟播玉米田覆盖化学除草地膜对后茬亚麻出苗、株高、干重、果粒数、千粒重、产量等具一定负面影响，对分茎数和蒴果数有一定促进作用，但其作用多较微弱。当茬口安排趋紧时，对于覆盖化学除草地膜的全膜双垄沟播玉米田，其后茬可安排种植亚麻。

## 二、覆盖化学除草地膜对后茬冬小麦生长发育的影响

化学除草地膜在全膜双垄沟播玉米田的推广应用是有效解决当茬玉米田草害问题和显著提升经济效益的新途径，但除草剂在土壤中的残留对后茬冬小麦的安全性尚不明确，为探明其作用效应，于2014—2015年在平凉市农业科学院高平试验站设置试验，比较研究了覆盖化学除草地膜对后茬冬小麦出苗、株高、分蘖、生物量、穗部性状及产量的影响。参试化学除草地膜和白色地膜，规格均为0.01 mm×1 200 mm[生产企业同本章：第一节：二：（一）]。试验设2个处理：（1）在覆盖化学除草地膜的全膜双垄沟播玉米田以露地栽培方式种植后茬冬小麦；（2）在覆盖白色地膜的全膜双垄沟播玉米田以露地栽培方式种植后茬冬小麦（CK）。试验采取随机区组设计，小区面积20 m²（4.45 m×4.50 m）重复3次。

当年春季（4月23日至24日），各处理均按半干旱地区全膜双垄沟播技术规程播种当茬玉米。播前，各小区四周均筑起土埂并按小区等量施入尿素和磷酸二铵，施用量分别为300 kg/hm²和225 kg/hm²；随后依次耙地、起垄、覆膜和播种，玉米种子用点播器在垄沟处膜面上打孔播入土壤，孔距27.5 cm，每孔播3粒。玉米4叶期，每孔保留健壮苗1株。玉米苗后管理与大田相同。当茬玉米收获后，及时清除田间残留地膜，并按原小区依次人工深翻土壤（深度20 cm）、施肥（各小区肥料及施用量同前茬玉米）、浅耕和耙糖，上述过程中确保原有各小区间的土埂完好无损并避免小区间的土壤相互混合。当年秋季（9月27日），在原各小区内均采取露地栽培方式播种后茬冬小麦，按行等量条播，行距18.6 cm，行长4.45 m，行播量401粒。冬小麦出苗至成熟期（2014年10月至2015年7月），对其生长发育状况进行系统调查与测定，比较分析全膜双垄沟播玉米田覆盖化学除草地膜对后茬露地冬小麦的作用效应。

### 1. 调查测定项目及方法

（1）冬小麦出苗率调查。对照区冬小麦苗齐后，每小区斜对角线3点取样，每点单行0.5 m长，记载出苗数。

（2）冬小麦株高测定。冬小麦拔节期（4月10日）、6叶1心期（4月24日）和成熟期（7月15日）各测定1次株高，每小区斜对角线3点取样，每点随机量取10株株高。

（3）冬小麦干物质量测定。入冬前（10月24日）和拔节期（4月10日）各测定1次植株干重，每小区斜对角线5点取样，每点随机选取2株，5点混合后室内烘干，分别称

取地上部和根部干重。

（4）冬小麦分蘖能力调查。土壤封冻前（11月21日），调查分蘖数，每小区斜对角线3点取样，每点随机选取10株，逐株记载分蘖数。

（5）冬小麦产量性状及产量测定。冬小麦收获前，每小区斜对角线3点取样，每点单行0.5 m长，逐点记载有效穗数。冬小麦成熟后，按小区收获计产并考种，每小区随机选取20穗，记载籽粒数，每小区随机选取1 000粒籽粒称重。

**2. 试验结果**

（1）对后茬冬小麦出苗的影响。在覆盖化学除草地膜和覆盖白色地膜的全膜双垄沟播玉米田种植后茬冬小麦，冬小麦的出苗率分别为84.2 %和86.9 %，无显著差异（表3.34）。因此，全膜双垄沟播玉米田覆盖化学除草地膜对后茬露地冬小麦出苗影响不明显。

表3.34　化学除草地膜对后茬冬小麦出苗率的影响

| 处理 | 单行播种粒数/粒 | 单行出苗数/株 | 出苗率/% | 与CK比较/% |
|---|---|---|---|---|
| 化学除草地膜 | 401 | 337.6±64.4 | 84.2a | -2.7 |
| 白色地膜（CK） | 401 | 348.5±76.7 | 86.9a | — |

（2）对后茬冬小麦株高的影响。株高是衡量作物生长发育是否正常的重要依据之一，与作物产量水平密切相关。全膜双垄沟播玉米田覆盖化学除草地膜，其后茬冬小麦株高较覆盖白色地膜处理有所降低，降低幅度在冬小麦拔节期、6叶1心期和成熟期分别为0 cm、0.1 cm和1.2 cm，但在2种地膜处理间均无显著差异（表3.35）。显而易见，在覆盖化学除草地膜的全膜双垄沟播玉米田种植后茬冬小麦，对其株高具有一定负面影响，其抑制效应随生育期推后呈逐渐增强态势。

表3.35　化学除草地膜对后茬冬小麦株高的影响　　　　　　　　　单位：cm

| 处理 | 拔节期 | | 6叶1心期 | | 成熟期 | |
|---|---|---|---|---|---|---|
| | 株高 | 与CK比较 | 株高 | 与CK比较 | 株高 | 与CK比较 |
| 化学除草地膜 | 18.5±1.8aA | 0 | 36.4±3.4a | -0.1 | 69.8±1.1a | -1.2 |
| 白色地膜（CK） | 18.5±5.7aA | — | 36.5±7.1a | — | 71.0±1.3a | — |

（3）对后茬冬小麦植株生物量的影响。全膜双垄沟播玉米田覆盖化学除草地膜对后茬作物生物量影响程度的大小是衡量化学除草地膜对后茬作物是否安全的重要指标。同覆盖白色地膜的全膜双垄沟播玉米田比较，覆盖化学除草地膜的全膜双垄沟播玉米田，降低了后茬冬小麦植株在入冬前的根部干重和根冠比，增加了地上部干重；而拔节期却相反，增加了根部干重和根冠比，降低了地上部干重，但2种地膜处理间均无显著差异。鉴于此，全膜双垄沟播玉米田覆盖化学除草地膜对后茬冬小麦植株根、冠生长及两者比例关系的影响较轻微，入冬前，根部生长稍有抑制，地上部生长稍有促进，根冠比略有降低；拔节

期，根部生长稍有促进，地上部稍有抑制，根冠比略有提高（表 3.36）。

表 3.36 化学除草地膜对后茬冬小麦植株干重的影响

| 处理 | 冬前干重 | | | 拔节期干重 | | |
|---|---|---|---|---|---|---|
| | 根部 /g | 地上部 /g | 根冠比 | 根部 /g | 地上部 /g | 根冠比 |
| 化学除草地膜 | 0.023±0.003aA | 0.091±0.025a | 0.253±0.010a | 0.272±0.085a | 1.462±0.233a | 0.186±0.003a |
| 白色地膜（CK） | 0.025±0.005aA | 0.084±0.035a | 0.298±0.017a | 0.268±0.116a | 1.519±0.222u | 0.173±0.000a |

（4）对后茬冬小麦分蘖能力的影响。对于覆盖化学除草地膜的全膜双垄沟播玉米田，其后茬冬小麦的分蘖数较覆盖白色地膜处理减少 0.02 个 / 株，但在 2 种地膜处理间无显著差异（表 3.37）。表明全膜双垄沟播玉米田覆盖化学除草地膜对后茬冬小麦的分蘖能力无明显影响。

（5）对后茬冬小麦产量构成因素的影响。表 3.37 易见，在覆盖化学除草地膜的全膜双垄沟播玉米田种植后茬冬小麦，其有效穗数和穗粒数分别为 543.6 穗 /m² 和 27.7 粒，较覆盖白色地膜分别减少 17.9 穗 /m² 和 2.4 粒，2 种处理间均未达到显著差异；籽粒千粒重为 38 g，较覆盖白色地膜显著增加 1.6 g。表明全膜双垄沟播玉米田覆盖化学除草地膜对后茬冬小麦虽对有效穗数和穗粒数有一定负面影响，但可显著提高籽粒千粒重。

（6）对后茬冬小麦籽粒产量的影响。化学除草地膜对后茬作物籽粒产量的影响程度是全面评价化学除草地膜安全性的重要依据。在覆盖化学除草地膜的全膜双垄沟播玉米田，以露地方式播种后茬冬小麦，其籽粒产量为 5 922 kg/hm²，较覆盖白色地膜减产 2.47 %，但尚未达到显著差异（表 3.37）。表明在全膜双垄沟播玉米田覆盖化学除草地膜可致后茬冬小麦略有减产。

表 3.37 化学除草地膜对后茬冬小麦分蘖数及其经济性状的影响

| 处理 | 单株分蘖数 /（个 / 株） | 有效穗数 /（穗 /m²） | 穗粒数 / 粒 | 千粒重 /g | 籽粒产量 /（kg/hm²） |
|---|---|---|---|---|---|
| 化学除草地膜 | 3.44±0.55a | 543.6±57.2a | 27.7±2.7a | 38.0±2.3a | 5 922±435a |
| 白色地膜 | 3.46±0.92a | 561.5±42.1a | 30.1±3.2a | 36.4±3.5b | 6 072±225a |

总体评价，全膜双垄沟播玉米栽培中以化学除草地膜替代白色地膜，对后茬冬小麦出苗、株高、分蘖数、有效穗数、穗粒数、籽粒产量等均有较小或微弱的负面影响，对冬小麦根、冠生长及两者重量比具较轻微影响，并可明显提高冬小麦籽粒饱满度。基于此，在甘肃省陇东旱塬区覆盖化学除草地膜的全膜双垄沟播玉米田，以露地栽培方式种植后茬冬小麦，对冬小麦生长发育无明显不利影响，玉米收获并彻底清除残留化学除草地膜后可安排播种后茬冬小麦。

## 三、覆盖化学除草地膜对后茬大豆生长发育的影响

在陇东旱塬生态条件下，试验测定了全膜双垄沟播玉米田覆盖化学除草地膜对后茬大

豆生长发育的影响。试验于2014—2015年布设在平凉市农业科学院高平试验站，参试化学除草地膜规格为0.01 mm×1 200 mm、白色地膜规格为0.008 mm×1 200 mm[生产企业同本章：第一节：二：（一）]。2014年4月23日，按全膜双垄沟播玉米技术规程种植玉米，玉米收获后，确保原试验小区完好并彻底清除田间残留地膜；当年4月下旬，按原小区分别施肥（尿素、磷酸二铵施入量均为300 kg/hm²）、翻地（深度为20 cm）、耙地和播种大豆。大豆播种方式采取人工条播，每穴点播3粒种子，穴距为22 cm。其他管理与大田相同。

大豆3叶1心期（6月6日）和始花期（7月17日）各测定1次植株高度，每小区对角线3点取样，每点10株。大豆3叶1心期，每小区对角线3点取样，每点5株，每株在植株上、中、下部各随机选取1片叶，每叶分别在叶基部、叶中部和叶尖测定叶绿素相对含量（SPAD值）。全生育期观察大豆生长表现，如植株扭曲、枯死、生长明显迟缓和叶片出现畸形、发黄、枯斑等情况，并记载恢复时间。大豆成熟后，进行考种，每小区随机选取10株，逐株记载结荚数；随机选取50荚果，记载籽粒数；随机数取300粒，称其重量。依据考种资料计算单株结荚数、单荚粒数、百粒重及单株产量。相关计算公如为：单株结荚数＝各样株结荚数之和/样株数；单荚粒数＝样荚籽粒数之和/样荚数；百粒重=300粒重/3；单株产量＝单株结荚数×单荚粒数×（百粒重/100）。

**试验结果如下。**

（1）对后茬大豆生长的直观影响。观察结果表明，全膜双垄沟播玉米田覆盖化学除草地膜，其后茬大豆的出苗一致、株高整齐、叶色翠绿、生长正常，叶片和植株无扭曲、畸形、枯死、变黄等症状发生，与覆盖白色地膜无明显差异。可见，覆盖化学除草地膜对后茬大豆无明显直观影响。

（2）对后茬大豆株高的影响。覆盖化学除草地膜，其后茬大豆在3叶1心期、始花期的株高分别为11.57 cm、46.56 cm，较覆盖白色地膜降低0.02 cm、0.84 cm，2种地膜处理间无显著差异（表3.38）。

表3.38 化学除草地膜对后茬大豆株高的影响　　　　　　　　　　　单位：cm

| 处理 | 3叶1心期 | | 始花期 | |
|---|---|---|---|---|
| | 平均株高 | 较CK降低 | 平均株高 | 较CK降低 |
| 化学除草地膜 | 11.57±2.38a | 0.02 | 46.56±5.21a | 0.84 |
| 白色地膜（CK） | 11.59±0.67a | — | 47.40±5.34a | — |

（3）对后茬大豆叶绿素含量的影响。覆盖化学除草地膜，其后茬大豆下、中、上部叶片及全株叶片在3叶1心期的叶绿素含量分别为41.97 mg/g、40.31 mg/g、34.60 mg/g和38.95 mg/g，较覆盖白色地膜分别增加1.62 mg/g、降低0.42 mg/g、降低0.87 mg/g和增加0.1 mg/g，2种地膜处理间无显著差异。表明化学除草地膜对后茬大豆叶绿素含量影响甚微（表3.39）。

表 3.39 化学除草地膜对后茬大豆叶绿素含量的影响（SPAD 值） 单位：mg/g

| 处理 | 下部 | 较 CK 降低 | 中部 | 较 CK 降低 | 上部 | 较 CK 降低 | 全株 | 较 CK 降低 |
|---|---|---|---|---|---|---|---|---|
| 化学除草地膜 | 41.97±4.53a | −1.62 | 40.31±4.65a | 0.42 | 34.60±3.93a | 0.87 | 38.95±4.02a | −0.1 |
| 白色地膜（CK） | 40.35±2.62a | — | 40.73±4.03a | — | 35.47±1.99a | — | 38.85±0.31a | — |

（4）对后茬大豆经济性状及产量的影响。覆盖化学除草地膜，其后茬大豆的单株荚数、单荚粒数分别为 34.50 个 / 株和 1.63 粒 / 荚，较覆盖白色地膜分别增加 3.40 荚 / 株和降低 0.10 粒 / 荚，2 种地膜处理间无显著差异；其百粒重和单株产量均显著低于白色地膜，降幅分别为 2.24 g 和 9.27 %。据此，覆盖化学除草地膜对后茬大豆的百粒重和产量均有显著的负面效应，百粒重的显著降低是造成减产的主要原因（表 3.40）。

表 3.40 化学除草地膜对后茬大豆农艺性状及百粒重的影响

| 处理 | 单株荚数 | 较 CK 增加 /（荚 / 株） | 单荚粒数 / 粒 | 较 CK 降低 /（粒 / 荚） | 百粒重 /g | 较 CK 降低 /g | 单株产量 /g | 较 CK 降低 /% |
|---|---|---|---|---|---|---|---|---|
| 化学除草地膜 | 34.50±2.03aA | 3.40 | 1.63±0.08aA | 0.10 | 20.82±1.25aA | 2.24 | 11.74±0.89aA | 9.27 |
| 白色地膜（CK） | 31.10±2.40aA | — | 1.73±0.22aA | — | 24.06±1.82bA | — | 12.94±0.95bA | — |

总体评价，全膜双垄沟播玉米田覆盖化学除草地膜，其后茬大豆株高、叶绿素含量、单株荚数、单荚粒数等主要农艺性状与覆盖白色地膜无显著差异，但其百粒重和产量则显著低于覆盖白色地膜，降幅分别达到 2.20 g 和 9.27 %。因此，覆盖化学除草地膜对后茬大豆具较明显影响，在覆盖化学除草地膜的玉米田不宜安排种植大豆。

## 第三节　化学除草地膜控草技术多年示范效果

### 一、对杂草的防效

2011—2016年，对化学除草地膜控草技术在全膜双垄沟播玉米田开展了为期6年的示范展示。化学除草地膜在正常土壤墒情条件下（2014—2016年），对全膜双垄沟播玉米田各类杂草均具优良防效，对阔叶杂草的株防效和鲜重防效分别为97.79%～100%和97.06%～100%，平均达到98.6%和98.83%；对禾本科杂草的株防效和鲜重防效分别为90.91%～100%和91.71%～100%，平均达到94.23%和96.78%；但在土壤严重干旱条件下（2013年），对杂草控制作用很差，总体株防效和鲜重防效不足5%和24%。黑色地膜在不同土壤墒情条件下（2011年和2013—2016年），对全膜双垄沟播玉米田各类杂草均有优良控制作用，在正常土壤墒情条件下（2011年和2014—2016年）对阔叶杂草的株防效和鲜重防效分别为89.77%～98.13%和93.67%～99.87%，平均达到94.39%和98.23%，对禾本科杂草的株防效和鲜重防效分别在89.61%～98.24%和99%～99.98%，平均达到95.46%和99.59%；严重干旱下（2013年）对杂草仍具优良控制效果，总体株防效和鲜重防效分别达到96.72%和99.2%。

### 二、对玉米的增产增收效果

覆盖化学除草地膜的玉米田，4年（2013—2016年）的玉米产量为11 483.85～14 185.65 kg/hm²，平均达到12 527.7 kg/hm²，较覆盖白色地膜增产8.22%～31.36%，平均增幅12.25%，增加纯收益1 454.55～4 547.85元/hm²，平均增幅2 691.15元/hm²。覆盖黑色地膜的玉米田，6年（2011—2016年）的玉米产量为11 312.85～14 295.75 kg/hm²，平均达到12·181.05 kg/hm²，较覆盖白色地膜增产2.22%～29.4%，平均增幅9.15%，增加纯收益712.95～4 254.9元/hm²，平均增幅1 939.5元/hm²。

全膜双垄沟播玉米田覆盖化学除草地膜和黑色地膜均可有效控制杂草危害，显著提高玉米产量及纯收益，杂草发生危害越重效应越明显。

# 第四节　全膜双垄沟播玉米田除草地膜覆盖控草技术规程

## 一、范围

本规程规定了除草地膜在玉米田的应用技术。

本规程适用于陇东地区玉米生产，也可供省内外生态条件相似玉米产区借鉴。

## 二、规范引用文件

下列文件中的条款通过本规程的引用而成为本规程的条款。凡是注日期的引用文件，其随后所有的修改单（不包括勘误的内容）或修订版均不能适用本规程，然而，鼓励根据本规程达成协议的各方研究是否可使用这些文件的最新版本。凡不注日期的引用文件，其最新版本适用本规程。

DB 62/T 821—2012《半干旱地区全膜双垄沟播技术规程》。

DB 62/T 2443—2014《聚乙烯吹塑农用地面覆盖薄膜》。

DB 62/T 2622—2015《废旧地膜回收技术规程》。

DB 62/T 799—2002《无公害农产品生产技术规程》。

NY/T 1997—2011《除草剂安全使用技术规范通则》。

Q/SWTJSl—2005《甘蔗、玉米专用除草地膜》。

## 三、术语解释

### （一）除草地膜

是指能够有效杀灭杂草或抑制杂草发生危害的一类农用地膜。本规程中所指的除草地膜包括化学除草地膜（本书特指玉米专用）和黑色地膜2种。

### （二）化学除草地膜

是指在普通白色地膜材料中加入化学除草剂后再经吹塑等特殊工艺加工而成的一类功能性地膜。

### （三）黑色地膜

是在聚乙烯树脂中加入2%～3%炭黑制成的一类功能性地膜。

## 四、指导思想

本规程遵循"预防为主，综合防治"的植保方针，本着"安全、经济、高效、轻简"的原则，为玉米田提供安全高效除草地膜种类及其切实可行的配套应用技术体系，着力突破全膜双垄沟播玉米田杂草难以防除、防除成本高的技术瓶颈。

### 五、选用除草地膜的前提条件

#### （一）适宜的田间杂草密度

陇东地区全膜双垄沟播玉米田发生的杂草种类多达 98 种以上，但对膜下环境有较强适应能力的杂草主要有狗尾草、稗、藜、反枝苋等，当杂草群落中至少含有其中之一为优势种群且较重或严重发生时，即在需播种玉米的区域或田块，上述杂草群落的最大密度（杂草苗全后的密度）在常年达到 116.68 株 /m$^2$ 和 163.48 株 /m$^2$ 以上时，可分别推广使用化学除草地膜和黑色地膜；未达此指标，则选用白色地膜。

#### （二）适宜的土壤环境条件

土壤的质地、湿度、有机质含量、酸碱度等对化学除草地膜的除草效果均有明显影响。当土壤较黏重或土壤墒情较差（土壤含水量低于 13 %）或土壤有机质较丰富（有机质含量大于 5 %）时，不宜选用化学除草地膜，可选用白色地膜或黑色地膜；反之，可选用化学除草地膜。

#### （三）适宜的土壤直观性状

选用除草地膜特别是化学除草地膜时，必须在覆膜前充分整平和耙耱土壤，使土层松软、土块碎小，覆膜后力求达到垄面平整、紧实。

#### （四）适宜的田间地膜保护条件

除草地膜覆盖时间较早，田间存留期较长，其膜面容易受到动物的践踏破坏，从而严重影响其控草效应。在狗、牛、羊等动物频繁出没的区域，由村委会牵头制定相应的管理制度，明确处罚条款，并做好广泛的宣传说服工作，以加强对家养动物的管理，避免对除草地膜的损坏；对于管理确有困难的区域，不宜使用除草地膜。

### 六、除草地膜覆盖技术

#### （一）除草地膜的种类及规格选择

对于杂草严重或较重发生的地块或区域，应推广使用具有化学除草功能的化学除草地膜或具有物理性控草功能的黑色地膜，但对于光热条件较差的地块或区域应避免使用黑色地膜。选用的化学除草地膜和黑色地膜的厚度不小于 0.01 mm。

#### （二）适宜的覆膜方式及方法

化学除草地膜和黑色地膜的最佳覆膜方式均为全膜双垄沟覆膜。其方法：按照"半干旱地区全膜双垄沟播技术规程"要求采用起垄覆膜机械将地膜覆盖于田间的垄和沟表面，相邻 2 幅地膜必须在宽垄中部位置重叠 3 ～ 5 cm，避免留有"裸露带"（相邻 2 幅地膜边缘在宽垄中部相互分开而形成的裸露土壤表面），也必须用田土将重叠处的膜面覆压严实，以求最大限度地提高对田间杂草的控制效果。基肥在耙地和覆膜前均匀撒施于土壤表面，施入量磷酸二铵和尿素均为 300 kg/hm$^2$、优质农家肥 45 000 kg/hm$^2$，另在玉米大喇叭口期追施 1 次尿素，施用量为 300 kg/hm$^2$。

#### （三）适宜的覆膜时期

化学除草地膜和黑色地膜的最佳覆膜时期应掌握在上年秋季土壤封冻前（11 月上

中旬），在劳动力短缺等特殊情况下也可安排在当年顶凌期（3月上中旬），不宜在播期覆膜。

### （四）膜面的管护

覆膜后至玉米成熟期，要加强对田间除草地膜的管护工作。玉米播种、追肥、农艺操作失误、动物（狗、牛、羊等）践踏等在膜面上形成的所有孔洞必须及时用细湿土封压严实。

### （五）田间残留地膜的再利用与处理

当茬玉米收获后，若除草地膜的膜面破损程度较小，可将其保留下来，以供下茬作物继续利用，翌年春季，直接在残留的玉米根茬之间点播玉米、谷子、马铃薯、亚麻等春播作物；当地膜膜面破损程度较大时，可采取人工除草或化学除草，但人工除草费工费时且对膜面损坏较大，一般不宜采用，化学除草具有见效快、成本低、简单易行等优点，是经济有效的除草措施，具体方法是在早春（3月上中旬），将48％乙·莠可湿性粉剂 3 750 g/hm² 或 40％扑·乙可湿性粉剂 3 375～3 750 g/hm²、42％甲·乙·莠悬浮剂 4 875～5 250 mL/hm²、48％莠去津可湿性粉剂 4 875～5 250 g/hm² 兑水 450～675 kg/hm²，均匀喷施于膜面破损口处地表面，当膜下杂草发生密度较高时，还要将喷头从膜面破损口处伸入膜内并将药液喷施于杂草植株及土壤表面。若当茬玉米收获后，除草地膜膜面已经严重破损，应在玉米收获后将其彻底清除并带出田外集中处理。

## 第五节　全膜双垄沟播玉米田除草剂局部减量施用技术

目前，一些除草剂已被应用于全膜双垄沟播玉米田，但施药技术较为落后，绝大多数农户的做法是事先将除草剂喷施于土壤表面形成封杀杂草的"药膜层"，随后进行起垄和覆膜等作业，此操作流程使得之前所形成的"药膜层"在起垄过程中遭到严重破坏，显著影响了药效的发挥，生产上主要通过提高除草剂施用量来确保防除效果，由此加大了环境污染和药害发生风险。针对现有技术的弊端，2011 年以来，重点针对全膜双垄沟播玉米田除草剂的适宜种类、高效喷雾助剂、最佳喷施区域、最佳喷施方式等开展了系统研究，总结凝练出了除草剂局部减量施用技术体系及规程。

### 一、经济、安全、高效除草剂

#### （一）土壤封闭处理除草剂

全膜双垄沟播玉米田杂草主要发生于膜下，由此决定了除草剂的主要施用时期是在地面起垄之后和覆膜之前，喷施的最佳靶标区域是在垄面，适宜的除草剂类型是土壤封闭处理除草剂。土壤封闭处理除草剂是指喷洒于土壤表面或拌入土壤一定深度，从而形成能够封杀杂草的"药膜层"的一类除草剂，一般在作物播种后出苗前施药。目前，国内市场上适宜于玉米田应用的土壤封闭处理除草剂品种较多，但它们在膜下的作用效应强弱尚不明确。鉴于此，2011 年引进了 11 种被广泛应用于露地玉米田的土壤封闭处理除草剂，并在平凉市农业科学院高平试验站开展了试验研究，筛选出了对全膜双垄沟播玉米田杂草防控效果好、对玉米安全的土壤封闭处理除草剂。参试土壤封闭处理除草剂及其生产企业参见表 3.41。

试验设置 34 个处理（表 3.42，剂量指制剂用量，下同），每处理重复 3 次，随机区组排列，小区面积 19.8 m²（6.6 m×3 m）。小区之间用走道（宽 60 cm）隔开。2011 年 3 月 16 日至 17 日依次整地、施肥（N=230 kg/hm²、$P_2O_5$=150 kg/hm²）、起垄、种草（藜 : 反枝苋 =0.5 : 1，均匀撒施垄、沟表面，播种量 3 kg/hm²）、喷药（药液用背负式喷雾器均匀喷施于垄、沟表面，药液量 900 kg/hm²，其中仲丁灵和乙草胺·仲丁灵喷施后再用钉齿耙纵横交叉耙 2 遍）和覆膜。玉米播种期 4 月 19 日，用点播器人工打孔点播，播后用细湿土封孔，播孔呈三角形排布，密度为 66 000 株 /hm²。

玉米出苗后 15 d，调查各小区玉米出苗株数，计算出苗率；玉米生长过程中观察是否有叶色变黄、叶片白化、茎叶畸形扭曲、生长点坏死、植株僵而不发、全株枯死等药害症状；苗后 40 d 测定株高，每小区按对角线 3 点取样，每点调查 5 株，测量株高，计算平均株高；玉米出苗后 45 d，调查各供试除草剂的药效，每小区按对角线 3 点取样，每点 1 m²，调查记载所有杂草种类的株数并称其鲜重，与空白对照比较，计算株防效和鲜重防效；玉米成熟期，采用小区单收单打方法测产。株防效和鲜重防效的计算公式如下。

株防效（％）=[（对照区杂草株数 – 处理区杂草株数）/ 对照区杂草株数 ]×100；

鲜重防效（％）=[（对照区杂草鲜重 – 处理区杂草鲜重）/ 对照区杂草鲜重 ]×100。

表 3.41　参试土壤封闭处理除草剂及其生产企业

| 除草剂名称 | 生产企业 |
|---|---|
| 330 g/L 二甲戊灵乳油（EC） | 江苏龙灯化学有限公司 |
| 42％异丙草·莠悬浮剂（SC） | 山东滨农科技有限公司 |
| 40％仲丁灵乳油（EC） | 山东滨农科技有限公司 |
| 50％乙草胺·仲丁灵乳油（EC） | 山东滨农科技有限公司 |
| 50％乙草胺微乳剂（ME） | 山东滨农科技有限公司 |
| 42％甲·乙·莠悬浮剂（SC） | 山东滨农科技有限公司 |
| 42％甲·乙·莠悬浮剂（SC） | 山东滨农科技有限公司 |
| 48％乙·莠可湿性粉剂（WP） | 新乡中电除草剂有限公司 |
| 48％莠去津可湿性粉剂（WP） | 山东滨农科技有限公司 |
| 40％扑·乙可湿性粉剂（WP） | 浙江乐吉化工股份有限公司 |
| 25％硝磺·莠去津油悬浮剂（OD） | 山东贵合生物科技有限公司 |
| 72％异丙甲草胺乳油（EC） | 山东滨农科技有限公司 |

注：括号内字母组合为农药剂型代号，下同。

表 3.42　试验处理设计　　　　　　　　　　　　单位：mL（g）/hm²

| 除草剂名称 | 剂量 | 除草剂名称 | 剂量 |
|---|---|---|---|
| 330 g/L 二甲戊灵 EC | 4 125 | 48％莠去津 WP | 4 875 |
|  | 4 500 |  | 5 250 |
|  | 4 875 |  | 5 625 |
| 42％异丙草·莠 SC | 3 375 | 48％乙·莠 WP | 3 000 |
|  | 3 750 |  | 3 375 |
|  | 4 125 |  | 3 750 |
| 48％仲丁灵 EC | 3 750 | 40％扑·乙 WP | 3 375 |
|  | 4 125 |  | 3 750 |
|  | 4 500 |  | 4 125 |
| 50％乙草胺·仲丁灵 EC | 3 000 | 25％硝磺·莠去津 OD | 3 750 |
|  | 3 375 |  | 4 125 |
|  | 3 750 |  | 4 500 |
| 42％甲·乙·莠 SC | 4 875 | 72％异丙甲草胺 EC | 3 750 |
|  | 5 250 |  | 4 215 |
|  | 5 625 |  | 4 500 |
| 50％乙草胺 ME | 3 000 | 空白对照（CK） | 清水 |
|  | 3 375 |  |  |
|  | 3 750 |  |  |

**试验结果如下。**

（1）对玉米出苗及生长发育的影响。从玉米生长发育的直观表现分析（表3.43），11种供试除草剂以48％仲丁灵EC和330 g/L二甲戊灵EC对玉米生长发育影响最大，普遍表现为出苗不齐、苗情差、严重受害苗僵而不发、植株低矮、叶尖枯死、生长点坏死且多不能正常成穗，玉米群体整齐度差，株高明显降低，叶色较淡；72％异丙甲草胺EC、50％乙草胺ME、48％莠去津WP、25％硝磺·莠去津OD、50％乙草胺·仲丁灵EC和40％扑·乙WP对玉米生长发育有一定影响；48％乙·莠WP、42％甲·乙·莠SC和42％异丙草·莠SC对玉米生长发育无明显影响。

表3.43　除草剂对玉米生长发育的直观影响

| 除草剂 | 玉米生长发育直观表现 |
| --- | --- |
| 330 g/L二甲戊灵EC | 苗情差，严重受害苗僵而不发、植株低矮、叶尖枯死、生长点坏死，多不能正常成穗；玉米群体整齐度差，株高明显降低，叶色较淡 |
| 42％异丙草·莠SC | 正常 |
| 48％仲丁灵EC | 出苗差；苗情差，严重受害苗僵而不发、植株低矮、叶尖枯死、生长点坏死，多不能正常成穗；玉米群体整齐度差，株高明显降低，叶色较淡，果穗较短 |
| 50％乙草胺·仲丁灵EC | 株高较低，整齐度稍差 |
| 42％甲·乙·莠SC | 正常 |
| 50％乙草胺ME | 基本正常 |
| 48％莠去津WP | 基本正常 |
| 48％乙·莠WP | 正常 |
| 40％扑·乙WP | 基本正常 |
| 25％硝磺·莠去津OD | 基本正常 |
| 72％异丙甲草胺EC | 基本正常 |
| 空白对照（CK） | 正常 |

从玉米出苗率和株高分析（表3.44），玉米出苗和株高在不同除草剂种类间和施用剂量间存在明显差异，施用量越大影响越大。11种供试除草剂中，以48％仲丁灵EC和330 g/L二甲戊灵EC影响最大，各剂量特别是高剂量处理的玉米出苗率和株高明显降低；其他9种除草剂对玉米出苗和株高无明显影响。

（2）对玉米产量的影响。供试除草剂对玉米产量的影响存在明显差异。其中48％乙·莠WP、40％扑·乙WP、42％甲·乙·莠SC和48％莠去津WP均有明显增加玉米产量的效应，以低、中剂量处理增产幅度最大，较清水对照增产10％以上；25％硝磺·莠去津OD和72％异丙甲草胺EC对玉米产量也有一定增产效应，但增产幅度较小，低、中剂量处理下的增产幅度为2.12％～5.88％；42％异丙草·莠SC和50％乙草胺·仲丁灵EC对玉米产量具一定减产效应，中、高剂量处理下的玉米产量较清水对照减产

2.5 %～ 7.05 %；48 % 仲丁灵 EC、330 g/L 二甲戊灵 EC 和 50 % 乙草胺 ME 可造成玉米较大幅度减产，以中、高剂量处理减产幅度最大，较清水对照减产 5.06 %～ 19.94 %（表 3.45）。

表 3.44　除草剂对全膜双垄沟播玉米出苗、株高的影响

| 除草剂 | 剂量 / [mL（g）/hm²] | 出苗率 /% | 株高 /cm |
|---|---|---|---|
| 330 g/L 二甲戊灵 EC | 4 125 | 86.0 | 38.9 |
| | 4 500 | 80.6 | 33.5 |
| | 4 875 | 69.0 | 33.4 |
| 42 % 异丙草·莠 SC | 3 375 | 95.9 | 49.4 |
| | 3 750 | 94.9 | 51.3 |
| | 4 125 | 93.9 | 45.6 |
| 48 % 仲丁灵 EC | 3 750 | 92.9 | 33.0 |
| | 4 125 | 86.8 | 32.9 |
| | 4 500 | 74.6 | 32.8 |
| 50 % 乙草胺·仲丁灵 EC | 3 000 | 97.9 | 43.4 |
| | 3 375 | 94.9 | 44.0 |
| | 3 750 | 93.4 | 40.8 |
| 42 % 甲·乙·莠 SC | 4 875 | 97.9 | 50.9 |
| | 5 250 | 97.4 | 51.2 |
| | 5 625 | 95.9 | 49.8 |
| 50 % 乙草胺 ME | 3 000 | 94.6 | 48.7 |
| | 3 375 | 93.9 | 47.0 |
| | 3 750 | 93.1 | 46.9 |
| 48 % 莠去津 WP | 4 875 | 97.9 | 47.6 |
| | 5 250 | 96.9 | 47.4 |
| | 5 625 | 95.6 | 43.8 |
| 48 % 乙·莠 WP | 3 000 | 100.0 | 52.1 |
| | 3 375 | 96.4 | 51.0 |
| | 3 750 | 95.9 | 49.0 |
| 40 % 扑·乙 WP | 3 375 | 100.0 | 45.1 |
| | 3 750 | 98.0 | 46.6 |
| | 4 125 | 94.9 | 43.8 |
| 25 % 硝磺·莠去津 OD | 3 750 | 99.0 | 49.0 |
| | 4 125 | 98.2 | 52.9 |
| | 4 500 | 98.2 | 47.9 |

表 3.44 （续）

| 除草剂 | 剂量 / [mL（g）/hm²] | 出苗率 /% | 株高 /cm |
|---|---|---|---|
| | 3 750 | 96.9 | 45.7 |
| 72 % 异丙甲草胺 EC | 4 215 | 96.7 | 46.2 |
| | 4 500 | 94.9 | 44.7 |
| 空白对照（CK） | 清水 | 96.9 | 48.3 |

表 3.45　除草剂对全膜双垄沟播玉米产量的影响

| 处理 | 剂量 / [mL（g）/hm²] | 小区产量 / (kg/19.8 m²) | 较 CK 增产 /% |
|---|---|---|---|
| | 4 125 | 22.94aA | 0.44 |
| 330 g/L 二甲戊灵 EC | 4 500 | 19.78bB | −13.40 |
| | 4 875 | 18.68cC | −18.19 |
| | 3 375 | 23.46aA | 2.73 |
| 42 % 异丙草·莠 SC | 3 750 | 22.27abAB | −2.50 |
| | 4 125 | 21.32bB | −6.66 |
| | 3 750 | 22.40aA | −1.90 |
| 48 % 仲丁灵 EC | 4 125 | 21.68aAB | −5.06 |
| | 4 500 | 19.59bB | −14.23 |
| | 3 000 | 23.41aA | 2.51 |
| 50 % 乙草胺·仲丁灵 EC | 3 375 | 21.88abA | −4.17 |
| | 3 750 | 21.23bA | −7.05 |
| | 4 875 | 26.00aA | 13.85 |
| 42 % 甲·乙·莠 SC | 5 250 | 25.26aA | 10.60 |
| | 5 625 | 24.80aA | 8.61 |
| | 3 000 | 24.31aA | 6.45 |
| 50 % 乙草胺 ME | 3 375 | 21.57bB | −5.55 |
| | 3 750 | 18.28cC | −19.94 |
| | 4 875 | 25.37aA | 11.09 |
| 48 % 莠去津 WP | 5 250 | 25.30aA | 10.80 |
| | 5 625 | 23.45bA | 2.70 |
| | 3 000 | 26.50aA | 16.03 |
| 48 % 乙·莠 WP | 3 375 | 26.21aA | 14.76 |
| | 3 750 | 25.30aA | 10.77 |
| | 3 375 | 26.78aA | 17.27 |
| 40 % 扑·乙 WP | 3 750 | 25.81aA | 13.03 |
| | 4 125 | 25.24aA | 10.54 |

表 3.45 （续）

| 处理 | 剂量 /[mL（g）/hm²] | 小区产量 /（kg/19.8 m²） | 较 CK 增产 /% |
|---|---|---|---|
| 25 % 硝蟥·莠去津 OD | 3 750 | 24.01aA | 5.15 |
| | 4 125 | 23.32aA | 2.12 |
| | 4 500 | 23.45aA | 2.70 |
| 72 % 异丙甲草胺 EC | 3 750 | 24.18aA | 5.88 |
| | 4 215 | 24.00aA | 5.09 |
| | 4 500 | 23.16aA | 1.43 |
| 空白对照（CK） | 清水 | 22.84 | — |

（3）对杂草的防除效果。

50 % 乙草胺 ME 和 72 % 异丙甲草胺 EC 各剂量处理对禾本科杂草均具优良防效，株防效和鲜重防效均达 90 % 以上，但对阔叶杂草的防效相对较低，株防效和鲜重防效分别为 75.87 % ～ 90.65 % 和 57.84 % ～ 80.43 %；25 % 硝蟥·莠去津 OD 各剂量处理对阔叶杂草具优良防效，株防效和鲜重防效均达 99 % 以上，但对禾本科杂草防效稍差，株防效和鲜重防效为 76.07 % ～ 91.44 %；其他 8 种除草剂对阔叶杂草与禾本科杂草均具优良防效，株防效和鲜重防效均在 90 % 以上（表 3.46）。

表 3.46　除草剂对全膜双垄沟播玉米田杂草的防效

| 除草剂 | 剂量 /[mL（g）/hm²] | 阔叶杂草 | | | | 禾本科杂草 | | | |
|---|---|---|---|---|---|---|---|---|---|
| | | 株数 /（株 /m²） | 株防效 /% | 鲜重 /（g/m²） | 鲜重防效 /% | 株数 /（株 /m²） | 株防效 /% | 鲜重 /（g/m²） | 鲜重防效 /% |
| 330 g/L 二甲戊灵 EC | 4 125 | 0.20 | 99.67aA | 1.14 | 99.33aA | 0.10 | 99.61aA | 1.22 | 99.39aA |
| | 4 500 | 0.91 | 98.52aA | 0.18 | 99.89aA | 0.30 | 98.84aA | 2.74 | 98.63aA |
| | 4 875 | 0.10 | 99.84aA | 0.11 | 99.94aA | 0.51 | 98.02aA | 1.90 | 99.05aA |
| 42 % 异丙草·莠 SC | 3 375 | 0.10 | 99.84aA | 1.00 | 99.41aA | 0.61 | 97.64abA | 2.99 | 98.51aA |
| | 3 750 | 0 | 100aA | 0 | 100aA | 0.10 | 99.61bA | 0.03 | 99.99aA |
| | 4 125 | 0 | 100aA | 0 | 100aA | 0.81 | 96.86aA | 7.14 | 96.43aA |
| 48 % 仲丁灵 EC | 3 750 | 0.91 | 98.52aA | 1.33 | 99.21aA | 1.62 | 93.72aA | 13.39 | 93.31aA |
| | 4 125 | 0.60 | 99.02aA | 0.19 | 99.89aA | 1.31 | 94.92aA | 13.05 | 93.48aA |
| | 4 500 | 0.71 | 98.85aA | 0.09 | 99.95aA | 1.32 | 94.88aA | 7.05 | 96.48aA |
| 50 % 乙草胺·仲丁灵 EC | 3 000 | 0.81 | 98.68aA | 4.67 | 97.23aA | 0.91 | 96.47aA | 5.67 | 97.17aA |
| | 3 375 | 1.11 | 98.20aA | 0.98 | 99.42aA | 0.20 | 99.22aA | 0.15 | 99.92aA |
| | 3 750 | 1.11 | 98.20aA | 1.72 | 98.98aA | 0.50 | 98.06aA | 2.94 | 98.53aA |
| 42 % 甲·乙·莠 SC | 4 875 | 0 | 100aA | 0 | 100aA | 0.10 | 99.61aA | 0.05 | 99.98aA |
| | 5 250 | 0 | 100aA | 0 | 100aA | 0.71 | 97.25aA | 2.59 | 98.71aA |
| | 5 625 | 0 | 100aA | 0 | 100aA | 0.20 | 99.22aA | 0.18 | 99.91aA |

表 3.46 （续）

| 除草剂 | 剂量 / [mL（g）/ hm²] | 阔叶杂草 | | | | 禾本科杂草 | | | |
|---|---|---|---|---|---|---|---|---|---|
| | | 株数 / （株 /m²） | 株防效 /% | 鲜重 / （g/m²） | 鲜重防效 /% | 株数 / （株 /m²） | 株防效 /% | 鲜重 / （g/m²） | 鲜重防效 /% |
| 50 % 乙草胺 ME | 3 000 | 11.01 | 82.10aA | 51.68 | 69.41aA | 0.61 | 97.64aA | 3.68 | 98.16aA |
| | 3 375 | 7.87 | 87.20aA | 33.06 | 80.43aA | 1.92 | 92.55aA | 11.65 | 94.18bA |
| | 3 750 | 5.75 | 90.65aA | 41.16 | 75.64aA | 0.91 | 96.47aA | 10.32 | 94.84abA |
| 48 % 莠去津 WP | 4 875 | 0 | 100aA | 0 | 100aA | 0.10 | 99.61aA | 0.02 | 99.99aA |
| | 5 250 | 0 | 100aA | 0 | 100aA | 0.10 | 99.61aA | 0.08 | 99.96aA |
| | 5 625 | 0 | 100aA | 0 | 100aA | 0 | 100aA | 0 | 100aA |
| 48 % 乙·莠 WP | 3 000 | 0 | 100aA | 0 | 100aA | 0.61 | 97.64aA | 3.05 | 98.48aA |
| | 3 375 | 0 | 100aA | 0 | 100aA | 0.30 | 98.84aA | 0.46 | 99.77aA |
| | 3 750 | 0 | 100aA | 0 | 100aA | 0.30 | 98.84aA | 0.83 | 99.59aA |
| 40 % 扑·乙 WP | 3 375 | 0.20 | 99.67aA | 0.06 | 99.96aA | 0 | 100aA | 0 | 100aA |
| | 3 750 | 0 | 100aA | 0 | 100aA | 0.40 | 98.45aA | 2.22 | 98.89aA |
| | 4 125 | 0 | 100aA | 0 | 100aA | 0.40 | 98.45aA | 3.17 | 98.41aA |
| 25 % 硝蟥·莠去津 OD | 3 750 | 0.20 | 99.67aA | 0.39 | 99.77aA | 6.16 | 76.07bA | 40.85 | 79.58bA |
| | 4 125 | 0 | 100aA | 0 | 100aA | 5.45 | 78.82abA | 31.06 | 84.48bA |
| | 4 500 | 0 | 100aA | 0 | 100aA | 2.93 | 88.63aA | 17.14 | 91.44aA |
| 72 % 异丙甲草胺 EC | 3 750 | 14.25 | 76.84bA | 69.35 | 58.95aA | 1.41 | 94.53bA | 7.22 | 96.39aA |
| | 4 215 | 14.85 | 75.87bA | 71.24 | 57.84aA | 0.40 | 98.45abA | 0.59 | 99.70aA |
| | 4 500 | 8.18 | 86.70aA | 54.55 | 67.71aA | 0.10 | 99.61aA | 1.25 | 99.37aA |
| 空白对照 （CK） | 清水 | 61.52 | — | 168.95 | — | 25.75 | — | 200.12 | — |

总体评价，48 % 乙·莠 WP、40 % 扑·乙 WP、42 % 甲·乙·莠 SC 和 48 % 莠去津 WP4 种除草剂具有杀草谱广、除草效果彻底、负面影响小、玉米产量水平高等优点，系较为优良的土壤封闭处理除草剂，可在全膜双垄沟播玉米产区大面积示范推广。从经济、安全、高效、增产等因素考量，上述 4 种除草剂大面积示范推广的适宜剂量分别为 3 000 mL（g）/hm²、3 375 mL（g）/hm²、4 875 mL（g）/hm² 和 4 875 mL（g）/hm²。

**（二）茎叶喷雾处理除草剂**

茎叶喷雾处理除草剂也称为苗后喷雾处理除草剂，是指喷施于杂草茎、叶表面通过杂草叶片、茎及芽吸收并传导进入植株内部，从而防除杂草的一类除草剂，目前被广泛应用于露地玉米田杂草防除。全膜双垄沟播玉米田机械起垄、覆膜过程中，由于机手操作不当，往往在宽垄中间形成"裸露带"，这些"裸露带"为杂草的出苗和膜外生长创造了有利条件。"裸露带"上生长的杂草的生长环境、消长动态等与露地玉米田杂草基本一致，因而也可通过喷施茎叶喷雾处理除草剂的方法进行防除。为此，2016—2017 年引进国内广泛应用于露地玉米田的主要茎叶喷雾处理除草剂为参试除草剂，在平凉市农业科学院高平试验站开展了试验研究，筛选出了适宜于全膜双垄沟播玉米田应用的高效茎叶喷雾处理除草剂及混用组合。

**1. 茎叶喷雾处理除草剂的控草效果及对玉米生长发育的影响**

参试茎叶喷雾处理除草剂及其生产企业参见下表（表 3.47）。9 种除草剂均设置 1 个剂量，另设空白对照，处理随机排列，3 次重复，小区面积 17.6 m²（4 m×4.4 m）。3 月中下旬，整地并划分小区，随后按小区播草和耙地；4 月中下旬，各小区等量施肥，之后按等行距播种玉米，行距 50 cm，穴距 35 cm，每穴 2 粒种子。玉米 3 叶期定苗，每穴选留健壮植株 1 株。玉米 4 叶期，按试验处理设计喷施除草剂，药液均匀喷施于杂草茎叶表面，喷液量为 675 kg/hm²。施药后系统观察药剂对玉米生长发育的影响，记载药害症状及恢复时间。药后 45 d，调查防效，每小区斜对角线 3 点取样，样点面积 0.25 m²，记载每种杂草的株数并称取鲜重，计算株防效和鲜重防效。玉米成熟后，按小区收获并计产。

**表 3.47 参试茎叶喷雾处理除草剂及其生产企业**

| 除草剂名称 | 生产企业 |
| --- | --- |
| 550 g/L 硝磺草酮·莠去津（SC） | 瑞士先正达作物保护有限公司 |
| 100 g/L 硝磺草酮（SC） | 瑞士先正达作物保护有限公司 |
| 30 % 苯唑草酮 SC+90 % 莠去津（WG） | 德国巴斯夫公司＋浙江中山化工集团有限公司 |
| 4 % 烟嘧磺隆（SC） | 河北博嘉农业有限公司 |
| 22 % 烟嘧·莠去津（SC） | 山东先达农化股份有限公司 |
| 90 % 莠去津（WG） | 浙江中山化工集团有限公司 |
| 40 % 2 甲·辛酰溴苯腈（EC） | 浙江禾本科技有限公司 |
| 75 % 二氯吡啶酸（SG） | 美国陶氏益农公司 |
| 10 % 唑草酮（WP） | 山都丽化工有限公司 |

**试验结果如下。**

（1）对玉米生长发育的直观影响。22 % 烟嘧·莠去津 SC 和 90 % 莠去津 WG 对玉米幼苗生长发育具一定影响，主要表现为生长稍滞缓、叶色稍发黄，但药后 10 d 左右恢复正常生长，其他 7 种除草剂在玉米全生育期均无明显药害症状，对玉米安全。

（2）对露地玉米田杂草的防除效果。4 % 烟嘧磺隆 SC 对露地玉米田禾本科杂草具优良防效，株防效和鲜重防效分别为 93.89 % 和 99.06 %，但对阔叶杂草防效较差。50 g/L 硝磺草酮·莠去津 SC、100 g/L 硝磺草酮 SC、90 % 莠去津 WG 和 40 % 2 甲·辛酰溴苯腈 EC 4 种除草剂对阔叶杂草具优良防效，株防效分别达到 85.54 %、89.16 %、81.93 % 和 63.25 %，鲜重防效分别达到 82.57 %、96.61 %、92.12 % 和 97.33 %，但对禾本科杂草防效差或无效。22 % 烟嘧·莠去津 SC 和 30 % 苯唑草酮 SC+90 % 莠去津 WG 对禾本科杂草和阔叶杂草兼具优良防效，对禾本科杂草的株防效分别为 85.59 % 和 93.01 %，鲜重防效分别为 93.33 % 和 98.73 %；对阔叶杂草株防效分别为 81.93 % 和 81.73 %，鲜重防效分别为94.4％和35.93％。30％二氯吡啶酸SG和10％唑草酮WP对禾本科杂草无效，对阔叶杂草防效较差（表3.48）。

（3）对玉米的增产效应。对玉米增产效应最大的除草剂为22％烟嘧·莠去津SC，较空白对照增产191.17％；40％2甲·辛酰溴苯腈EC和100 g/L硝磺草酮SC增产140％左右，居第二位；550 g/L硝磺草酮·莠去津SC增产123.70％，居第三位；90％莠去津WG和30％苯唑草酮SC+90％莠去津WG增产110％左右，居第四位；30％二氯吡啶酸SG、10％唑草酮WP和4％烟嘧磺隆SC增产幅度较小（表3.48）。

表3.48　除草剂对露地玉米田杂草的防效及对玉米的增产效果

| 处理 | 禾本科杂草 | | 阔叶杂草 | | 玉米产量 / （kg/hm²） |
|---|---|---|---|---|---|
| | 株防效 /% | 鲜重防效 /% | 株防效 /% | 鲜重防效 /% | |
| 550 g/L 硝磺草酮·莠去津 SC 1 800 mL/hm² | −69.44 | −130.52 | 85.54 | 82.57 | 7 680.75 |
| 100 g/L 硝磺草酮 SC 3 000 mL/hm² | −30.57 | −55.69 | 89.16 | 96.61 | 8 378.4 |
| 30％苯唑草酮 SC+90％莠去津 WG 150 mL/hm²+1 050 g/hm² | 93.01 | 98.73 | 81.73 | 35.93 | 7 077.45 |
| 4％烟嘧磺隆 SC 1 500 mL/hm² | 93.89 | 99.06 | 42.77 | −1.46 | 6 086.1 |
| 22％烟嘧·莠去津 SC 3 000 mL/hm² | 85.59 | 93.33 | 81.93 | 94.40 | 9 997.35 |
| 90％莠去津 WG 2 250 g/hm² | −166.82 | −113.74 | 81.93 | 92.12 | 7 227.0 |
| 40％2甲·辛酰溴苯腈 EC 1 500 mL/hm² | −139.75 | −257.34 | 63.25 | 97.33 | 8 172.6 |
| 75％二氯吡啶酸 SG 240 g/hm² | −117.04 | −111.01 | −36.15 | 56.55 | 6 086.4 |
| 10％唑草酮 WP 300 g/hm² | −209.18 | −108.27 | 67.47 | 29.67 | 5 570.7 |
| 空白对照（CK） | — | — | — | — | 3 434.25 |

总体评价，22％烟嘧·莠去津SC和30％苯唑草酮SC+90％莠去津WG适宜在各类杂草混合发生的露地玉米田或全膜双垄沟播玉米田"裸露带"应用；4％烟嘧磺隆SC适宜在以禾本科杂草为主的露地玉米田或全膜双垄沟播玉米田"裸露带"应用；50 g/L硝磺草酮·莠去津SC、100 g/L硝磺草酮SC、90％莠去津WG和40％2甲·辛酰溴苯腈EC适宜在以阔叶杂草为主的露地玉米田或全膜双垄沟播玉米田"裸露带"应用。

**2. 茎叶喷雾处理除草剂混用组合的控草效果及对玉米生长发育的影响**

参试除草剂及生产企业参见表3.49。

表3.49　参试茎叶喷雾处理除草剂及其生产企业

| 除草剂名称 | 生产企业 |
|---|---|
| 30％辛酰溴苯腈乳油（EC） | 江苏辉丰农化股份有限公司 |
| 4％烟嘧磺隆可分散油悬浮剂（OD） | 江苏辉丰农化股份有限公司 |
| 75％二氯吡啶酸可溶粒剂（SG） | 美国陶氏益农公司 |
| 90％莠去津水分散粒剂（WG） | 浙江中山化工集团有限公司 |
| 100 g/L 硝磺草酮可分散油悬浮剂（OD） | 山东胜邦绿野化学有限公司 |

表 3.49 （续）

| 除草剂名称 | 生产企业 |
| --- | --- |
| 10 % 唑草酮可湿性粉剂（WP） | 山都丽化工有限公司 |
| 400 g/L 2 甲·溴苯腈乳油（EC） | 江苏辉丰农化股份有限公司 |
| 48 % 灭草松水剂（AS） | 巴斯夫植物保护（江苏）有限公司 |
| 20 % 氰氟草酯可分散油悬浮剂（OD） | 安徽沙隆达生物科技有限公司 |

试验设置 14 个处理（表 3.50），各处理随机排列，重复 3 次，小区面积 16 m²（4 m× 4 m）。4 月中下旬（4 月 19 日）整地、施肥（尿素 300 kg/hm²、磷酸二铵 225 kg/hm²）、旋地后播种玉米，采用点播器等行距点播，行距 50 cm，穴距 34 cm，每穴播 2 粒，每小区播种 8 行。玉米定苗时（4 叶 1 心期），每穴选留 1 株健壮植株，其他管理与大田相同。玉米 5 叶期（5 月 19 日），按试验处理设计喷施除草剂，药液均匀喷施于杂草茎叶表面，喷液量 675 kg/hm²。玉米植株封垄前（6 月 15 日），调查除草效果，每小区对角线 3 点取样，每点面积 0.25 m²（0.5 m×0.5 m），记载每种杂草株数，并称取鲜重，计算株防效和鲜重防效。玉米全生育期系统观察药害出现时间、症状类型及恢复时间等。玉米成熟后，按小区单独收获计产。

表 3.50 试验处理设计

| 除草剂及其混用组合 | 剂量 / [mL（g）/hm²] |
| --- | --- |
| 4 % 烟嘧磺隆 SC+30 % 辛酰溴苯腈 EC | 1 200+1 200 |
| 4 % 烟嘧磺隆 SC+75 % 二氯吡啶酸 SG+90 % 莠去津 WG | 1 200+270+1 200 |
| 4 % 烟嘧磺隆 SC+100 g/L 硝磺草酮 SC | 1 200+1 500 |
| 4 % 烟嘧磺隆 SC+48 % 灭草松 AS | 1 200+3 000 |
| 10 % 唑草酮 WP | 375 |
| 10 % 唑草酮 WP+20 % 氰氟草酯 OD | 375+750 |
| 30 % 辛酰溴苯腈 EC+20 % 氰氟草酯 OD | 1 500+750 |
| 400 g/L 2 甲·溴苯腈 EC+20 % 氰氟草酯 OD | 1 500+750 |
| 90 % 莠去津 WG+20 % 氰氟草酯 OD | 2 250+750 |
| 100 g/L 硝磺草酮 SC+20 % 氰氟草酯 OD | 1 500+750 |
| 48 % 灭草松 AS+20 % 氰氟草酯 OD | 3 000+750 |
| 20 % 氰氟草酯 OD | 750 |
| 人工除草（CK1） | — |
| 空白对照（CK2） | — |

**试验结果如下。**

（1）对玉米生长发育的直观影响。4 % 烟嘧磺隆 SC+ 30 % 辛酰溴苯腈 EC、4 % 烟嘧磺隆 SC+75 % 二氯吡啶酸 SG+90 % 莠去津 WG、4 % 烟嘧磺隆 SC+100 g/L 硝磺草酮 SC、

4％烟嘧磺隆 SC+48％灭草松 AS 和 10％唑草酮 WP 对玉米无直观药害表现，表明对玉米安全。20％氰氟草酯 OD+90％莠去津 WG、20％氰氟草酯 OD+48％灭草松 AS 对玉米苗期生长有一定影响，主要表现为有死苗现象、叶片稍扭曲、黄化，但药后 10 d 左右基本恢复。20％氰氟草酯 OD+10％唑草酮 WP、20％氰氟草酯 OD+30％辛酰溴苯腈 EC、20％氰氟草酯 OD+400 g/L 2 甲·溴苯腈 EC 和 20％氰氟草酯 OD+100 g/L 硝磺草酮 SC 混用组合，药后死苗较重，叶片扭曲、黄化较普遍，但新叶正常；20％氰氟草酯 OD 药后死苗、畸形、黄化、矮化严重（表 3.51）。

表 3.51　除草剂及其混用组合对玉米的药害症状

| 处理 | 药害症状 |
| --- | --- |
| 4％烟嘧磺隆 SC+30％辛酰溴苯腈 EC | 无药害症状 |
| 4％烟嘧磺隆 SC+75％二氯吡啶酸 SG +90％莠去津 WG | 无药害症状 |
| 4％烟嘧磺隆 SC+100 g/L 硝磺草酮 SC | 无药害症状 |
| 4％烟嘧磺隆 SC+48％灭草松 AS | 无药害症状 |
| 10％唑草酮 WP | 无药害症状 |
| 10％唑草酮 WP+20％氰氟草酯 OD | 有死苗现象，扭曲、黄化叶较普遍，新叶正常 |
| 30％辛酰溴苯腈 EC+20％氰氟草酯 OD | 死苗较重，扭曲、黄化叶较普遍，新叶正常 |
| 400 g/L 2 甲·溴苯腈 EC+20％氰氟草酯 OD | 死苗较重，扭曲、黄化叶较普遍，新叶正常 |
| 90％莠去津 WG+20％氰氟草酯 OD | 有死苗现象，扭曲、黄化叶普遍，新叶正常，10 d 后恢复 |
| 100 g/L 硝磺草酮 SC+20％氰氟草酯 OD | 死苗严重，扭曲、黄化叶普遍，植株明显矮化 |
| 48％灭草松 AS+20％氰氟草酯 OD | 有死苗现象，扭曲、黄化叶较轻，10 d 后恢复 |
| 20％氰氟草酯 OD | 幼苗死亡，叶片扭曲、黄化现象严重，植株明显矮化 |

（2）对露地玉米田杂草的防除效果。4％烟嘧磺隆 SC+30％辛酰溴苯腈 EC、4％烟嘧磺隆 SC+75％二氯吡啶酸 SG+90％莠去津 WG、4％烟嘧磺隆 SC+100 g/L 硝磺草酮 SC 和 4％烟嘧磺隆 SC+48％灭草松 AS 对禾本科杂草和阔叶杂草均具优良防效，株防效和鲜重防效分别达到 83％和 98％以上；90％莠去津 WG+ 20％氰氟草酯 OD 和 100 g/L 硝磺草酮 SC+20％氰氟草酯 OD 对阔叶杂草控制作用突出，株防效和鲜重防效均达到 100％，但对禾本科杂草防效较差，株防效和鲜重防效仅在 65％和 80％以上；10％唑草酮 WP、20％氰氟草酯 OD+10％唑草酮 WP、20％氰氟草酯 OD+30％辛酰溴苯腈 EC、20％氰氟草酯 OD+400 g/L 2 甲·溴苯腈 EC 和 20％氰氟草酯 OD+48％灭草松 AS 对禾本科杂草防效差或无效，但对阔叶杂草防效较好，其株防效和鲜重防效分别达到 62.59％～96.63％和 99％以上；而 20％氰氟草酯 OD 对阔叶杂草和禾本科杂草的控制作用均很差（表 3.52）。

表 3.52　除草剂及其混用组合对露地玉米田杂草的防效

| 处理 | 禾本科杂草 | | 阔叶杂草 | |
|---|---|---|---|---|
| | 株防效 /% | 鲜重防效 /% | 株防效 /% | 鲜重防效 /% |
| 4 % 烟嘧磺隆 SC+30 % 辛酰溴苯腈 EC | 94.84 aA | 99.65abA | 95.52bA | 99.99aA |
| 4 % 烟嘧磺隆 SC+75 % 二氯吡啶酸 SG+90 % 莠去津 WG | 90.76 bB | 99.84aA | 100aA | 100aA |
| 4 % 烟嘧磺隆 SC+100 g/L 硝磺草酮 SC | 87.34cBC | 97.75bA | 100aA | 100aA |
| 4 % 烟嘧磺隆 SC+48 % 灭草松 AS | 84.28dC | 98.39abA | 83.26dC | 99.97aA |
| 10 % 唑草酮 WP | 3.42jH | 27.07fE | 76.41eD | 99.60aA |
| 10 % 唑草酮 WP+20 % 氰氟草酯 OD | 18.11iG | 35.43eD | 62.59fE | 99.59aA |
| 30 % 辛酰溴苯腈 EC+20 % 氰氟草酯 OD | −9.05kI | −7.01jH | 76.86eD | 99.66aA |
| 400 g/L 2 甲·溴苯腈 EC+20 % 氰氟草酯 OD | 21.47hG | −2.59jG | 96.63abA | 99.98aA |
| 90 % 莠去津 WG+20 % 氰氟草酯 OD | 66.42fE | 81.82dC | 100aA | 100aA |
| 100 g/L 硝磺草酮 SC+20 % 氰氟草酯 OD | 71.75eE | 85.33cB | 100aA | 100aA |
| 48 % 灭草松 AS+20 % 氰氟草酯 OD | 5.55jH | 8.33hF | 87.77cB | 99.93aA |
| 20 % 氰氟草酯 OD | 32.74gF | 10.28gF | 15.51gF | 28.50bB |

（3）对玉米产量的影响。4 % 烟嘧磺隆 SC+30 % 辛酰溴苯腈 EC、4 % 烟嘧磺隆 SC+75 % 二氯吡啶酸 SG+90 % 莠去津 WG 对玉米产量无负面影响，较人工除草分别增产 0.05 % 和 2.81 %；4 % 烟嘧磺隆 SC+48 % 灭草松 AS 减产 3.9 %；其他单剂及其混用组合减产幅度为 8.40 % ～ 69.52 %，以 100 g/L 硝磺草酮 SC+20 % 氰氟草酯 OD 和 20 % 氰氟草酯 OD 减产幅度最大，接近 70 %（表 3.53）。

表 3.53　除草剂及其混用组合对玉米产量的影响

| 处理 | 小区产量 / （kg/16 m²） | 折合产量 /（kg/hm²） | 较 CK1 增产 /% |
|---|---|---|---|
| 4 % 烟嘧磺隆 SC+30 % 辛酰溴苯腈 EC | 15.43 | 9 641.67±293.24abA | 0.05 |
| 4 % 烟嘧磺隆 SC+75 % 二氯吡啶酸 SG+90 % 莠去津 WG | 15.85 | 9 907.78±25.1aA | 2.81 |
| 4 % 烟嘧磺隆 SC+100 g/L 硝磺草酮 SC | 12.93 | 8 082.92±294.45deCD | −16.12 |
| 4 % 烟嘧磺隆 SC+48 % 灭草松 AS | 14.82 | 9 260.42±256.58bcAB | −3.90 |
| 10 % 唑草酮 WP | 11.04 | 6 897.92±221.88gE | −28.42 |
| 10 % 唑草酮 WP+20 % 氰氟草酯 OD | 11.45 | 7 156.25±360.56fgE | −25.74 |
| 30 % 辛酰溴苯腈 EC+20 % 氰氟草酯 OD | 11.39 | 7 116.61±311.19 fgE | −26.15 |
| 400 g/L 2 甲·溴苯腈 EC+20 % 氰氟草酯 OD | 12.12 | 7 572.92±414.31 efDE | −21.41 |
| 90 % 莠去津 WG+20 % 氰氟草酯 OD | 14.12 | 8 827.08±487.39cBC | −8.40 |
| 100 g/L 硝磺草酮 SC+20 % 氰氟草酯 OD | 4.70 | 2 937.51±294.45hF | −69.52 |
| 48 % 灭草松 AS+20 % 氰氟草酯 OD | 13.17 | 8 231.25±209.07dCD | −14.58 |

表 3.53 （续）

| 处理 | 小区产量 / （kg/16 m²） | 折合产量 / （kg/hm²） | 较 CK1 增产 /% |
|---|---|---|---|
| 20 % 氰氟草酯 OD | 4.80 | 2 998.95±313.34hF | −68.88 |
| 人工除草（CK1） | 15.42 | 9 636.59±544.83abA | — |

总体评价，4 % 烟嘧磺隆 SC+30 % 辛酰溴苯腈 EC、4 % 烟嘧磺隆 SC+75 % 二氯吡啶酸 SG+90 % 莠去津 WG 和 4 % 烟嘧磺隆 SC+48 % 灭草松 AS 杀草谱广、防效优良，且对玉米安全或较安全，是适宜在露地玉米田或全膜双垄沟播玉米田"裸露带"大面积推广应用的最佳混用组合。

## 二、除草剂喷雾助剂

农药喷雾助剂是农药在喷洒前直接添加在药液中与农药现混现用，能改变药液理化性质的一类农药助剂，也称为桶混助剂。关于农药喷雾助剂对农药的增效作用，以喷雾助剂对除草剂防除农田杂草的增效作用研究较多，国内外有诸多文献报道。涉及的喷雾助剂有矿物油类、植物油类（甲酯化植物油、乙基化和甲基化植物油、植物油增效剂等）、无机盐类（硫酸铵、碳酸氢钠、硫酸钾等）、表面活性剂类（吐温系列、JFC、ABS、ABS-Ca、OP-10、氮酮、非离子表面活性剂等）、有机硅类（含聚合物）和生物助剂（含植物提取物）6 类，研究最多的喷雾助剂是有机硅类。喷雾助剂在增强除草剂药效、提高除草剂对作物的安全性、降低除草剂用量、减少环境污染等方面具有重要作用。目前市场使用最为广泛的喷雾助剂是表面活性剂类、有机硅类、植物油类和矿物油类，其在降低农药用量方面发挥着越来越重要的作用。鉴于此，2016 年和 2018 年先后引进了几种农药喷雾助剂，在平凉市农业科学院高平试验站进行了试验研究，筛选出了能够明显提高除草剂药效、明显或显著降低除草剂用量的喷雾助剂种类。

### （一）辛癸基葡糖苷和甲酯化植物油对 2 种玉米田除草剂的减量效应

2016 年，在陇东旱塬生态条件下，以辛癸基葡糖苷和甲酯化植物油分别作为乙·莠和苯唑草酮＋莠去津的喷雾助剂，测定了除草剂和混用组合在不同施用剂量、不同用水量条件下添加喷雾助剂对控草效果、玉米产量和玉米收益的影响。参试除草剂和喷雾助剂列于表 3.54。试验设置 24 个处理（表 3.55），另设置人工除草（CK1）和空白对照（CK2）2 个处理，随机排列，重复 3 次，小区面积 15.08 m²（5.2 m×2.9 m）。

表 3.54 参试除草剂、喷雾助剂及其生产企业

| 除草剂、喷雾助剂名称 | 生产企业 |
|---|---|
| 40 % 乙·莠 SE | 河北容威生物药业有限公司 |
| 30 % 苯唑草酮 SC+90 % 莠去津 WG | 巴斯夫欧洲公司＋浙江中山化工集团有限公司 |
| 50 % 辛癸基葡糖苷 | 青岛优索化学科技有限公司 |
| ≥ 75 % 甲酯化植物油 | 北京广源益农化学有限责任公司 |

表 3.55　除草剂 + 喷雾助剂试验处理

| 除草剂 + 喷雾助剂 / [mL（g）/hm²] | 用水量 /（kg/hm²） |
| --- | --- |
| 40 % 乙·莠 SE 4 500（常用剂量） | 225 |
| | 450 |
| | 675 |
| 40 % 乙·莠 SE 3 900+50 % 辛癸基葡糖苷 1 350 | 225 |
| | 450 |
| | 675 |
| 40 % 乙·莠 SE 3 300+50 % 辛癸基葡糖苷 1 350 | 225 |
| | 450 |
| | 675 |
| 40 % 乙·莠 SE 2 700+50 % 辛癸基葡糖苷 1 350 | 225 |
| | 450 |
| | 675 |
| 30 % 苯唑草酮 SC195+90 % 莠去津 W G1 275（常用剂量） | 225 |
| | 450 |
| | 675 |
| 30 % 苯唑草酮 SC150+90 % 莠去津 WG 1 050+ 甲酯化植物油 1 350 | 225 |
| | 450 |
| | 675 |
| 30 % 苯唑草酮 SC105+90 % 莠去津 WG 825+ 甲酯化植物油 1 350 | 225 |
| | 450 |
| | 675 |
| 30 % 苯唑草酮 SC 60+90 % 莠去津 WG 600+ 甲酯化植物油 1 350 | 225 |
| | 450 |
| | 675 |

4 月 20 日，依次整地、施肥、旋耕、划分小区和播种玉米。播后翌日和玉米 4 叶期（5 月 20 日）分别喷施土壤封闭处理除草剂和茎叶喷雾处理除草剂，土壤封闭处理除草剂均匀喷施于土壤表面，茎叶喷雾处理除草剂均匀喷施于杂草茎叶表面。人工除草处理区在玉米出苗至收获期及时拔除杂草，使之始终处于无杂草危害状态，其他管理措施与大田相同。土壤封闭处理除草剂和茎叶喷雾处理除草剂分别于玉米大喇叭口期和药后 30 d 调查除草效果，每小区斜对角线 3 点取样，样点面积 0.25 m²（0.5 m×0.5 m），调查其中阔叶杂草和禾本科杂草株数，并称取各类杂草鲜重，由此计算株防效和鲜重防效。玉米成熟后，按小区收获、晾晒、脱粒，并称取籽粒干重，计算玉米收益。

**试验结果如下。**

（1）不同处理对杂草的防除效果。从尽可能降低除草剂用药量并确保控草效果角度考量，在 450 kg/hm² 和 675 kg/hm² 用水量下，在土壤封闭处理除草剂 40 % 乙·莠 SE 2 700 mL/hm² 药液中添加 50 % 辛癸基葡糖苷 1 350 mL/hm²，较常用剂量（4 500 mL/hm²）减少用药量 40 %，对阔叶杂草株防效和鲜重防效可分别达到 82 % 以上和 92 % 以上，对禾本科杂草株防效和鲜重防效均达到 60 % 以上，以 675 kg/hm² 用水量效果最好。在茎叶喷雾处理除草剂 30 % 苯唑草酮 SC 60 mL/hm²+90 % 莠去津 WG 600 g/hm² 药液中添加甲酯化植物油 1 350 mL/hm² 较常用剂量（195 mL/hm²+1 275 g/hm²）分别减少用药量 69.23 % 和 52.94 %，对阔叶杂草株防效和鲜重防效分别达到 66 % 以上和 93 % 以上，对禾本科杂草株防效和鲜重防效分别达到 80 % 左右和 86 % 以上，以 675 kg/hm² 用水量效果最好（表 3.56，表 3.57）。

鉴于此，从确保控草效果、减小产量损失和尽可能提高纯收益等方面综合评价，在确保 450 kg/hm² 或 675 kg/hm² 用水量条件下，在土壤封闭处理除草剂 40 % 乙·莠 SE 药液中添加辛癸基葡糖苷，可以减少 40 % 的用药量；在茎叶处理除草剂 30 % 苯唑草酮 SC+90 % 莠去津 WG 药液中添加甲酯化植物油，苯唑草酮和莠去津的用药量分别减少 69.23 % 和 52.94 %。

表 3.56　除草剂 + 喷雾助剂对阔叶杂草的防效

| 除草剂 + 喷雾助剂 / [mL（g）/hm²] | 用水量 /（kg/hm²） | | | | | |
| --- | --- | --- | --- | --- | --- | --- |
| | 225 | | 450 | | 675 | |
| | 株防效 /% | 鲜重防效 /% | 株防效 /% | 鲜重防效 /% | 株防效 /% | 鲜重防效 /% |
| 40 % 乙·莠 SE 4 500 | 84.24±3.61 bB | 91.76±0.75 dB | 90.24±0.72 abAB | 93.90±0.49 cdCD | 91.18±2.94 bB | 97.23±0.27 bcBC |
| 40 % 乙·莠 SE 3 900+50 % 辛癸基葡糖苷 1 350 | 82.42±1.26 bB | 86.27±1.30 fC | 85.25±2.98 bcdBC | 94.81±0.37 bcBC | 86.26±1.23 cdBC | 96.50±0.69 deCDE |
| 40 % 乙·莠 SE 3 300+50 % 辛癸基葡糖苷 1 350 | 78.25±3.00 bB | 87.88±1.43 eC | 83.30±1.29 cdBC | 92.77±0.78 eD | 83.30±1.29 dC | 95.96±0.73 efDE |
| 40 % 乙·莠 SE 2 700+50 % 辛癸基葡糖苷 1 350 | 69.36±3.78 cC | 85.81±0.91 fC | 82.29±3.04 dC | 92.53±1.15 eD | 82.03±4.71 dCD | 95.75±0.25 fE |
| 30 % 苯唑草酮 SC 195+90 % 莠去津 WG 1 275 | 81.21±2.75 bB | 93.54±0.31 cB | 83.30±1.29 cdBC | 95.57±0.64 bB | 85.39±1.52 cdBC | 97.89±0.23 bB |
| 30 % 苯唑草酮 SC 150+90 % 莠去津 WG1 050+ 甲酯化植物油 1 350 | 93.06±1.96 aA | 97.88±0.29 aA | 93.26±3.10 aA | 98.43±0.46 aA | 100±0.00 aA | 100±0.00 aA |
| 30 % 苯唑草酮 SC 105+90 % 莠去津 WG 825+ 甲酯化植物油 1 350 | 84.38±2.64 bB | 96.36±0.24 bA | 88.35±1.79 abcABC | 98.91±0.15 aA | 88.15±1.21 bcBC | 97.42±0.26 bBC |
| 30 % 苯唑草酮 SC 60+90 % 莠去津 WG 600+ 甲酯化植物油 1 350 | 55.36±7.42 dD | 81.24±2.53 gD | 66.20±6.58 eD | 93.49±1.05d eCD | 76.43±2.30 eD | 96.69±0.53 cdCD |

表 3.57　除草剂 + 喷雾助剂对禾本科杂草的防效

| 除草剂 + 喷雾助剂 / [mL（g）/hm²] | 用水量 /（kg/hm²） | | | | | |
| --- | --- | --- | --- | --- | --- | --- |
| | 225 | | 450 | | 675 | |
| | 株防效 /% | 鲜重防效 /% | 株防效 /% | 鲜重防效 /% | 株防效 /% | 鲜重防效 /% |
| 40 % 乙·莠 SE 4 500 | 82.36±1.94 bB | 70.36±1.27 dC | 83.60±0.77 bB | 72.43±2.00 dC | 85.86±1.66 bB | 76.78±2.26 cC |
| 40 % 乙·莠 SE 3 900+ 50 % 辛癸基葡糖苷 1 350 | 71.74±1.55 dC | 63.71±3.75 eD | 72.79±2.73 cC | 70.61±1.24 dC | 73.29±0.80 dD | 73.16±1.76 dC |
| 40 % 乙·莠 SE 3 300+ 50 % 辛癸基葡糖苷 1 350 | 62.67±2.76 eD | 59.00±2.54 fD | 68.91±3.66 cCD | 66.13±1.20 eD | 69.99±1.26 eE | 67.47±2.97 eD |
| 40 % 乙·莠 SE 2 700+ 50 % 辛癸基葡糖苷 1 350 | 55.67±3.02 fE | 49.32±3.37 gE | 63.02±4.28 dD | 59.29±2.68 fE | 67.19±1.72 fE | 60.01±3.71 fE |
| 30 % 苯唑草酮 SC 195+ 90 % 莠去津 WG 1 275 | 92.32±0.68 aA | 95.77±0.51 aA | 96.68±0.83 aA | 97.06±0.56 aA | 98.95±0.52 aA | 99.21±0.34 aA |
| 30 % 苯唑草酮 SC 150+ 90 % 莠去津 WG1 050+ 甲酯化植物油 1 350 | 91.26±1.76 aA | 90.71±1.84 bAB | 96.33±0.54 aA | 96.30±0.27 aA | 98.60±0.31 aA | 99.08±0.36 aA |
| 30 % 苯唑草酮 SC 105+ 90 % 莠去津 WG 825+ 甲酯化植物油 1 350 | 89.70±0.32 aA | 85.29±0.99 cB | 92.13±1.96 aA | 89.48±1.43 bB | 96.51±0.33 aA | 96.12±0.33 aA |
| 30 % 苯唑草酮 SC 60+ 90 % 莠去津 WG 600+ 甲酯化植物油 1 350 | 76.25±2.21 cC | 70.17±1.61 dC | 79.57±1.56 bB | 86.39±1.00 cB | 80.12±2.20 cC | 88.91±0.57 bB |

（2）不同处理对玉米产量的影响。从尽可能减少除草剂用药量并确保对玉米产量影响最小化角度考量，在 450 kg/hm² 和 675 kg/hm² 用水量下，在土壤封闭处理除草剂 40 % 乙·莠 SE 2 700 mL/hm² 药液中添加 50 % 辛癸基葡糖苷 1 350 mL/hm²，较常用剂量减少用药量 40 %，玉米减产幅度可控制在 5.5 % 以下，以 450 kg/hm² 用水量减产幅度最低，为 3.12 %。在茎叶喷雾处理除草剂 30 % 苯唑草酮 SC 60 mL/hm²+90 % 莠去津 WG 600 g/hm² 药液中添加甲酯化植物油 1 350 mL/hm²，较常用剂量分别减少用药量 69.23 % 和 52.94 %，玉米减产幅度可控制在 3.5 % 以下，以 450 kg/hm² 用水量减产幅度最低，仅为 0.26 %（表 3.58）。

表 3.58　不同处理对玉米产量的影响

| 除草剂 + 喷雾助剂 / [mL（g）/hm²] | 用水量 /（kg/hm²） | | | | | |
| --- | --- | --- | --- | --- | --- | --- |
| | 225 | | 450 | | 675 | |
| | 产量 /（kg/hm²） | 较 CK1 减产 /% | 产量 /（kg/hm²） | 较 CK1 减产 /% | 产量 /（kg/hm²） | 较 CK1 减产 /% |
| 40 % 乙·莠 SE 4 500 | 7 278.96±60.17 dB | 15.11 | 7 051.28±220.77 cB | 17.76 | 6 390.36±134.66 dD | 25.47 |

表 3.58 （续）

| 除草剂 + 喷雾助剂 / [mL（g）/hm²] | 用水量 /（kg/hm²） | | | | | |
|---|---|---|---|---|---|---|
| | 225 | | 450 | | 675 | |
| | 产量 /（kg/hm²） | 较 CK1 减产 /% | 产量 /（kg/hm²） | 较 CK1 减产 /% | 产量 /（kg/hm²） | 较 CK1 减产 /% |
| 40 % 乙·莠 SE 3 900+ 50 % 辛癸基葡糖苷 1 350 | 7 345.27±149.21 dB | 14.33 | 7 186.12±93.86 cB | 16.19 | 6 801.50±435.92 dD | 20.68 |
| 40 % 乙·莠 SE 3 300+ 50 % 辛癸基葡糖苷 1 350 | 7 579.58±267.48 cdB | 11.60 | 8 251.55±261.94 abA | 3.76 | 7 895.67±101.52 bcBC | 7.91 |
| 40 % 乙·莠 SE 2 700+ 50 % 辛癸基葡糖苷 1 350 | 7 939.88±282.93 bcAB | 7.40 | 8 306.81±393.12 abA | 3.12 | 8 110.08±341.17 abABC | 5.41 |
| 30 % 苯唑草酮 SC 195+ 90 % 莠去津 WG 1 275 | 7 617.15±116.07 cdB | 11.16 | 8 010.61±199.27 bA | 6.57 | 7 537.58±307.08 cC | 12.09 |
| 30 % 苯唑草酮 SC 150+ 90 % 莠去津 WG 1 050+ 甲酯化植物油 1 350 | 8 580.90±555.88 aA | −0.08 | 8 194.08±141.66 abA | 4.43 | 7 942.09±131.68 bcABC | 7.37 |
| 30 % 苯唑草酮 SC 105+ 90 % 莠去津 WG 825+ 甲酯化植物油 1 350 | 8 428.38±179.04 abA | 1.70 | 8 567.64±230.57 aA | 0.08 | 8 576.48±197.42 aA | −0.03 |
| 30 % 苯唑草酮 SC 60+ 90 % 莠去津 WG 600+ 甲酯化植物油 1 350 | 7 553.06±345.15 cdB | 11.91 | 8 552.17±289.53 aA | 0.26 | 8 282.49±80.40 abAB | 3.40 |
| CK1 | 8 574.27±184.85 aA | — | 8 574.27±184.85 aA | — | 8 574.27±184.85 aA | — |

（3）不同处理对玉米收益的影响。生产上多采用背负式电动喷雾器喷施农药，故按其核算用水费用和喷药人工费用，225 kg/hm²、450 kg/hm² 和 675 kg/hm² 用水量的费用依次为 1.13 元 /hm²、2.25 元 /hm² 和 3.38 元 /hm²，喷药人工费用依次为 150 元 /hm²、300 元 /hm² 和 450 元 /hm²；40 % 乙·莠 SE、30 % 苯唑草酮 SC、50 % 辛癸基葡糖苷和甲酯化植物油市场售价依次为 28.57 元 /kg、1 500 元 /kg、18 元 /kg 和 111.1 元 /kg，90 % 莠去津 WG 和玉米市场售价分别为 71.43 元 /kg 和 1.6 元 /kg。各处理的其他生产性投入均相同，其中尿素、磷酸二铵、玉米种子等生产资料投入依次为 750 元 /hm²、480 元 /hm²、900 元 /hm²，耕（旋）地、播种、追肥（培土）、收获、脱粒至入库等机械人工费依次为 1 500 元 /hm²、375 元 /hm²、675 元 /hm²、1 500 元 /hm² 和 450 元 /hm²。经济效益核算结果见下（表 3.59）。

从尽可能减少除草剂用药量并确保较高经济效益角度考量，在土壤封闭处理除草剂 40 % 乙·莠 SE 2 700 mL/hm² 药液中添加 50 % 辛癸基葡糖苷 1 350 mL/hm²，较常用剂量减少用药量 40 %，玉米纯收益可达 5 791.3 ~ 6 257.2 元 /hm²，以 450 kg/hm² 用水量为最高。在茎叶喷雾处理除草剂 30 % 苯唑草酮 SC 60 mL/hm²+90 % 莠去津 WG 600 g/hm² 药液中添加甲酯化植物油 1 350 mL/hm²，较常用剂量分别减少用药量 69.23 % 和 52.94 %，玉米纯收益可达到 5 885.8 ~ 6 468.4 元 /hm²，以 450 kg/hm² 用水量为最高。

表 3.59　不同处理对玉米收益的影响

| 除草剂 + 喷雾助剂 / [mL（g）/hm²] | 用水量 /（kg/hm²） | | | | | | | | |
| | 225 | | | 450 | | | 675 | | |
| | 成本 | 产值 | 纯收益 | 成本 | 产值 | 纯收益 | 成本 | 产值 | 纯收益 |
| 40 % 乙·莠 SE 4 500 | 6 909.7 | 11 646.3 | 4 736.7 | 7 060.8 | 11 282.1 | 4 221.2 | 7 211.9 | 10 224.6 | 3 012.6 |
| 40 % 乙·莠 SE 3 900+50 % 辛癸基葡糖苷 1 350 | 6 916.9 | 11 752.4 | 4 835.6 | 7 068.0 | 11 497.8 | 4 429.8 | 7 219.1 | 10 882.4 | 3 663.3 |
| 40 % 乙·莠 SE 3 300+50 % 辛癸基葡糖苷 1 350 | 6 899.7 | 12 127.3 | 5 227.6 | 7 050.8 | 13 202.5 | 6 151.7 | 7 202.0 | 12 633.1 | 5 431.1 |
| 40 % 乙·莠 SE 2 700+50 % 辛癸基葡糖苷 1 350 | 6 882.6 | 12 703.8 | 5 821.2 | 7 033.7 | 13 290.9 | 6 257.2 | 7 184.8 | 12 976.1 | 5 791.3 |
| 30 % 苯唑草酮 SC 195+90 % 莠去津 WG 1 275 | 7 164.7 | 12 187.4 | 5 022.7 | 7 315.8 | 12 817.0 | 5 501.2 | 7 467.0 | 12 060.1 | 4 593.2 |
| 30 % 苯唑草酮 SC 150+ 90 % 莠去津 WG 1 050+ 甲酯化植物油 1 350 | 7 231.1 | 13 729.4 | 6 498.3 | 7 382.2 | 13 110.5 | 5 728.3 | 7 533.4 | 12 707.3 | 5 174.0 |
| 30 % 苯唑草酮 SC 105+ 90 % 莠去津 WG 825+ 甲酯化植物油 1 350 | 7 147.6 | 13 485.4 | 6 337.9 | 7 298.7 | 13 708.2 | 6 409.6 | 7 449.8 | 13 722.4 | 6 272.6 |
| 30 % 苯唑草酮 SC 60+90 % 莠去津 WG 600+ 甲酯化植物油 1 350 | 7 064.0 | 12 084.9 | 5 020.9 | 7 215.1 | 13 683.5 | 6 468.4 | 7 366.2 | 13 252.0 | 5 885.8 |

注：表中成本、产值和纯收益单位均为元 /hm²。

### （二）2 种喷雾助剂对玉米田土壤封闭处理除草剂乙·莠的减量效应

参试除草剂为 52 % 乙·莠 SE（天津绿源生物药业有限公司生产），喷雾助剂为甲酯化植物油类喷雾助剂 GY—T 1602 和植物油增效剂迈丝（北京广源益农化学有限责任公司生产）。试验设置 13 个处理（表 3.60），处理随机排列，重复 3 次，小区面积 16.2 m²。2018 年 4 月 20 日，在整地、施肥和旋耕后播种玉米，播后当日，采用背负式电动喷雾器将药液均匀喷施到土壤表面，喷液量为 675 kg/hm²，其他管理措施与大田相同。玉米全生育期系统观察药害状况，如出现药害时间、症状类型及恢复时间等。药后 30 d，调查除草效果，每小区按斜对角线 3 点取样，样点面积 0.25 m²（0.5 m×0.5 m），调查其中阔叶杂草和禾本科杂草株数，并称取各类杂草鲜重，由此计算株防效和鲜重防效。

表 3.60　除草剂 + 喷雾助剂试验处理　　　　　　　　　单位：mL/hm²

| 除草剂用药量 | 喷雾助剂及用量 |
| --- | --- |
| 52 % 乙·莠 SE 3 000（常用剂量） | — |
| 52 % 乙·莠 SE 3 000 | GY—T 1602 3 375 |

表 3.60　（续）

| 除草剂用药量 | 喷雾助剂及用量 |
|---|---|
| 52 % 乙·莠 SE 2 550 | GY—T 1602 3 375 |
| 52 % 乙·莠 SE 2 100 | GY—T 1602 3 375 |
| 52 % 乙·莠 SE 1 650 | GY—T 1602 3 375 |
| 52 % 乙·莠 SE 1 200 | GY—T 1602 3 375 |
| 52 % 乙·莠 SE 3 000 | 迈丝 2 250 |
| 52 % 乙·莠 SE 2 550 | 迈丝 2 250 |
| 52 % 乙·莠 SE 2 100 | 迈丝 2 250 |
| 52 % 乙·莠 SE 1 650 | 迈丝 2 250 |
| 52 % 乙·莠 SE 1 200 | 迈丝 2 250 |
| 人工除草（CK1） | — |
| 空白对照（CK2） | — |

**试验结果如下。**

（1）对玉米生长发育的直观影响。52 % 乙·莠 SE、52 % 乙·莠 SE+甲酯化植物油 GY—T 1602 或植物油增效剂迈丝对玉米安全，其出苗率、株高、茎粗、叶色、长势、果穗长、果穗粗、籽粒饱满度等性状与人工除草处理基本相同。

（2）对杂草的防除效果。各处理对藜均具优良防效，株防效和鲜重防效分别达到 97 % 以上，处理间无显著差异。对狗尾草和总草防效在处理间存在明显差异，52 % 乙·莠 SE 3 000 mL/hm² + GY—T 1602 和 52 % 乙·莠 SE 2 550 mL/hm² + GY—T 1602 对狗尾草株防效、鲜重防效和对总草株防效、鲜重防效分别超过 82 %、74 % 和 88 %、90 %，极显著高于 52 % 乙·莠 SE 3 000 mL/hm² 常用剂量处理；但当 52 % 乙·莠 SE 以较低剂量 2 100 ~ 1 200 mL/hm² 添加 GY—T 1602 时，对狗尾草和总草的防效明显低于常用剂量处理（表 3.61）。

各处理对藜均具优良防效，株防效和鲜重防效均达到 97 % 以上，处理间无显著差异。对狗尾草和总草防效在处理间存在明显差异，52 % 乙·莠 SE 3 000 mL/hm² + 迈丝对狗尾草株防效、鲜重防效和总草株防效、鲜重防效分别为 65.91 %、71.57 % 和 77.46 %、88.62 %，极显著或显著高于 52 % 乙·莠 SE 3 000 mL/hm² 常用剂量处理；52 % 乙·莠 SE 2 550 mL/hm² + 迈丝对狗尾草株防效和总草株防效、鲜重防效分别为 65.34 % 和 77.46 %、86.89 %，极显著高于 52 % 乙·莠 SE 常用剂量处理或无显著差异，但对狗尾草鲜重控制效果有极显著下降；当 52 % 乙·莠 SE 以较低剂量 2 100 ~ 1 200 mL/hm² 添加迈丝时，对狗尾草和总草的株防效和鲜重防效明显低于 52 % 乙·莠 SE 常用剂量处理（表 3.62）。

表 3.61 52% 乙·莠 SE 在不同剂量下添加 GY—T 1602 对玉米田杂草的防效 单位：%

| 除草剂＋喷雾助剂／(mL/hm²) | 藜 | | 狗尾草 | | 总草 | |
|---|---|---|---|---|---|---|
| | 株防效 | 鲜重防效 | 株防效 | 鲜重防效 | 株防效 | 鲜重防效 |
| 52% 乙·莠 SE 3 000 | 100.00±0 aA | 100.00±0 aA | 62.53±0.06 bB | 68.42±0.25 bB | 72.08±2.32 bB | 83.62±3.33bB |
| 52% 乙·莠 SE 3000+GY—T 1602 | 100.00±0 aA | 100.00±0 aA | 82.85±0.96 aA | 76.51±0.55 aA | 88.56±1.51 aA | 91.18±0.13 aA |
| 52% 乙·莠 SE 2550+GY—T 1602 | 100.00±0 aA | 100.00±0 aA | 82.25±0.22 aA | 74.98±0.77 aA | 88.37±0.40 aA | 90.58±0.54 aA |
| 52% 乙·莠 SE 2100+GY—T 1602 | 98.77±2.14 aA | 98.99±1.75 aA | 53.52±0.17 cC | 58.84±0.45 cC | 67.82±1.97 cC | 81.59±1.58 bcB |
| 52% 乙·莠 SE 1650+GY—T 1602 | 98.72±2.22 aA | 98.64±2.35 aA | 45.35±0.31 dD | 45.53±0.24 dD | 64.59±0.85 dC | 78.97±0.81 cBC |
| 52% 乙·莠 SE 1200+GY—T 1602 | 97.57±2.10 aA | 98.08±1.70 aA | 35.22±0.42 eE | 42.31±2.73 eE | 56.55±1.67 eD | 75.34±0.82 dC |

表 3.62 52% 乙·莠 SE 在不同剂量下添加迈丝对玉米田杂草的防效 单位：%

| 除草剂＋喷雾助剂／(mL/hm²) | 藜 | | 狗尾草 | | 总草 | |
|---|---|---|---|---|---|---|
| | 株防效 | 鲜重防效 | 株防效 | 鲜重防效 | 株防效 | 鲜重防效 |
| 52% 乙·莠 SE 3 000 | 100±0aA | 100±0aA | 62.53±0.06 bB | 68.42±0.21 bB | 72.08±2.32 bB | 83.62±3.33 bAB |
| 52% 乙·莠 SE 3 000+ 迈丝 | 100±0A | 100±0aA | 65.91±0.85 aA | 71.57±0.24 aA | 77.46±0.88 aA | 88.62±0.30 aA |
| 52% 乙·莠 SE 2 550+ 迈丝 | 100±0aA | 100±0aA | 65.34±0.45 aA | 64.68±0.08 cC | 77.46±0.37 aA | 86.89±0.26 abA |
| 52% 乙·莠 SE 2 100+ 迈丝 | 98.81±2.06 aA | 99.23±1.34 aA | 56.61±0.33 cC | 52.59±0.36 dD | 69.39±1.89 bB | 79.31±0.38 cBC |
| 52% 乙·莠 SE 1 650+ 迈丝 | 97.44±4.44 aA | 98.63±2.37 aA | 54.65±0.31 dD | 47.52±0.14 eE | 69.07±3.18 bB | 77.20±4.69 cCD |
| 52% 乙·莠 SE 1 200+ 迈丝 | 97.53±2.15 aA | 97.97±2.90 aA | 38.58±0.38 eE | 33.44±0.22 fF | 57.98±1.99 cC | 72.73±1.21 dD |

总体评价，甲酯化植物油 GY—T 1602 对土壤封闭处理除草剂 52% 乙·莠 SE 具有明显的增效和减量效应，较常用剂量减少 15% 用药量；植物油增效剂迈丝也可提高其防效，但在狗尾草严重发生玉米田，则无明显减量效应。

### （三）3 种喷雾助剂对玉米田茎叶处理除草剂的减量效应

以筛选出的玉米田高效除草剂混用组合"烟嘧磺隆＋二氯吡啶酸＋莠去津"为指示除草剂，试验测定了植物油增效剂迈丝、非离子表面活性剂脂肪酸甲酯乙氧基化物（FMEE）和氮肥液（尿素）对玉米田茎叶喷雾处理除草剂的减量效应。参试除草剂及喷雾助剂列于表 3.63。试验设置 22 个处理（表 3.64），处理随机排列，重复 3 次，小区面积 16.2 m²（5.4 m×3 m）。2018 年 4 月 20 日，在整地、施肥和旋耕后播种玉米，玉米 5 叶

1 心期（5 月 24 日），将药液均匀喷施到杂草茎叶表面，喷液量为 675 kg/hm²。玉米全生育期系统观察药害状况，如出现药害时间、症状类型及恢复时间等；玉米大喇叭口期（6 月 28 日）调查除草效果，每小区按斜对角线 3 点取样，样点面积 0.25 m²（0.5 m×0.5 m），调查其中阔叶杂草和禾本科杂草株数，并称取各类杂草鲜重，由此计算株防效和鲜重防效。

表 3.63　参试除草剂、喷雾助剂及生产企业

| 除草剂、喷雾助剂名称 | 生产企业 |
| --- | --- |
| 75 % 二氯吡啶酸 SG | 美国陶氏益农公司 |
| 90 % 莠去津 WG | 浙江中山化工集团有限公司 |
| 4 % 烟嘧磺隆 OD | 江苏辉丰农化股份有限公司 |
| 植物油增效剂迈丝 | 北京广源益农化学有限责任公司 |
| 脂肪酸甲酯乙氧基化物（FMEE） | 上海喜赫精细化工有限公司 |
| 尿素 | 中国石油兰州石化公司化肥厂 |

表 3.64　除草剂＋喷雾助剂试验处理　　　　　　　　　　单位：mL（g）/hm²

| 除草剂用药量 | 喷雾助剂及用量 |
| --- | --- |
| | — |
| 4 % 烟嘧磺隆 OD 1 200+75 % 二氯吡啶酸 SG 225+90 % 莠去津 WG 1 200（高剂量配方） | 迈丝 3 375 |
| | 迈丝 3 375+ 尿素 3 375 |
| | FMEE 168.75 |
| | FMEE 168.75+ 尿素 3 375 |
| | — |
| 4 % 烟嘧磺隆 OD 1 050+75 % 二氯吡啶酸 SG 165+90 % 莠去津 WG 975（中剂量配方） | 迈丝 3 375 |
| | 迈丝 3 375+ 尿素 3 375 |
| | FMEE 168.75 |
| | FMEE 168.75+ 尿素 3 375 |
| | — |
| 4 % 烟嘧磺隆 OD 900+75 % 二氯吡啶酸 SG 105+90 % 莠去津 WG 750（中低剂量配方） | 迈丝 3 375 |
| | 迈丝 3 375+ 尿素 3 375 |
| | FMEE 168.75 |
| | FMEE 168.75+ 尿素 3 375 |
| | — |
| 4 % 烟嘧磺隆 OD 750+75 % 二氯吡啶酸 SG 45+90 % 莠去津 WG 525（低剂量配方） | 迈丝 3 375 |
| | 迈丝 3 375+ 尿素 3 375 |
| | FMEE 168.75 |
| | FMEE 168.75+ 尿素 3 375 |
| 人工除草（CK1） | — |
| 空白对照（CK2） | — |

**试验结果如下。**

（1）对玉米的安全性。直观观察表明，4％烟嘧磺隆OD+75％二氯吡啶酸SG+90％莠去津WG不同剂量以及不同剂量配方添加喷雾助剂对玉米安全，其出苗率、株高、茎粗、叶色、长势、果穗长、果穗粗、籽粒饱满度等性状与人工除草处理基本相同。

（2）对杂草的防除效果。各处理对藜均具优良防效，株防效和鲜重防效分别达到96％和99％以上，处理间无显著差异，对狗尾草和总草防效在处理间存在较大差异。烟嘧磺隆＋二氯吡啶酸＋莠去津不同剂量添加迈丝均有明显增效作用，同一剂量添加迈丝对狗尾草和总草的防效极显著高于不添加迈丝处理；在添加迈丝的基础上再添加尿素可进一步提高其除草效果，但其效应不明显，同一剂量添加迈丝＋尿素对狗尾草和总草的防效与仅添加迈丝无显著差异。添加迈丝对烟嘧磺隆＋二氯吡啶酸＋莠去津有明显减量效应，中剂量添加迈丝，对狗尾草和总草的株防效分别达到58.99％和70.24％，与高剂量不添加迈丝无显著差异，对狗尾草和总草的鲜重防效分别达到89.38％和93.96％，显著或极显著高于高剂量不添加迈丝；中低剂量添加迈丝，对狗尾草的株防效极显著低于高剂量不添加迈丝；低剂量添加迈丝，对狗尾草和总草均无理想控制作用，其株防效和鲜重防效极显著低于高剂量不添加迈丝（表3.65）。

显而易见，玉米田茎叶喷雾处理除草剂4％烟嘧磺隆OD+75％二氯吡啶酸SG+90％莠去津WG添加植物油增效剂迈丝具有显著的增效和减量效应，烟嘧磺隆、二氯吡啶酸和莠去津用药量分别减少12.5％、26.67％和18.75％，虽然再添加尿素虽可进一步提高除草效果，但无显著效应。

表3.65 烟嘧磺隆＋二氯吡啶酸＋莠去津不同剂量添加迈丝和尿素的控草效果　　　　单位：%

| 处理 | 藜 | | 狗尾草 | | 总草 | |
|---|---|---|---|---|---|---|
| | 株防效 | 鲜重防效 | 株防效 | 鲜重防效 | 株防效 | 鲜重防效 |
| 高剂量配方 | 98.48±2.63 abcA | 99.91±0.16 aA | 55.64±3.95 cdBC | 77.06±5.58 cB | 66.30±0.16 bcABC | 88.08±2.91 bcAB |
| 高剂量配方＋迈丝 | 100.00±0 aA | 100.00±0 aA | 63.66±2.85 abA | 90.04±0.73 aA | 74.34±2.19 aA | 94.91±0.55 aA |
| 高剂量配方＋迈丝＋尿素 | 100.00±0 aA | 100.00±0 aA | 65.55±1.47 aA | 90.27±0.09 aA | 75.67±0.87 aA | 94.77±0.40 aA |
| 中剂量配方 | 96.73±2.85 abcA | 99.86±0.13 aA | 53.76±1.09 dCD | 69.09±3.16 dC | 62.35±4.56 cdBCD | 84.26±1.41 cdBC |
| 中剂量配方＋迈丝 | 100.00±0 aA | 100.00±0 aA | 58.99±0.38 bcABC | 89.38±0.68 abA | 70.24±0.21 abAB | 93.96±0.77 aA |
| 中剂量配方＋迈丝＋尿素 | 100.00±0 aA | 100.00±0 aA | 60.90±2.11 abAB | 90.12±0.07 aA | 70.51±0.31 abAB | 94.61±0.45 aA |
| 中低剂量配方 | 98.25±3.04 abcA | 99.92±0.14 aA | 33.64±2.55 hG | 47.18±1.32 fE | 51.76±3.34 eE | 72.70±1.87 fD |
| 中低剂量配方＋迈丝 | 100.00±0 aA | 100.00±0 aA | 47.78±1.22 efDE | 84.23±0.77 bA | 61.54±1.46 cdBCDE | 91.66±0.33 abA |

表 3.65 （续）

| 处理 | 藜 | | 狗尾草 | | 总草 | |
|------|------|------|------|------|------|------|
| | 株防效 | 鲜重防效 | 株防效 | 鲜重防效 | 株防效 | 鲜重防效 |
| 中低剂量配方＋迈丝＋尿素 | 100.00±0 aA | 100.00±0 aA | 48.16±5.44 eDE | 85.43±1.88 abA | 61.83±2.72 cdBCDE | 91.78±1.26 abA |
| 低剂量配方 | 96.58±2.96 acA | 99.85±0.13 aA | 25.69±2.26 iH | 25.87±4.61 gF | 35.37±12.08 fF | 56.04±9.26 gE |
| 低剂量配方＋迈丝 | 100.00±0 aA | 100.00±0 aA | 41.16±2.57 gF | 60.03±3.07 eD | 55.84±1.43 deDE | 77.93±2.39 eCD |
| 低剂量配方＋迈丝＋尿素 | 100.00±0 aA | 100.00±0 aA | 43.27±4.69 gEF | 61.61±5.94 eD | 57.45±3.53 deCDE | 79.73±2.46 deCD |

各处理对藜均具优良防效，株防效和鲜重防效分别达到 96％和 99％以上，处理间无显著差异，对狗尾草和总草防效在处理间存在较大差异。烟嘧磺隆＋二氯吡啶酸＋莠去津添加 FMEE 对防除狗尾草有明显增效作用，对防除总草有微弱的增效作用，同一剂量添加 FMEE 对狗尾草的株防效和鲜重防效极显著高于不添加 FMEE，对总草的株防效和鲜重防效与不添加 FMEE 无显著差异；在添加 FMEE 的基础上再添加尿素可进一步显著提高除草效果，同一剂量添加 FMEE＋尿素对狗尾草的株防效和鲜重防效显著或极显著高于仅添加 FMEE，但对总草的株防效和鲜重防效与仅添加 FMEE 无显著差异。添加 FMEE＋尿素对烟嘧磺隆＋二氯吡啶酸＋莠去津有明显的减量效应，可使其用药量降至中剂量，中剂量添加 FMEE＋尿素，对狗尾草的株防效、鲜重防效和对总草的株防效分别达到 64％、86.01％和 74.45％，显著或极显著高于高剂量不加助剂，对总草的鲜重防效达到 92.86％，与高剂量不加助剂无显著差异；中低剂量添加 FMEE＋尿素，对狗尾草的株防效、鲜重防效和对总草的鲜重防效有明显下降，极显著低于高剂量不加助剂；低剂量添加 FMEE＋尿素，对狗尾草和总草的防效均有明显下降，显著或极显著低于于高剂量不加助剂（表 3.66）。

鉴于此，4％烟嘧磺隆 OD+75％二氯吡啶酸 SG+90％莠去津 WG 添加 FMEE＋尿素较单一添加 FMEE 有更好的除草效果，并能明显降低用药量，烟嘧磺隆、二氯吡啶酸和莠去津用药量分别减少 12.5％、26.67％和 18.75％。

表 3.66 烟嘧磺隆＋二氯吡啶酸＋莠去津不同剂量添加 FMEE＋尿素的控草效果　　　单位：％

| 处理 | 藜 | | 狗尾草 | | 总草 | |
|------|------|------|------|------|------|------|
| | 株防效 | 鲜重防效 | 株防效 | 鲜重防效 | 株防效 | 鲜重防效 |
| 高剂量配方 | 98.48±2.63 aA | 99.91±0.16 aA | 55.64±3.95 dC | 77.06±5.58 dC | 66.30±0.16 cdBCDE | 88.08±2.92 bcAB |
| 高剂量配方＋FMEE | 98.25±3.03 aA | 99.90±0.17 aA | 61.32±2.69 bcB | 83.75±0.50 bcAB | 70.92±0.13 abcABC | 91.41±0.43 abAB |
| 高剂量配方＋FMEE＋尿素 | 98.48±2.63 aA | 99.87±0.22 aA | 68.10±1.03 aA | 89.10±0.00 aA | 77.45±1.00 aA | 94.49±0.15 aA |

表 3.66 （续）

| 处理 | 藜 | | 狗尾草 | | 总草 | |
| --- | --- | --- | --- | --- | --- | --- |
| | 株防效 | 鲜重防效 | 株防效 | 鲜重防效 | 株防效 | 鲜重防效 |
| 中剂量配方 | 96.73±2.85 aA | 99.86±0.13 aA | 53.76±1.09 dC | 69.09±3.16 eD | 62.35±4.56 deCDEF | 84.26±1.41 cBC |
| 中剂量配方 + FMEE | 98.48±2.63 aA | 99.90±0.17 aA | 60.16±0.24 cB | 80.82±0.98 cdBC | 67.66±0.09 bcdBCD | 88.42±0.73 bcAB |
| 中剂量配方 + FMEE + 尿素 | 96.73±2.85 aA | 99.80±0.18 aA | 64.00±1.43 bB | 86.01± abAB | 74.45±0.47 abAB | 92.86±0.19 abA |
| 中低剂量配方 | 98.25±3.04 aA | 99.92±0.14 aA | 33.64±2.55 hG | 47.18±1.32 hF | 51.76±3.34 fG | 72.70±1.87 eDE |
| 中低剂量配方 + FMEE | 98.25±3.04 aA | 99.91±0.15 aA | 43.90±0.69 fgEF | 61.72±1.11 fE | 57.34±0.22 efEFG | 74.62±0.27 deD |
| 中低剂量配方 + FMEE + 尿素 | 98.25±3.04 aA | 99.92±0.14 aA | 48.52±2.10 eD | 68.05±1.18 eD | 62.91±0.22 deCDEF | 78.77±0.20 dCD |
| 低剂量配方 | 96.58±2.96 aA | 99.85±0.13 aA | 25.69±2.26 iH | 25.87±4.61 iG | 35.37±12.08 gH | 56.04±9.26 gF |
| 低剂量配方 + FMEE | 98.33±2.89 aA | 99.93±0.12 aA | 41.76±1.08 gF | 52.70±0.92 gF | 53.53±0.28 fFG | 66.54±0.25 fE |
| 低剂量配方 + FMEE + 尿素 | 98.33±2.89 aA | 99.92±0.14 aA | 46.19±2.16 efDE | 58.53±1.42 fE | 58.42±0.24 efDEFG | 71.99±0.30 eDE |

　　总体评价，玉米田茎叶喷雾处理除草剂 4 % 烟嘧磺隆 OD+75 % 二氯吡啶酸 SG+90 % 莠去津 WG 添加迈丝或 FMEE+ 尿素具有显著的增效和减量效应，烟嘧磺隆、二氯吡啶酸和莠去津用药量分别减少 12.5 %、26.67 % 和 18.75 %。

### 三、静电喷雾器在玉米田除草剂喷施中的应用

　　静电喷雾器是近年发展起来的一种新型施药器械，能够显著提高药液雾化水平，增加药剂在靶标上的沉积密度、沉积量和分布的均一性，减少药液飘移损失，进而实现对农药的减量施用。随着静电喷雾技术的日臻完善，静电喷雾器必将替代传统的背负式手动式喷雾器。为了明确背负式静电喷雾器静电施药对玉米田除草剂的减量效应，于 2017 年在平凉市农业科学院高平试验站以土壤封闭处理除草剂 40 % 乙·莠 SE 和茎叶喷雾处理除草剂 30 % 苯唑草酮 SC+90 % 莠去津 WG+ 专用助剂作为参试除草剂，试验测定了背负式静电喷雾器在不同施药剂量下的静电喷施效果。

　　参试除草剂、施药器械及喷雾助剂列于表 3.67。试验处理设计参见表 3.68，处理随机排列，重复 3 次，小区面积 18.8 m² （4 m×4.7 m）。4 月 19 日至 20 日，整地、施肥（尿素 300 kg/hm²、磷酸二铵 225 kg/hm²）和旋耕后播种玉米，40 % 乙·莠 SE 在玉米播后翌日均匀喷施于土壤表面，30 % 苯唑草酮 SC+90 % 莠去津 WG+ 专用助剂在玉米 5 叶 1 心期均匀喷施于杂草茎叶表面，喷液量均为 450 kg/hm²。玉米大喇叭口期（6 月 16 日），每小区斜对角线 3 点取样，样点面积 0.25 m²，调查其中阔叶杂草和禾本科杂草株数，并称

取各类杂草鲜重，由此计算株防效和鲜重防效。玉米成熟期（9月20日），每小区斜对角线3点取样，每点随机选取5株，逐株测量株高和茎粗，以地面至雄穗顶端的高度作为株高，地面以上第3茎节中部的最大直径（用电子数显卡尺量取）作为茎粗。玉米成熟后，按小区单独收获，每小区随机选取20个果穗，逐穗测定果穗粗、果穗有效长和穗粒数；按小区脱粒计产，每小区随机选取500粒籽粒称重，计算百粒重。

**表 3.67　参试除草剂、喷雾助剂、施药器械及生产企业**

| 除草剂、喷雾助剂、施药器械名称 | 生产企业 |
| --- | --- |
| 40％乙·莠 SE | 河北宣化农药有限责任公司 |
| 30％苯唑草酮 SC | 德国巴斯夫欧洲公司 |
| 90％莠去津 WG | 浙江中山化工集团有限公司 |
| 专用助剂（脂肪酸甲酯≥ 75％） | 北京广源益农化学有限责任公司 |
| 3WJD-18 型背负式静电喷雾器 | 山东卫士植保机械有限公司 |
| WS-16P 型背负式手动喷雾器 | 山东卫士植保机械有限公司 |

**表 3.68　试验处理设计**

| 除草剂、专用助剂用量 / [mL（g）/hm²] | 喷雾方式 |
| --- | --- |
| 40％乙·莠 SE 3 300（常用剂量） | 背负式静电喷雾器静电喷雾 |
| 40％乙·莠 SE 2 850 | 背负式静电喷雾器静电喷雾 |
| 40％乙·莠 SE 2 400 | 背负式静电喷雾器静电喷雾 |
| 40％乙·莠 SE 1 950 | 背负式静电喷雾器静电喷雾 |
| 40％乙·莠 SE 3 300 | 背负式手动喷雾器常规喷雾 |
| 30％苯唑草酮 SC 105 +90％莠去津 WG1 050+ 专用助剂 1 350（常用剂量） | 背负式静电喷雾器静电喷雾 |
| 30％苯唑草酮 SC 105 +90％莠去津 WG 825+ 专用助剂 1 350 | 背负式静电喷雾器静电喷雾 |
| 30％苯唑草酮 SC 105 +90％莠去津 WG 600+ 专用助剂 1 350 | 背负式静电喷雾器静电喷雾 |
| 30％苯唑草酮 SC 105 +90％莠去津 WG 375+ 专用助剂 1 350 | 背负式静电喷雾器静电喷雾 |
| 30％苯唑草酮 SC 105 +90％莠去津 WG 1 050+ 专用助剂 1 350 | 背负式手动喷雾器常规喷雾 |
| 人工除草（CK1） | — |
| 空白对照（CK2） | — |

**试验结果如下。**

（1）对杂草的防除效果。土壤封闭处理除草剂40％乙·莠 SE 通过背负式静电喷雾器静电喷施，其控草效果随用药量的减少呈逐渐下降态势，用药量为 3 300 mL/hm² 和 2 850 mL/hm² 时，对藜、狗尾草和总草均有理想的控制作用，株防效分别达到100％、64％以上和87％以上，鲜重防效分别达到100％、95％以上和97％以上，与背负式手动喷雾器以常用剂量（3 300 mL/hm²）常规喷雾无显著差异；用药量降至 2 400 mL/hm² 和 1 950 mL/hm² 时，对藜密度、鲜重和总草鲜重有较好控制作用，但对狗尾草和总草密度控制作用较差，株防效分别在30％以下和75％以下，极显著低于背负式手动喷雾器以常用剂量常规喷雾。

茎叶喷雾处理除草剂 30 % 苯唑草酮 SC+90 % 莠去津 WG+ 专用助剂通过背负式静电喷雾器静电喷施，其控草效果随莠去津用药量的减少呈逐渐下降态势，90 % 莠去津 WG 用药量不低于 600 g/hm² 时，对藜、狗尾草和总草均有理想的控制作用，株防效分别达到 97 % 以上、89 % 以上和 94 % 以上，鲜重防效分别达到 98 % 以上、98 % 以上和 92 % 以上，与背负式手动喷雾器以常用剂量（30 % 苯唑草酮 SC 105 mL/hm²+90 % 莠去津 WG 1 050 g/hm²+专用助剂 1 350 mL/hm²）常规喷雾无显著差异；90 % 莠去津 WG 用药量降至 375 g/hm² 时，对狗尾草和总草的株防效良好，可达 75.21 % 和 85.08 %，极显著低于背负式手动喷雾器以常用剂量常规喷雾（表 3.69）。

表 3.69　40 % 乙·莠 SE 不同剂量和苯唑草酮＋莠去津不同剂量添加专用助剂的控草效果

单位：%

| 除草剂、专用助剂用量 / [mL（g）/hm²] | 藜 | | 狗尾草 | | 总草 | |
|---|---|---|---|---|---|---|
| | 株防效 | 鲜重防效 | 株防效 | 鲜重防效 | 株防效 | 鲜重防效 |
| 40 % 乙·莠 SE 3 300 | （100±0）aA | （100±0）aA | （78.65±8.10）bcBCD | （99.13±0.71）aA | （92.66±1.96）abABC | （97.11±3.20）abA |
| 40 % 乙·莠 SE 2 850 | （100±0）aA | （100±0）aA | （64.61±12.38）dD | （95.34±2.04）abAB | （87.76±4.20）bcBC | （97.60±2.84）aA |
| 40 % 乙·莠 SE 2 400 | （96.83±3.35）abcAB | （98.22±1.74）abA | （28.18±5.89）eE | （83.88±21.48）bcAB | （74.97±3.12）dD | （95.34±0.67）abA |
| 40 % 乙·莠 SE 1 950 | （95.85±2.18）bcAB | （97.99±1.28）abA | （14.01±7.98）fE | （77.60±5.82）cB | （72.28±9.13）dD | （94.19±1.22）abA |
| 40 % 乙·莠 SE 3 300 | （99.05±1.65）abA | （99.26±1.28）abA | （71.72±9.92）cdD | （93.96±5.23）abAB | （89.75±4.30）bcABC | （93.89±7.99）abA |
| 30 % 苯唑草酮 SC 105 + 90 % 莠去津 WG 1 050 + 专用助剂 1 350 | （100±0）aA | （100±0）aA | （98.58±1.29）aA | （99.76±0.21）aA | （97.71±3.38）aA | （99.15±1.43）aA |
| 30 % 苯唑草酮 SC 105 + 90 % 莠去津 WG 825 + 专用助剂 1 350 | （100±0）aA | （100±0）aA | （94.12±1.30）aAB | （98.87±0.53）aA | （97.43±0.89）aAB | （99.15±0.74）aA |
| 30 % 苯唑草酮 SC 105 + 90 % 莠去津 WG 600 + 专用助剂 1 350 | （97.09±2.94）abcAB | （98.05±2.22）abA | （89.59±1.61）abABC | （98.71±0.35）aA | （94.50±2.37）abAB | （92.96±8.97）abA |
| 30 % 苯唑草酮 SC 105 + 90 % 莠去津 WG 375 + 专用助剂 1 350 | （93.94±2.86）cB | （97.42±0.34）bA | （76.21±3.68）cdCD | （95.82±1.19）abAB | （85.08±3.77）cC | （89.87±1.57）bA |
| 30 % 苯唑草酮 SC 105 + 90 % 莠去津 WG 1 050 + 专用助剂 1 350 | （100±0）aA | （100±0）aA | （98.09±0.55）aA | （99.71±0.13）aA | （97.85±1.07）aA | （98.74±1.92）aA |

因此，从确保控草效果角度评价，采用背负式静电喷雾器静电施药，宜将土壤封闭处

理除草剂 40％乙·莠 SE 和茎叶喷雾处理除草剂 30％苯唑草酮 SC+90％莠去津 WG+ 专用助剂中 90％莠去津 WG 的用药量分别控制在不低于 2 850 mL/hm² 和 600g/hm²。

（2）对玉米株高、茎粗的影响。土壤封闭处理除草剂 40％乙·莠 SE 通过背负式静电喷雾器静电喷施，玉米株高和茎粗均以 3 300 mL/hm²、2 850 mL/hm² 和 2 400 mL/hm² 用药量较高，其中株高极显著高于背负式手动喷雾器以常用剂量常规喷雾，与人工除草无显著差异，茎粗与背负式手动喷雾器以常用剂量常规喷雾无显著差异，显著或极显著低于人工除草；用药量降至 1 950 mL/hm² 时，株高和茎粗均极显著低于背负式手动喷雾器以常用剂量常规喷雾，也极显著低于人工除草

茎叶喷雾处理除草剂 30％苯唑草酮 SC+90％莠去津 WG+ 专用助剂通过背负式静电喷雾器静电喷施，玉米株高随 90％莠去津 WG 用药量的减少呈先增后降态势，以 825 g/hm² 为最高，极显著高于背负式手动喷雾器以常用剂量常规喷雾，与人工除草无显著差异。茎粗以 90％莠去津 WG 用药量为 1 050 g/hm² 和 825 g/hm² 时较高，与背负式手动喷雾器以常用剂量常规喷雾无显著差异，极显著高于人工除草；当 90％莠去津 WG 用药量降至 600 g/hm² 和 375 g/hm² 时，茎粗虽与人工除草无显著差异，但显著或极显著低于背负式手动喷雾器以常用剂量常规喷雾（表 3.70）。

由此，从尽可能改善玉米茎部性状角度评价，采用背负式静电喷雾器静电施药，宜将土壤封闭处理除草剂 40％乙·莠 SE 和茎叶喷雾处理除草剂 30％苯唑草酮 SC+90％莠去津 WG+ 专用助剂中 90％莠去津 WG 的用药量分别控制在不低于 2 400 mL/hm² 和 825 g/hm²。

表 3.70　40％乙·莠 SE 不同剂量和苯唑草酮＋莠去津不同剂量添加专用助剂对玉米株高和茎粗的影响

| 除草剂、专用助剂用量 / [mL（g）/hm²] | 株高 /cm | 茎粗 /mm |
|---|---|---|
| 40％乙·莠 SE 3 300 | （282.91±0.36）abcAB | （24.31±0.35）deCD |
| 40％乙·莠 SE 2 850 | （283.90±0.17）aA | （24.15±0.05）eDE |
| 40％乙·莠 SE 2 400 | （282.38±0.50）abcAB | （24.19±0.16）eDE |
| 40％乙·莠 SE 1 950 | （273.02±1.15）eE | （23.67±0.36）fE |
| 40％乙·莠 SE 3 300 | （279.51±0.89）dCD | （24.35±0.18）deCD |
| 30％苯唑草酮 SC 105 +90％莠去津 WG 1050+ 专用助剂 1 350 | （281.84±1.34）bcAB | （25.36±0.40）aA |
| 30％苯唑草酮 SC 105 +90％莠去津 WG 825+ 专用助剂 1 350 | （283.58±0.76）aAB | （25.44±0.21）aA |
| 30％苯唑草酮 SC 105 +90％莠去津 WG 600+ 专用助剂 1 350 | （282.36±0.81）abcAB | （24.65±0.09）cdBCD |
| 30％苯唑草酮 SC 105 +90％莠去津 WG 375+ 专用助剂 1 350 | （281.40±0.79）cBC | （24.52±0.07）cdeCD |
| 30％苯唑草酮 SC 105 +90％莠去津 WG 1050+ 专用助剂 1 350 | （279.02±0.83）dD | （25.10±0.18）abAB |
| CK1 | （283.38±0.87）abAB | （24.78±0.22）bcBC |

（3）对玉米穗部性状的影响。土壤封闭处理除草剂40％乙·莠SE通过背负式静电喷雾器静电喷施，玉米果穗有效长、穗粒数和百粒重均以3 300 mL/hm² 和2 850 mL/hm² 用药量较高，其果穗有效长极显著高于背负式手动喷雾器以常用剂量常规喷雾或无显著差异，显著高于人工除草或无显著差异，穗粒数显著或极显著高于背负式手动喷雾器以常用剂量常规喷雾，与人工除草无显著差异，百粒重显著高于背负式手动喷雾器以常用剂量常规喷雾或无显著差异，与人工除草无显著差异；玉米果穗粗以3 300 mL/hm²、2 850 mL/hm² 和2 400 mL/hm² 用药量为较高，均与背负式手动喷雾器以常用剂量常规喷雾无显著差异，也与人工除草无显著差异。

茎叶喷雾处理除草剂30％苯唑草酮SC＋90％莠去津WG＋专用助剂通过背负式静电喷雾器静电喷施，玉米果穗有效长和百粒重随90％莠去津WG用药量的减少呈先增后降态势，以825 g/hm² 为最高，其果穗有效长显著高于背负式静电喷雾器以常用剂量静电喷雾，与人工除草无显著差异，百粒重极显著高于背负式手动喷雾器以常用剂量常规喷雾，显著高于人工除草；玉米果穗粗和穗粒数在各处理间无显著差异，果穗粗显著高于背负式静电喷雾器以常用剂量静电喷雾或无显著差异，与人工除草无显著差异，穗粒数与背负式手动喷雾器以常用剂量常规喷雾无显著差异，也与人工除草无显著差异（表3.71）。

表3.71　40％乙·莠SE不同剂量和苯唑草酮＋莠去津不同剂量添加专用助剂对玉米穗部性状的影响

| 除草剂、专用助剂用量 / [mL（g）/hm²] | 果穗有效长 /cm | 果穗粗 /mm | 穗粒数 / （粒 / 穗） | 百粒重 /g |
|---|---|---|---|---|
| 40％乙·莠 SE 3 300 | （18.03±0.14）bcABC | （4.88±0.08）abcAB | （602.23±3.38）aAB | （32.95±0.25）bcBC |
| 40％乙·莠 SE 2 850 | （18.40±0.26）abA | （4.93±0.08）abAB | （610.82±8.89）aA | （33.37±0.47）bAB |
| 40％乙·莠 SE 2 400 | （17.47±0.33）deCD | （4.90±0.09）abAB | （583.10±14.99）bBC | （32.82±0.17）cBC |
| 40％乙·莠 SE 1 950 | （17.20±0.17）eD | （4.77±0.03）cB | （580.12±12.22）bC | （32.54±0.27）cC |
| 40％乙·莠 SE 3 300 | （17.80±0.23）cdBC | （4.85±0.00）abcAB | （584.01±4.10）bBC | （32.87±0.20）cBC |
| 30％苯唑草酮 SC 105 +90％莠去津 WG 1050+ 专用助剂 1 350 | （18.12±0.10）abcAB | （4.97±0.12）aA | （605.99±3.21）aA | （32.81±0.15）cBC |
| 30％苯唑草酮 SC 105 +90％莠去津 WG 825+ 专用助剂 1 350 | （18.48±0.18）aA | （4.97±0.03）aA | （612.15±7.39）aA | （33.85±0.13）aA |
| 30％苯唑草酮 SC 105 +90％莠去津 WG 600+ 专用助剂 1 350 | （17.96±0.14）cABC | （4.93±0.08）abAB | （606.36±8.86）aA | （32.98±0.33）bcBC |
| 30％苯唑草酮 SC 105 +90％莠去津 WG 375+ 专用助剂 1 350 | （17.53±0.26）deCD | （4.90±0.05）abAB | （603.00±8.11）aAB | （32.72±0.20）cC |
| 30％苯唑草酮 SC 105 +90％莠去津 WG 1050+ 专用助剂 1 350 | （18.02±0.12）bcABC | （4.83±0.03）bcAB | （600.64±5.13）aABC | （32.75±0.06）cC |
| CK1 | （18.47±0.31）aA | （4.97±0.03）aA | （611.48±3.46）aA | （33.36±0.27）bAB |

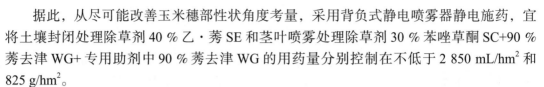

据此，从尽可能改善玉米穗部性状角度考量，采用背负式静电喷雾器静电施药，宜将土壤封闭处理除草剂 40％乙·莠 SE 和茎叶喷雾处理除草剂 30％苯唑草酮 SC+90％莠去津 WG+ 专用助剂中 90％莠去津 WG 的用药量分别控制在不低于 2 850 mL/hm² 和 825 g/hm²。

（4）对玉米产量的影响。土壤封闭处理除草剂 40％乙·莠 SE 通过背负式静电喷雾器静电喷施，玉米产量随着药量的减少呈先增后减态势，以 2 850 mL/hm² 用药量为最高，其产量极显著高于背负式手动喷雾器以常用剂量常规喷雾，与人工除草无显著差异，较人工除草仅减产 1.96％。其他剂量下，可引起产量显著或极显著下降，较人工除草减产 5.94％～14.56％。

茎叶喷雾处理除草剂 30％苯唑草酮 SC+90％莠去津 WG+ 专用助剂通过背负式静电喷雾器静电喷施，玉米产量以 90％莠去津 WG 用药量为 1 050 g/hm²、825 g/hm² 和 600 g/hm² 时较高，与背负式手动喷雾器以常用剂量常规喷雾和人工除草比较均无显著差异，较人工除草减产 0.29％～2.63％。90％莠去津 WG 用药量降至 375 g/hm² 时，玉米产量与背负式手动喷雾器以常用剂量常规喷雾无显著差异，但显著低于人工除草，较人工除草减产 5.21％（表 3.72）。

鉴于此，从尽可能减少对玉米产量的负面影响角度评价，采用背负式静电喷雾器静电施药，宜将土壤封闭处理除草剂 40％乙·莠 SE 和茎叶喷雾处理除草剂 30％苯唑草酮 SC+90％莠去津 WG+ 专用助剂中 90％莠去津 WG 的用药量分别控制在 2 850 mL/hm² 和不低于 600 g/hm²。

总体评价，背负式静电喷雾器静电喷施 40％乙·莠 SE 和 30％苯唑草酮 SC+90％莠去津 WG+ 专用助剂具明显减量效应，可使 40％乙·莠 SE 和 30％苯唑草酮 SC+90％莠去津 WG+ 专用助剂中 90％莠去津 WG 的用药量分别减少 36.67％和 21.43％。背负式静电喷雾器是取代背负式手动喷雾器的理想施药器械。

表 3.72　40％乙·莠 SE 不同剂量和苯唑草酮 + 莠去津不同剂量添加专用助剂对玉米产量的影响

| 除草剂、专用助剂用量 / [mL（g）/hm²] | 玉米产量 / (kg/hm²) | 较 CK1 减产 /% |
|---|---|---|
| 40％乙·莠 SE 3 300（常用剂量） | 9345.79cdBCD | 5.94 |
| 40％乙·莠 SE 2 850 | 9739.41abAB | 1.96 |
| 40％乙·莠 SE 2 400 | 8867.07eDE | 10.75 |
| 40％乙·莠 SE 1 950 | 8489.40fE | 14.56 |
| 40％乙·莠 SE 3 300 | 9133.02deCD | 8.09 |
| 30％苯唑草酮 SC 105 +90％莠去津 WG 1 050+ 专用助剂 1 350（常用剂量） | 9803.24aAB | 1.32 |
| 30％苯唑草酮 SC 105 +90％莠去津 WG 825+ 专用助剂 1 350 | 9909.62aA | 0.29 |
| 30％苯唑草酮 SC 105 +90％莠去津 WG 600+ 专用助剂 1 350 | 9675.58abcAB | 2.63 |
| 30％苯唑草酮 SC 105 +90％莠去津 WG 375+ 专用助剂 1 350 | 9420.26bcdABC | 5.21 |
| 30％苯唑草酮 SC 105 +90％莠去津 WG 1 050+ 专用助剂 1 350 | 9680.90abcAB | 2.59 |
| CK1 | 9936.22aA | — |

#### 四、除草剂局部减量施药及其效应

##### （一）土壤封闭处理除草剂局部（垄沟底部）施药

全膜双垄沟播玉米田杂草在田内呈典型的"条带状"分布格局，绝大多数分布于垄沟底部并且营膜下生长，这种分布格局为土壤封闭处理除草剂的精准减量施用提供了依据和途径。采用垄沟底部喷施土壤封闭处理除草剂的方法也就成为有效解决全膜双垄沟播玉米田杂草危害并明显减少除草剂用药量的重要举措。其主要技术要点是在全膜双垄沟播玉米田起垄后，将经济、安全、高效土壤封闭处理除草剂均匀喷施于垄沟底部土壤表面，随后覆膜。为了提高对杂草的防除效果、减少除草剂用药量，应在药液中添加喷雾助剂，也可选用静电喷雾器进行静电喷施。

2012 年，依据全膜双垄沟播田杂草分布特点，以垄沟底部为施药靶标区，试验测定了垄沟底部施药对土壤封闭处理除草剂的减量、控草效应及对玉米生长发育的影响。

##### 1. 垄沟底部施药对土壤封闭处理除草剂的减量效应

本书以 1 个垄幅作为研究对象，其截面如图 3.2 所示。垄沟底部（即施药区域）是指经过宽垄腰部中点的水平线（如图 3.3 中的 HD）以下的垄沟表面；全膜双垄沟播栽培中宽垄腰部的倾斜角（$\alpha$）和窄垄腰部的倾斜角（$\beta$）分别为 40°～50° 和 50°～70°，为了计算方便取其中间值，即 $\alpha$、$\beta$ 分别取 45° 和 60°；宽、窄垄的高度分别为 10 cm 和 15 cm，宽度分别为 70 cm 和 40 cm。受药区域面积及其施药量的近似计算过程如下。

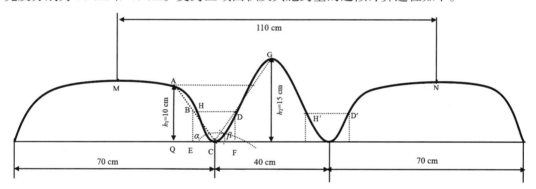

**图 3.3　土壤处理除草剂在全膜双垄沟播田施用区域图示（截面）**

注：图中 M 点至 N 点之间的宽垄和窄垄为 1 个垄幅，其他表面为除草剂全面喷施区域；H 点至 D 点和 H′点至 D′点之间的垄沟表面为除草剂局部喷施区域，HD 和 H′D′为垄沟中位线；M 和 N 为宽垄顶部中点；A 为宽垄肩部；C、G 分别为垄沟底部（播种区）和窄垄顶部；$h_1$、$h_2$ 分别为宽、窄垄高度。

$$BC=BE/\sin\alpha=1/2\times h_1\times1/\sin\alpha=5/\sin\alpha;\ AC=2BC=10/\sin\alpha$$

$$DC=DF/\sin\beta=5/\sin\beta;\ CG=h_2/\sin\beta=15/\sin\beta;\ AM=35-QC=35-10/\text{tin}\alpha$$

$$S_1\approx2\ln(AM+AC+CG)=2\ln(35-10/\tan\alpha+10/\sin\alpha+15/\sin\beta)$$

$$S_2=110\ln$$

$$S_3\approx2\ln(BC+DC)=2\ln(5/\sin\alpha+5/\sin\beta)$$

$$P_1\approx S_1\times W=2W\ln(35-10/\text{tin}\alpha+10/\sin\alpha+15/\sin\beta)$$

$$P_3\approx S_3\times W=2W\ln(5/\sin\alpha+5/\sin\beta)$$

$$S_1/S_2=2\ln(35-10/\tan\alpha+10/\sin\alpha+15/\sin\beta)/110\ln$$

$$= (35-10/\tan45° +10/\sin45° +15/\sin60° )/55 ≈ 1.03$$

$$S_1 ≈ 1.03S_2 \tag{3.30}$$

$$S_3/S_1=2\ln (5/\sin\alpha+5/\sin\beta )/2\ln (35-10/\tan\alpha+10/\sin\alpha+15/\sin\beta )$$

$$= (1/\sin45° +1/\sin60° ) / (7-2/\tan45° +2/\sin45° +3/\sin60° ) ≈ 1/4$$

$$S_3 ≈ 1/4S_1 \tag{3.31}$$

$$P_3/P_1=2W\ln (5/\sin\alpha+5/\sin\beta )/2W\ln (35-10/\tan\alpha+10/\sin\alpha+15/\sin\beta )$$

$$= (1/\sin45° +1/\sin60° ) / (7-2/\tan45° +2/\sin45° +3/\sin60° ) ≈ 1/4$$

$$P_3 ≈ 1/4×P_1 \tag{3.32}$$

式中，$S_1$ 为目标田或小区地表（垄面＋沟面）面积，即目标田或小区全面施药面积；$S_2$ 为目标田或小区土地面积，即田块或小区水平面积；$S_3$ 为垄沟底部面积，即局部施药面积；$L$ 为垄长度；$n$ 为目标田或小区垄幅数；$P_1$ 为目标田或小区地表面全面施药所需除草剂量；$P_3$ 为目标田或小区局部施药所需除草剂量；$W$ 为施药区域单位面积用药量。

上述计算结果表明，土壤封闭处理除草剂在全膜双垄沟播玉米田垄沟底部施药，其施药区域面积仅为全地表面积的 1/4，其用药量仅为全地面施药的 1/4，除草剂减量效应十分显著。

**2. 土壤封闭处理除草剂在垄沟底部施药的控草效果及对玉米生长发育的影响**

为了测定全膜双垄沟播玉米田土壤封闭处理除草剂在垄沟底部施药的控草效果及对玉米生长发育的影响，2012 年在平凉市农业科学院高平试验站开展了田间试验。白色地膜规格为 0.01 mm×1 400 mm（天水市天宝塑业公司生产），土壤封闭处理除草剂为 48% 乙·莠 WP（新乡中电除草剂有限公司生产），施药器械为背负式手动喷雾器（台州市路桥利农喷雾器厂生产）。试验设置 3 个处理（表 3.73），每处理重复 3 次，小区随机区组排列。3 月 17 日（顶凌期），按试验设计要求和全膜双垄沟播技术规程，依次整地、施肥（N=230 kg/hm²、$P_2O_5$=150 kg/hm²）、耙地和起垄，垄面平整好后，按试验设计的施药区域及用药量将药液均匀喷施到各小区土壤表面，对照处理不喷药，随后用地膜将地面全覆盖，垄沟底部施药和全地表施药处理的用水量分别按 169 kg/hm² 和 675 kg/hm² 计算。玉米播种及其他管理措施与大田相同。

表 3.73　试验处理及参数

| 处理 | 处理参数 | | | | | |
| --- | --- | --- | --- | --- | --- | --- |
| | 除草剂 | 小区面积 /m² | 小区地表面积 /m² | 小区受药面积 /m² | 单位施药量 /（g/hm²） | 小区施药量 /g |
| 垄沟底部施药 | 48% 乙·莠 WP | 19.80 | 20.39 | 5.10 | 3 750 | 1.91 |
| 全地面施药 | 48% 乙·莠 WP | 19.80 | 20.39 | 20.39 | 3 750 | 7.65 |
| 空白对照（CK） | — | 19.90 | 20.39 | — | — | — |

玉米出苗后，每小区选取 3 行（隔 2 行取 1 行），调查每行出苗株数，计算出苗率。玉米大喇叭口期，每小区选取 3 行（隔 2 行取 1 行），每行 10 株，测量株高，计算平均株高和株高整齐度。玉米出苗后 30 d 和 45 d 各调查 1 次除草效果，每小区对角线 3 点取样，

样方面积 1.1 m²（1 m×1.1 m），调查样方内所有杂草株数并称其鲜重，计算株防效和鲜重防效。玉米成熟后，调查统计每小区成穗株（果穗上结有 20 粒以上饱满籽粒的植株）数及双穗株数，计算成穗株率和双穗株率，并按小区收获计产和考种。

试验结果表明（表 3.74），全膜双垄沟播玉米田土壤封闭处理除草剂在垄沟底部施药，对阔叶杂草的株防效、鲜重防效分别达到 98.55 %～99.66 % 和 98.91 %～99.49 %；对禾本科杂草的株防效、鲜重防效分别达到 87.65 %～95.47 % 和 93.68 %～98.25 %，其防效虽稍低于全地面施药，但差异不显著。玉米主要农艺性状的表现多优于全地面施药（表 3.75），玉米产量水平稍高于全地面施药（表 3.76）。

**表 3.74　土壤封闭处理除草剂局部施药对全膜双垄沟播玉米田杂草的防效**

| 调查时间（月—日） | 试验处理 | 阔叶杂草 | | | | 禾本科杂草 | | | |
|---|---|---|---|---|---|---|---|---|---|
| | | 株数 /（株 /1.1 m²） | 株防效 /% | 鲜重 /（g/1.1 m²） | 鲜重防效 /% | 株数 /（株 /1.1 m²） | 株防效 /% | 鲜重 /（g/1.1 m²） | 鲜重防效 /% |
| 06—02 | 垄沟底部施药 | 0.22 | 99.66a | 1.29 | 99.49a | 3.89 | 87.65a | 12.52 | 93.68a |
| | 全地面施药 | 0 | 100a | 0 | 100a | 0 | 100a | 0. | 100a |
| | 空白对照（CK） | 68.66 | — | 287.23 | — | 35 | — | 181.05 | — |
| 06—16 | 垄沟底部施药 | 1 | 98.55a | 6.62 | 98.91a | 1.22 | 95.47a | 5.60 | 98.25a |
| | 全地面施药 | 0 | 100a | 0 | 100a | 0 | 100a | 0 | 100a |
| | 空白对照（CK） | 52.23 | — | 416.85 | — | 18.22 | — | 208.25 | — |

**表 3.75　土壤封闭处理除草剂局部施药对全膜双垄沟播玉米主要农艺性状的影响**

| 处理 | 出苗率 /% | 株高 /cm | 株高整齐度 | 双穗株率 /% | 成穗株率 /% | 穗长 /cm | 穗粗 /cm | 秃顶 /cm | 穗粒数 / 粒 | 500 粒重 /g |
|---|---|---|---|---|---|---|---|---|---|---|
| 垄沟底部施药 | 85.52a | 120.53a | 10.93a | 5.00a | 94.87a | 17.77aA | 5.18a | 1.56a | 568.27aA | 156.67a |
| 全地面施药 | 86.53a | 116.85a | 8.64a | 1.67a | 96.92a | 17.48aA | 4.98a | 1.26a | 566.07aA | 148.80a |
| 空白对（CK） | 88.55a | 111.72a | 9.48a | 0.00a | 95.13a | 15.57bA | 4.87a | 1.65a | 468.13bB | 156.43a |
| 较全地面施药增加 | -1.01 | 3.68 | 2.29 | 3.33 | -2.05 | 0.29 | 0.20 | 0.30 | 2.20 | 7.78 |
| 较 CK 增加 | -3.03 | 8.81 | 1.45 | 5.00 | -0.26 | 2.20 | 0.31 | -0.09 | 100.14 | 0.24 |

**表 3.76　土壤封闭处理除草剂局部施药对全膜双垄沟播玉米产量的影响**

| 处理 | 小区产量 /（kg/19.8 m²） | | | | 折合产量 /（kg/hm²） | 垄沟底部施药增产率 /% | |
|---|---|---|---|---|---|---|---|
| | Ⅰ | Ⅱ | Ⅲ | 平均 | | 较全地面施药 | 较空白对照 |
| 垄沟底部施药 | 20.77 | 16.67 | 21.53 | 19.65 | 9 924.24 | 0.61 | 25.32 |
| 全地面施药 | 16.49 | 21.18 | 20.92 | 19.53 | 9 863.64 | — | — |
| 空白对照（CK） | 15.99 | 16.31 | 14.75 | 15.68 | 7 919.19 | — | — |

**3. 全膜双垄沟播玉米田土壤封闭处理除草剂机械化局部（垄沟底部）施药技术示范**

以全膜双垄沟播技术为支撑的旱作农业属于精细农业范畴，人工实施费工费时、生产成本高，目前市场上已开发出能将施肥、起垄、施药、覆膜等作业环节一次性完成的机械，该类机械的推广应用可大幅度提高工效，降低生产成本，解放农村劳动力。

2017年引进定西市三牛农机制造有限公司生产的玉米双垄沟旋耕施肥喷药覆膜精量穴播联合作业机（型号2MBFG-2-4），并就其对全膜双垄沟播玉米田土壤封闭处理除草剂精准减量施药效应在平凉市农业科学院高平试验站开展示范，面积5.33 hm²，示范除草剂为40%乙·莠SE，施药靶标区域为垄沟底部。

示范结果表明，杂草株防效和鲜重防效分别达到87.67%和90.33%，玉米全生育期生长正常，产量达到10 720.05 kg/hm²，与人工起垄+人工垄沟底部施药+人工覆膜技术之10 804.95 kg/hm²无明显差异。

可见，全膜双垄沟播玉米田除草剂机械化局部施药技术是实现除草剂精准减量施用的高效轻简化实用技术。

**（二）茎叶喷雾处理除草剂局部（宽垄顶部"裸露带"）施药**

全膜双垄沟播玉米田机械起垄覆膜过程中，往往在宽垄顶部中间形成"裸露带"，这些"裸露带"是杂草出苗并营膜外生长的主要区域。"裸露带"上生长的杂草具有群体大、生长速度快、植株高大、根系发达等特点，对玉米生长发育构成严重威胁，选用切实可行的措施防除"裸露带"杂草是确保全膜双垄沟播玉米高产稳产的重要保障。通常情况下，"裸露带"较为狭窄，其宽度一般在3~5 cm，常规的人工拔除或铲除杂草措施会严重损坏地膜，影响地膜增温保墒等效应的发挥。田间精准（定向）施用安全高效茎叶喷雾处理除草剂既可快速杀灭杂草，又能保护地膜，是一项值得研究和推广应用的控草措施。其主要技术要点是：当全膜双垄沟播玉米田"裸露带"上的杂草基本全苗时，选择天气晴好、无风或微风日期，将安全、高效茎叶喷雾处理除草剂采用"定向施药"的方法均匀喷施到杂草茎、叶表面，且尽可能喷施到"裸露带"区域，并尽量压低喷头，以减少玉米植株的着药量，减轻或避免对玉米生长发育的不良影响。为提高除草效果、减少除草剂用药量，可在药液中添加喷雾助剂，也可选用静电喷雾器进行静电喷施。

为明确定向喷施茎叶喷雾处理除草剂在全膜双垄沟播玉米田"裸露带"杂草防除中的应用效应，2015年在平凉市农业科学院高平试验站采取大田试验方法，测定了苯唑草酮等茎叶喷雾处理除草剂定向喷施对全膜双垄沟播玉米田"裸露带"杂草的防除效果和对玉米产量的影响。

参试除草剂有30%苯唑草酮SC（苞卫，巴斯夫欧洲公司生产）、90%莠去津WG（浙江中山化工集团有限公司生产）、24%烟嘧·莠去津SC（江苏华农生物化学有限公司生产）；苞卫专用助剂（甲酯化植物油增效剂，有效成分脂肪酸甲酯含量≥75%，北京广源益农化学责任有限公司生产）。试验设置4个处理：处理1，30%苯唑草酮SC 180 mL/hm²+90%莠去津WG 1 125 g/hm²+专用助剂1 350 mL/hm²；处理2，30%苯唑草酮SC 360 mL/hm²+专用助剂1 350 mL/hm²；处理3，24%烟嘧·莠去津SC 3 000 mL/hm²；

处理 4，空白对照（CK）。采取大区试验，不设重复，大区面积 195.7 m²。

顶凌期（3 月 24 日），进行整地、施肥（尿素、磷酸二铵各为 225 kg/hm²）、起垄（按全膜双垄沟播技术规程要求）和覆膜，为尽量排除膜下杂草干扰试验结果，各处理均选用具有优良控草效果的黑色地膜作为覆盖材料，覆膜过程中在宽垄中部保留宽度为 3 cm 的"裸露带"，玉米全生育期，各小区均不再采取任何控草措施，任杂草自然生长。

玉米 11 叶 1 心期（6 月 11 日），即当"裸露带"杂草高度达到 20～35 cm 时，田间定向喷施参试除草剂，用水量为 675 kg/hm²，顺垄向将药液喷施于宽垄"裸露带"区域的杂草茎叶表面，采用保护罩喷头尽量避免玉米植株着药。药后 30 d，调查药效，每小区对角线 3 点取样，每点 1 m²，调查其中所有杂草的株数及株高（每种杂草随机量取 10 株），并拔出称其地上鲜重，与空白对照比较，计算株防效、鲜重防效和株高抑制率。株高抑制率（%）=[（对照区杂草株高 − 处理区杂草株高）/ 对照区杂草株高 ]×100。玉米成熟后，每小区对角线 3 点取样，样点面积 6.6 m²，按点收获玉米，自然风干后测产。

**试验结果如下。**

（1）对"裸露带"杂草的防除效果。30 % 苯唑草酮 SC 180 mL/hm²+90 % 莠去津 WG 1 125 g/hm²+ 专用助剂 1 350 mL/hm² 对全膜双垄沟播玉米田"裸露带"杂草具优良防效，阔叶杂草株防效、鲜重防效和株高抑制率均超过 98 %，较 24 % 烟嘧·莠去津 SC 3 000 mL/hm² 有明显提高；对禾本科杂草株防效、鲜重防效和株高抑制率分别达到 94.18 %、98.53 % 和 74.30 %，与烟嘧·莠去津相当。30 % 苯唑草酮 SC 360 mL/hm²+ 专用助 1 350 mL/hm² 控草效果较差，对阔叶杂草密度无控制作用，鲜重防效和株高抑制率也均低于 50 %；对禾本科杂草株防效、鲜重防效和株高抑制率分别为 41.27 %、80.35 % 和 56.50 %，均明显低于烟嘧·莠去津（表 3.77，表 3.78）。

**表 3.77　除草剂定向喷雾对全膜双垄沟播玉米田"裸露带"杂草的防效**

| 处理 / [mL（g）/hm²] | 阔叶杂草 | | | | 禾本科杂草 | | | |
|---|---|---|---|---|---|---|---|---|
| | 株数 /（株 /m²） | 株防效 /% | 鲜重 /（g/m²） | 鲜重防效 /% | 株数 /（株 /m²） | 株防效 /% | 鲜重 /（g/m²） | 鲜重防效 /% |
| 30 % 苯唑草酮 SC 180+ 90 % 莠去津 WG 1 125+ 专用助剂 1 350 | 0.33 | 98.17 | 0.17 | 99.98 | 0.33 | 94.18 | 0.40 | 98.53 |
| 30 % 苯唑草酮 SC 360+ 专用助剂 1 350 | 20.00 | −11.11 | 522.24 | 47.95 | 3.33 | 41.27 | 5.34 | 80.35 |
| 24 % 烟嘧·莠去津 SC 3000 | 5.33 | 70.39 | 132.53 | 86.79 | 0.33 | 94.18 | 1.70 | 93.74 |
| 空白对照（CK） | 18.00 | — | 1 003.41 | — | 5.67 | — | 27.17 | — |

表 3.78 除草剂定向喷雾对全膜双垄沟播玉米田"裸露带"杂草株高的抑制作用

| 处理 / [mL（g）/hm²] | 阔叶杂草 | | 禾本科杂草 | |
| --- | --- | --- | --- | --- |
| | 株高 /cm | 株高抑制率 /% | 株高 /cm | 株高抑制率 /% |
| 30 % 苯唑草酮 SC 180+90 % 莠去津 WG 1 125+ 专用助剂 1 350 | 0 | 100 | 13.33 | 74.30 |
| 30 % 苯唑草酮 SC 360+ 专用助剂 1 350 | 66.33 | 47.77 | 22.56 | 56.50 |
| 24 % 烟嘧·莠去津 SC 3 000 | 56.02 | 55.89 | 10.67 | 79.43 |
| 空白对照（CK） | 126.99 | — | 51.86 | — |

（2）对玉米的增产作用。30 % 苯唑草酮 SC 180 mL/hm²+90 % 莠去津 WG 1 125 g/hm²+专用助剂 1 350 mL/hm² 对玉米的增产效果最为显著，增产率达到 22.49 %，较 24 % 烟嘧·莠去津 SC 3 000 mL/hm² 有较明显提高（18.68 %）；30 % 苯唑草酮 SC 360 mL/hm²+专用助剂 1 350 mL/hm² 的增产作用较小，增产率为 13.96 %，明显低于烟嘧·莠去津处理（表 3.79）。

表 3.79 除草剂定向喷雾对全膜双垄沟播玉米产量的影响

| 处理 / [mL（g）/hm²] | 样点产量 /（kg/6.6 m²） | | | | 折合产量 /（kg/hm²） | 较 CK 增产 /% |
| --- | --- | --- | --- | --- | --- | --- |
| | I | II | III | 平均 | | |
| 30 % 苯唑草酮 SC 180+90 % 莠去津 WG 1 125+ 专用助剂 1 350 | 7.85 | 8.05 | 8.50 | 8.13 | 12 329.40 | 22.49 |
| 30 % 苯唑草酮 SC 360+ 专用助剂 1 350 | 7.00 | 7.70 | 8.00 | 7.57 | 11 470.35 | 13.96 |
| 24 % 烟嘧·莠去津 SC 3 000 | 8.11 | 7.75 | 7.78 | 7.88 | 11 945.40 | 18.68 |
| 空白对照（CK） | 6.51 | 6.77 | 6.64 | 6.64 | 10 065.45 | — |

总体评价，苯唑草酮+莠去津+专用助剂在全膜双垄沟播玉米田定向喷施对"裸露带"杂草具优良防效，对玉米具显著增产效应，控草效果和增产率分别达到 74.30 % ～ 100 % 和 22.49 %。田间定向喷施安全高效茎叶喷雾处理除草剂是有效解决全膜双垄沟播玉米田"裸露带"草害问题的有效途径，可大面积推广应用。

# 第六节 全膜双垄沟播玉米田除草剂局部减量施用技术规程

## 一、范围

本规程规定了全膜双垄沟播玉米田除草剂局部减量施用技术。

本规程适用于甘肃省全膜双垄沟播玉米生产,也可供采用相同栽培模式的其他玉米产区借鉴。

## 二、规范性引用文件

下列文件中的条款通过本标准的引用而成为本标准的条款。凡是注日期的引用文件,其随后所有的修改单(不包括勘误的内容)或修订版均不能适用本标准,然而,鼓励根据本标准达成协议的各方研究是否可使用这些文件的最新版本。凡是不注日期的引用文件,其最新版本适用本标准。

GB/T 8321.1 ~ 8321.10 —(2000 — 2018)《农药合理使用准则(一至十)》。

NY/T 1276 — 2007《农药安全使用规范总则》。

## 三、指导思想

本标准以"确保控草效果、减轻或避免对玉米生长发育不良影响"为原则,综合运用各种经济、安全、高效和环保技术手段,减少玉米田除草剂施用量,为保护生态环境和确保对当茬玉米和后茬作物安全提供技术保障。

## 四、术语和定义

下列术语和定义适用于本规程。

### (一)除草剂局部施用

指将除草剂施用到目标杂草主要分布区域的除草剂施用方法。

### (二)除草剂减量施用

指通过经济、安全、高效、环保和轻简的技术手段和农艺措施的实施,达到明显减少除草剂施用量的施用方法。

### (三)全垄面

指全膜双垄沟播玉米田中的全部地表面。

全垄沟面指全膜双垄沟播玉米田中宽垄顶部水平线以下的垄沟表面。

### （四）垄沟底部

指全膜双垄沟播玉米田中经过宽垄腰部中点的水平线以下的垄沟表面。

### （五）常规用量

是指利用背负式手动或电动喷雾器全地面施药时的单位面积用药量及用水量。

## 五、全膜双垄沟播玉米田除草剂局部减量施用技术

### （一）地膜种类及规格

选用白色地膜，其规格为宽 1 200 mm× 厚 0.01 mm。

### （二）除草剂种类及其常规用量

**1. 土壤处理除草剂**

适宜选用的主要土壤封闭处理除草剂及其常规用量依次为：48 ％乙·莠 WP 3 000 ～ 3 375 g/hm²、40 ％扑· 乙 WP 3 375 ～ 3 750 g/hm²、42 ％甲· 乙· 莠 SC 4 875 ～ 5 250 mL/hm²、48 ％莠去津 WP 4 875 ～ 5 250 g/hm²、40 ％氰津·乙草胺 SC 2 850 ～ 3 150 mL/hm²、70 ％嗪草酮 WP 750 g/hm²、50 ％利谷隆 WP 1 800 g/hm²+960 g/L 异丙甲草胺 EC 1 875 mL/hm²、50 ％利谷隆 WP 1 800 g/hm²+50 ％乙草胺 EC 3 600 mL/hm² 等。常规喷液量为 675 kg/hm²。

**2. 茎叶喷雾处理除草剂**

适宜选用的主要茎叶喷雾处理除草剂及其常规用量依次为：22 ％烟嘧·莠去津 SC 3 000 mL/hm²、30 ％苯唑草酮 SC 195 mL/hm²+90 ％莠去津 WG 1 275 g/hm²、4 ％烟嘧磺隆 SC 1 500 mL/hm²、50 g/L 硝磺草酮·莠去津 SC 1 800 mL/hm²、100 g/L 硝磺草酮 SC 1 800 mL/hm²、90 ％莠去津 WG 2 250 g/ hm²、40 ％2 甲·辛酰溴苯腈 EC 1 500 mL/hm²、4 ％烟嘧磺隆 SC 1 200 mL/hm²+30 ％辛酰溴苯腈 EC1 200 mL/hm²、4 ％烟嘧磺隆 SC 1 200 mL/hm²+75 ％二氯吡啶酸 SG 330 g/hm²+90 ％莠去津 WG 1 200 g/hm² 和 4 ％烟嘧磺隆 SC 1 200 mL/hm²+48 ％苯达松 AS 3 000 mL/hm² 等。常规喷液量为 675 kg/hm²。

### （三）全膜双垄沟播玉米田土壤封闭处理除草剂在垄沟底部的施药技术

**1. 机械化施药技术**

（1）起垄、喷施除草剂和覆膜。在上年秋季或当年顶凌期，进行整地、施肥和旋耕，随后选用符合全膜双垄沟播技术规程要求的起垄喷药覆膜一次性作业机（如定西市三牛农机制造有限公司生产的玉米双垄沟旋耕施肥喷药覆膜精量穴播联合作业机）将选定的土壤封闭处理除草剂在起垄覆膜过程中精准喷施到垄沟底部，除草剂用量为常规用量的 1/4，喷液量也为常规喷液量的 1/4。

若在除草剂药液中添加农药喷雾助剂，尚可进一步减少施用量。如在 40 ％乙·莠 SE 药液中添加 0.5 ％甲酯化植物油（GY—T1602）或 0.3 ％辛癸基葡糖苷，除草剂用量可分别被再次减少 15 ％和 40 ％。

如起垄覆膜时土壤墒情欠佳，上述用药量均可适度增加。

（2）后续作业。起垄、喷药和覆膜一次性作业完成后，在膜面上每隔 2 ～ 3 m 用细湿土覆压 1 条土带，其方向与垄向垂直；在垄沟最底部的膜面上用竹棍每隔 1 ～ 2 m 打 1 个直径 2 mm 左右的渗水孔。玉米播种、间定苗、追肥、病虫害防治等与常规相同。

**2. 人工施药技术**

（1）起垄和喷施除草剂。玉米种植面积较小时，可进行人工起垄、喷施除草剂和覆膜。在上年秋季或当年顶凌期，按照全膜双垄沟播技术规程要求整地、施肥、旋耕并起垄后，将选定的土壤封闭处理除草剂用背负式手动喷雾器均匀喷施于垄沟底部，除草剂用量为常规用量的 1/4，喷液量也为常规喷液量的 1/4。

若选用背负式静电喷雾器静电喷施或在药液中添加农药喷雾助剂，则尚可再次减少除草剂施用量。用背负式静电喷雾器静电喷施 40％乙·莠 SE，其用量可再次减少 36.67％，在 40％乙·莠 SE 药液中添加 0.5％GY—T 1602 或 0.3％辛癸基葡糖苷，其用量可分别被再次减少 15％或 40％。喷液量为 169 kg/hm²。

若起垄覆膜时土壤墒情欠佳，则上述用药量可适度增加。

（2）覆膜和后续作业。除草剂喷施后及时覆盖地膜，相邻 2 幅地膜在宽垄中部位置重叠 5 cm，并用田土将重叠处的膜面覆压严实，膜面上每隔 2～3 m 用细湿土覆压 1 条土带，其方向与垄向垂直；在垄沟最底部的膜面上用竹棍每隔 1～2 m 打 1 个直径 2 mm 左右的渗水孔。玉米播种、间定苗、追肥、病虫害防治等与常规相同。

### （四）全膜双垄沟播玉米田除草剂在"裸露带"上的施药技术

**1. 土壤封闭处理除草剂施药技术**

若在宽垄顶部中间存有"裸露带"，则可通过在"裸露带"上喷施土壤封闭处理除草剂的方法防除"裸露带"杂草。覆膜后 7 d 左右，用背负式手动或电动喷雾器将选定的土壤封闭处理除草剂均匀喷施到"裸露带"土壤表面，施用量约为常规用量的 36％，喷液量也为常规喷液量的 36％。

选用背负式静电喷雾器静电喷施或在药液中添加农药喷雾助剂，尚可进一步减少除草剂施用量。用背负式静电喷雾器静电喷施 40％乙·莠 SE，其用量可被再次减少 36.67％；在 40％乙·莠 SE 药液中添加 0.5％GY—T 1602 或 0.3％辛癸基葡糖苷，其用量可被再次减少 15％或 40％。喷液量为 243 kg/hm²。

若起垄覆膜时土壤墒情欠佳，则上述用药量可适度增加。玉米播种、间定苗、追肥、病虫害防治等与常规相同。

**2. 茎叶喷雾处理除草剂施药技术**

若宽垄顶部中间存有"裸露带"，还可通过在"裸露带"上喷施茎叶喷雾处理除草剂的方法防除"裸露带"杂草。"裸露带"上杂草基本全苗（即玉米 6～8 叶期）时，将选定的茎叶喷雾处理除草剂定向喷施到杂草茎叶表面，除草剂用量为常规用量的 36％，喷液量也为常规喷液量的 36％。选用背负式静电喷雾器静电喷施或在药液中添加农药喷雾助剂，尚可进一步减少除草剂施用量。选用背负式静电喷雾器静电喷施"30％苯唑草酮 SC 105 mL/hm²+90％莠去津 WG1 350 mL/hm²+ 专用助剂 1 350 mL/hm²"，90％莠去津 WG 用量可降低至 825 g/hm²；在 4％烟嘧磺隆 SC 1 200 mL/hm²+75％二氯吡啶酸 SG 330 g/hm²+90％莠去津 WG 1 200 g/hm² 药液中添加 0.5％植物油增效剂"迈丝"或 0.025％脂肪酸甲酯乙氧基化物（FMEE）+0.5％尿素，可使其中的 4％烟嘧磺隆 OD、75％二氯吡啶酸 SG 和 90％莠去津 WG 的施用量分别降至 1 050 g/hm²、165 g/hm² 和 975 g/hm²；

在 30 % 苯唑草酮 SC 195 mL/hm$^2$+90 % 莠去津 WG 1 275 g/hm$^2$ 药液中添加甲酯化植物油可使其中的 30 % 苯唑草酮 SC 和 90 % 莠去津 WG 的施用量分别降至 60 mL/hm$^2$ 和 600 g/hm$^2$。喷液量为 243 kg/hm$^2$。

选择晴好无风或微风天气施药，喷施过程尽量压低喷头或采用保护罩喷头，减少或避免玉米植株着药，减轻或避免玉米药害。

# 第七节　全膜双垄沟播玉米田空间胁迫控草技术

全膜双垄沟播栽培模式下，田间膜面由于受宽、窄垄的支撑而呈规律性的凹凸波形，刚覆膜时这种波形不甚明显，但随着膜面的不断下沉会愈加凸显，膜面和地面接触的面积也会越来越大。尽管如此，垄沟底部的膜面与地面之间总会存有一定的"空间"；此外，整地不精细（如地面不平整、土块不细碎、前茬作物根茬多等）、田间膜面破损等均会导致大量的膜下"间隙"的存在。如上这些"空间"和"间隙"为杂草出苗和生长发育提供了有利条件，常常造成杂草严重发生和危害。通过农业措施尽可能减少甚至避免"空间"和"间隙"的产生是有效控制全膜双垄沟播玉米田杂草的重要途径。

全面双垄沟播玉米田空间胁迫控草技术是指在全膜双垄沟播栽培过程中，应用农业措施使得田间膜面始终紧贴地表面且无破损孔洞或缝隙，以最大限度地压缩膜下空间，恶化杂草生存环境，抑制杂草生长的一种生态控草技术。其技术要点如下。

一是在整地、起垄、覆膜等环节中，做到地面平整、土块碎小、田内无作物根茬、垄向顺直、垄面紧实平整、膜面松紧适度、地膜合缝处压土严实等。

二是覆膜后至播种前，膜面上每隔 3～4 m 用细湿土覆压 1 条土带，其宽度为 15 cm 左右，其方向与垄向垂直；垄沟底部膜面上每隔 1 m 左右放置 1 堆（直径 10 cm 左右）压膜土。

三是播种后，及时用细土封堵播种孔和膜面破损口，用细湿土压实被杂草撑起和撑破的膜面等，使得田间膜面尽可能与地表面保持紧贴且无外露的孔洞。

2012 年在平凉市农业科学院高平试验站对全膜双垄沟播玉米田空间胁迫控草技术的控草效果进行了试验测定。设置空间胁迫控草和常规管理 2 个处理，其中空间胁迫控草处理按照空间胁迫控草技术要求实施；常规管理处理为对照，按照生产常规措施实施。不设重复，小区面积 667 m$^2$。

试验结果表明（表 3.80），空间胁迫控草技术对全膜双垄沟播玉米田杂草具有较好的控制作用，株防效和鲜重防效分别达到 57.5 % 和 71.52 %。显而易见，空间胁迫技术是一项切实可行的控草技术，在全膜双垄沟播玉米田杂草防控中具有大面积推广应用价值。

表 3.80　空间胁迫技术对全膜双垄沟播玉米田杂草防控效果

| 处理 | 密度 /（株 /m$^2$） | 株防效 /% | 鲜重 /（g/m$^2$） | 鲜重防效 /% |
|---|---|---|---|---|
| 空间胁迫控草 | 52.19 | 57.50 | 156.57 | 71.52 |
| 常规管理（CK） | 122.80 | — | 549.66 | — |

# 参 考 文 献

中国科学院《中国植物志》编辑委员会，1980. 中国植物志第 28 卷 [M]. 北京：科学出
　　版社.

张炳炎，2010. 中国西部农田杂草与综合防除原色图谱 [M]. 兰州：甘肃文化出版社.

《中国农田杂草原色图谱》编委会，1990. 中国农田杂草原色图谱 [M]. 北京：中国农业出
　　版社.

中国科学院《中国植物志》编委会，FRPS《中国植物志》全文电子版网站 [DB/OL]. 植物
　　智—中国植物物种信息系统 .http://www.iplant.cn.

李杨汉，1998. 中国杂草志 [M]. 北京：中国农业出版社.

中华人民共和国农业部农药检定所，日本国（财）日本植物调节剂研究协会，2000. 中国杂
　　草原色图鉴 [M]. 东京：日本国世德印刷股份公司.

车晋滇，1990. 农田杂草彩色图谱 [M]. 北京：中国科学技术出版社.